烟草近红外数据库构建、管理与应用

郭军伟
赵　乐　主编
王洪波

中国轻工业出版社

图书在版编目（CIP）数据

烟草近红外数据库构建、管理与应用 / 郭军伟，赵乐，王洪波主编. —北京：中国轻工业出版社，2024. 5
ISBN 978-7-5184-4446-5

Ⅰ. ①烟… Ⅱ. ①郭… ②赵… ③王… Ⅲ. ①红外分光光度法—应用—烟草制品—质量分析—数据库系统—研究 Ⅳ. ①TS47

中国国家版本馆 CIP 数据核字（2023）第 097862 号

责任编辑：刘逸飞
策划编辑：张 靓　　责任终审：劳国强　　封面设计：锋尚设计
版式设计：砚祥志远　　责任校对：朱燕春　　责任监印：张 可

出版发行：中国轻工业出版社（北京鲁谷东街 5 号，邮编：100040）
印　　刷：艺堂印刷（天津）有限公司
经　　销：各地新华书店
版　　次：2024 年 5 月第 1 版第 1 次印刷
开　　本：720×1000　1/16　印张：18. 75
字　　数：433 千字
书　　号：ISBN 978-7-5184-4446-5　定价：98. 00 元
邮购电话：010-85119873
发行电话：010-85119832　010-85119912
网　　址：http：//www. chlip. com. cn
Email：club@ chlip. com. cn

230431K1X101ZBW

本书编写人员

主　　编：郭军伟　赵　乐　王洪波

副 主 编：王晓瑜　杨　松　王　迪

特别顾问：刘惠民　邵学广

参编人员：刘绍锋　张辞海　胡　芸　周　芸　余晶晶
潘立宁　秦亚琼　王　冰　王　昇　刘克建
赵晓东　蔡君兰　崔华鹏　陈满堂　范　忠
李　山　王萝萍　王志才　李河霖　谭　涛
郭　磊　董兰芬　任昭辉　刘金霞　李怀奇
丁美宙　王泽理　周圣涛　花　蕾　张　鑫
陈翠玲　钱　旎　李远根　潘　曦　付金存
于　涛　李阳阳　陈爱明

前言

PREFACE

我国烟草行业目前各类近红外光谱仪保有量近300台，分布在打叶复烤厂、工业企业技术中心、地市级烟草技术中心等单位，广泛应用于烟叶化学成分分析、烟叶质量评价、打叶模块组配、复烤片烟质量均一性控制和卷烟原辅材料质量控制等方面，并逐步拓展应用于卷烟配方维护与设计。近红外光谱分析技术作为便捷高效的化学数据获取手段，将随着物联网技术和大数据技术的发展，进一步深化和拓展在烟叶原料、卷烟、辅助材料等方面的应用，在烟草行业数字化转型中必将发挥越来越大的作用。

在近红外光谱分析技术的研究与应用方面，烟草行业目前存在若干亟待解决的问题，包括（1）对样品粒度、仪器参数、环境条件等缺乏系统全面的研究与控制，质量控制样品缺失，近红外光谱采集质量参差不齐；（2）化学成分预测模型指标偏少，基本只有总糖、还原糖、总氮、总植物碱、钾、氯6种化学成分，不能适应客观全面地评价烟叶质量、烟叶风格和烟叶可用性的需要，也不能适应卷烟数字化设计与维护的迫切需要；（3）化学成分预测结果的可比性差，不同单位建立的预测模型在一次数据准确性和建模样品代表性上存在较大差异，导致预测结果之间存在系统偏差；（4）样品含水率对近红外光谱的干扰难以消除，含水率较高或极低样品的预测结果存在大的误差，且缺乏有效的解决手段；（5）部分近红外光谱仪之间预测模型传递效果差，严重制约预测模型应用效果的最大化；（6）近红外分析数据分散，单位之间或行业层面无法共享烟叶基础分析数据，甚至同一单位的部门之间也无法共享，加之样品信息、数据格式不统一，难以集聚、融合和挖掘分析。

本书旨在研究构建烟草行业近红外数据库平台，有效解决上述问题，将行业近红外光谱仪一体化连通，实现烟叶和卷烟近红外分析数据的自动收集，充分发挥基础化学成分数据潜力，显著提高行业近红外分析研究与应用技术水平，有效拓展近红外分析技术应用的广度与深度，对烟草行业技术进步具有重要意义。

本书共分为八章。第一章为绪论，简要概述了近红外光谱技术在国内外的研究进展及烟草近红外数据库构建的技术路线；第二章至第五章分别介绍了构建烟草近红外数据库的基础性工作——近红外光谱采集操作规范的建立，建模样品、化学成分分析与近红外光谱采集，近红外烟草化学成分预测模型的构建与维护及近红外化学成分预测模型转移；第六章介绍了烟草近红外数据库系统平台建立；第七章介绍了烟草近红外数据库建设及管理；第八章对烟草近红外数据库的应用给出实例。

本书在编写过程中得到了相关同事及同行专家的支持和帮助，谨向他们表示衷心的感谢。

近红外分析技术与应用发展迅猛，加之编写人员水平有限，书中疏漏和不当之处在所难免，敬请读者批评指正。

主编

目录

CONTENTS

第一章
绪论

第一节　国内外研究进展

自 1800 年英国科学家 W. Herschel 发现红外光以来，通过不断研究，近红外光谱分析技术自 20 世纪 60 年代开始在农业领域得到应用。20 世纪 80 年代以来，随着化学计量学与计算机技术的发展，近红外光谱分析技术得到了快速发展。

一、近红外光谱技术概述

（一）基本原理

近红外光（Near Infrared，NIR）是介于可见光和中红外光之间的电磁波。美国试验和材料检测协会（American Society for Testing and Materials，ASTM）定义近红外光为波长在 780～2526nm 的电磁波，用波数表示时一般是指 12500～4000cm^{-1} 的电磁波[1,2]。习惯上又将近红外区划分为短波近红外（780～1100nm）和长波近红外（1100～2526nm）两个区域。

近红外光是人们较早发现的非可见光，但由于物质在该谱区的信号弱且谱带重叠，近红外光谱一直没有引起大家的研究兴趣。直到 20 世纪 60 年代，美国农业工程师 NORRIS 将多元线性回归方法应用于 NIR 定量分析[3]，采用漫反射技术测定农产品中的水分、蛋白质、脂肪等成分，为现代近红外分析技术奠定了基础。与同时期出现的各种分析新技术相比，近红外光谱分析技术灵敏度低、抗干扰性差等弱点明显，所以该技术在分析测试中的应用并未得到重视[4]。20 世纪 70 年代产生的化学计量学（Chemometrics）在光谱分析中获得成功应用，促进了近红外光谱技术的推广[5]。20 世纪 80 年代，随着新材料（光纤等）、新器件（检测器等）和新技术（计算机等）的发展和引入，近红外光谱才逐渐发展成为一项现代分析技术。计算机技术的迅速发展带动分析仪器的数字化和化学计量学的发展，通过化学计量学方法解决光谱信息提取和背景干扰方面的问题，加之近红外光谱在测样技术上独有的特点，使人们重新认识到近红外光谱的价值，由此近红外光谱在各领域的应用研究陆续展开。20 世纪 90 年代，近红外光谱进入蓬勃发展阶段，新型光谱仪不断涌现，各种分析处理方法得以建立，近红外光谱分析技术的优势被大家广泛认知，迅速在石化、农业、烟草等领域获得大量应用。

近红外光谱是物质在近红外光区域中各种光谱的总称，一般是指吸收光谱和漫反射光谱。近红外光谱属于分子振动光谱，由分子振动的非谐性振动产生，主要反映含氢基团振动的倍频和合频。含氢基团，如 C—H、O—H、N—H 等，一般都会产生相对较强的近红外光谱，因此近红外光谱适用于大多数有机物的分析，可以获得物质的组成、分子结构以及分子间相互作用等化学信息[6,7]。从近红外漫反射光谱还能得到样品密度、粒度、硬度等物理性质信息。由于跃迁的概率较低，近红外光谱的吸光率比中红外光谱低 1~3 个数量级，一般来说，适用于较高含量（大于 0.1%）物质的分析。由于近红外光具有较强的穿透能力，可以穿透植物或动物组织，得到样品内部的光谱信息，对分析植物或动物样品非常有利。

近红外吸收光谱主要用于透明均质样品的分析，与紫外-可见、中红外等光谱方法一样，通过测量透射光的强度计算吸光度 A，即 $-\log(I/I_0)$，由不同波长的吸光度构成吸收光谱。近红外吸收光谱的吸光度遵从吸收定律，即朗伯-比尔定律（式 1-1）：

$$A = -\log\frac{I}{I_0} = \varepsilon bc \tag{1-1}$$

式中　I——漫反射光强度；

I_0——入射光强度或参比物质的反射光强度；

ε——摩尔吸光系数；

b——光程长度；

c——摩尔浓度。

当吸光度源于单组分时，可根据吸收定律进行定量分析。当组分之间不存在较强的相互作用时，一般假定吸光度具有加和性，即总吸光度等于各吸光组分的吸光度之和。光谱中吸收峰与吸光分子结构相关，根据谱峰的位置和强度可以进行结构分析。但温度、分子间相互作用等会导致谱峰发生位移或变宽，因此溶剂、物质的组成、温度等变化会引起近红外光谱变化。

漫反射光谱是近红外光谱快速分析最常用的方式[8]。入射光照射到固体样品（粉末、颗粒等）表面后，一部分光在表面发生镜面反射，另一部分进入样品，在颗粒之间或颗粒内部发生多次透射、吸收、散射、反射、折射之后再返回入射面，成为不同方向的漫反射光。漫反射光在样品中经过的路程不仅取决于样品的厚度，还与样品的粒度、松紧度等有关。因此，漫反射光谱不仅反映了样品的化学组成信息，还反映了样品的某些物理性质。由于漫反射光谱可以通过非接触方式进行测量，避免了复杂的样品前处理步骤，特别适合实际样品的快速分析以及活体分析、在位或在线分析等。

近红外漫反射光谱利用漫反射率计算吸光度[9]［式（1-2）］，即：

$$A = -\log(R) = -\log(I/I_0) \tag{1-2}$$

式中　I——漫反射光的强度；

I_0——入射光的强度或参比物质的反射光强度；

R——漫反射率。

当样品厚度趋向无限大时，漫反射率可用 Kubelka-Munk 方程［式（1-3）］计算，即：

$$R = 1 + K/S - \sqrt{(K/S)^2 + 2(K/S)} \tag{1-3}$$

式中　S——与样品物理参数有关的漫反射散射系数；

K——漫反射吸光系数。

当 K/S 在一定范围内，A 与 K/S 可用截距不等于零的一条直线来近似表达。若式（1-2）和式（1-3）以间隔 0.01 用式（1-4）拟合：

$$A = a + b(K/S) \tag{1-4}$$

对于只有一种组分的样品（例如 $BaSO_4$ 背景中均匀分散蛋白质的样品），当样品浓度不高时，吸光系数 K 与样品浓度 C 成正比，即：

$$K = \varepsilon C \tag{1-5}$$

式中　ε——摩尔吸光系数。

因此若 S 为常数（保持 S 不变），把 S 及 ε 有关的常数都包含到 b 中，则式（1-4）可改写为：

$$A = a + bC \tag{1-6}$$

式中　a——截距；

b——灵敏度系数。

尽管漫反射光谱的吸光度与浓度呈线性关系，但截距不为零，与吸收光谱的朗伯-比尔定律存在区别。同时，近红外漫反射光谱的谱峰较宽，谱峰之间重叠严重。对于组成复杂的实际样品来说，各组分的光谱之间也相互重叠。

因此，漫反射光谱一般不直接采用单波长的吸光度进行定量分析，而是需要采用化学计量学多元校正方法建立光谱与待测物含量之间的关系模型，如多元线性回归（Mutiple Linear Regression，MLR）、主成分回归（Principal Component Regression，PCR）、偏最小二乘回归（Partial Least Squares，PLS）等。

（二）近红外光谱仪器

近红外光谱仪与中红外光谱仪的结构大致相同，由光源、分光系统、测样附件和检测器等部分构成[6]。近红外光谱仪最常用的光源是卤钨灯，性能稳定，价格也相对较低。发光二极管（Light-emitting Diode，LED）是一种新型光源，波长范围可以设定，线性度好，适于在线或便携式仪器。近红外光谱仪的分光系统类型较多，有滤光片、光栅、干涉仪（傅里叶变换）、声光可调谐滤波器（Acousto-optic Tunable Filter，AOTF）等。液体样品多使用透射式测量池（比色皿），也可采用透射式光纤探头。固体样品多使用漫反射积分球或漫反射光纤探头。检测器分为单点检测器和阵列检测器。短波近红外多采用 Si 检测器，长波近红外则多采用 PbS 或 InGaAs 检测器。InGaAs 检测器响应速度快，信噪比和灵敏度高，但响应范围相对较窄，价格也较贵。PbS 检测器响应范围较宽，价格较低，但响应信号的线性较差。为了提高检测器的灵敏度，扩展响应范围，使用时需要采用制冷技术使检测器保持较低的恒定温度。

滤光片型近红外光谱仪采用滤光片获得单色光，最常用的是干涉带通滤光片，单色性较差，半波带宽约为 10 或几十纳米。光栅型和傅里叶变换型近红外光谱仪与紫外-可见光谱、中红外光谱仪两两比较，前者多采用光栅作为分光元件，通过光栅转动将不同波长的光依次通过出射狭缝达到分光目的，后者通过基于不同原理的干涉仪实现分光。AOTF 仪器以双折射晶体为分光元件，采用声光衍射原理对光进行色散。除上述几种类型的近红外光谱仪外，还有阿达玛变换（Hadamard Transformation）、基于微电子机械系统（Micro-electro-mechanical System，MEMS）的光谱仪等。微电子机械系统技术的发展和引入，使近红外光谱仪的体积大大减小、抗磨损性显著增强，实现了仪器的芯片化。还有针对应用场景、特定应用对象的专用型仪器，如谷物分析仪、肉制品分析仪、牛奶分析仪、高聚物分析仪和果品分析仪等。

傅里叶变换型近红外光谱仪是干涉型光谱仪，根据光的相干性原理，通过调节动镜和定镜的距离实现不同波长光的干涉，实现滤波功能，然后通过傅里叶变换计算光谱。它主要由光源（硅碳棒，高压汞灯）、干涉仪、检测器、计算机和记录系统组成，最核心部件为迈克尔逊干涉仪，可将来自光源的光经准直系统变为平行光进入干涉仪，经干涉仪调制得到干涉光。傅里叶变换近红外光谱仪与其他类型近红外仪器比较，具有信噪比和分辨率高、波长精确度和重复性好、仪器稳定性好等优点。

漫反射光谱是近红外光谱应用的主要方式。由于漫反射光的方向具有不确定性，常采用积分球进行检测。积分球的基本原理是入射光被参比物质或样品反射后，不同方向的反射光在积分球内部经过多次反射后均匀地散射在积分球内部。使用积分球进行测量，可降低并校正由光线的形状、发散角度及检测器上不同位置的响应度差异所造成的测量误差，使测量结果更为可靠。

（三）影响近红外光谱的因素

受仪器自身原理、环境与电源条件、样品状态和采集参数等诸多因素影响，漫反射现象产生不同程度的变化，其中样品水分、样品粒度、装样条件和扫描参数是影响漫反射吸收的主要因素。

1. 样品水分

水分子的O—H在1450nm和1930nm处存在较强的近红外光谱吸收，同一样品水分含量不同，其近红外光谱存在差异，且含水率越高，对样品化学成分的预测结果影响越大。另外，水分子与样品组分相互作用也会导致光谱改变。实际分析过程中，应控制待测样品与建模样品含水率保持一致。

2. 样品粒度

样品粒度影响光束反射特性，从而影响漫反射系数。粒度变化引起散射系数和吸光度随之改变，导致整个近红外光谱发生变化，影响样品化学成分预测结果的准确性。通常情况下要求待测样品粒度与建模样品粒度保持一致。

3. 装样条件

在样品采集过程中，装样厚度和松紧程度会影响光束的漫反射，造成光谱数据差异。样品厚度小，光束可能穿透。样品松紧程度不同，光束的散射系数会随之发生变化；为确保每次样品松紧程度一致，通常用一定重量的砝码放置于样品上将其压实，以保证每个样品在近红外分析过程中厚度和松紧程度相同。

4. 扫描参数

光谱采集范围、分辨率和扫描次数等参数均会影响近红外光谱分析结果。

近红外光谱采集通常选择尽可能宽的波段范围，以获取尽可能多的光谱信息。分辨率是获取高质量光谱的重要参数，较高分辨率往往会得到较丰富的光谱信息，同时会增加光谱采集时间、光谱噪声。多次扫描得到的平均光谱可有效提高近红外光谱信噪比，所以扫描次数也是一个重要参数。

（四）近红外光谱建模方法

近红外漫反射光谱的谱峰较宽，单一组分的谱峰之间、不同组分的谱峰之间重叠严重，需要采用化学计量学多元校正方法建立光谱与组分含量之间的定量关系模型，定性（判别、聚类）分析一般采用多波长信息建立聚类与判别模型。

近红外光谱建模的基本模型如式（1-7）所示：

$$\boldsymbol{Y} = \boldsymbol{X}B \tag{1-7}$$

式中 $\boldsymbol{Y}$——目标值组分的含量等定量信息或类别等定性信息；

$\boldsymbol{X}$——光谱矩阵；

B——模型的系数。

具有已知目标值的一组样品，通过测量其光谱就可以建立相关预测模型。已知的目标值和光谱构成训练集，通过建模方法得到系数 B 称为建模。一旦建立了模型，通过预测样品的光谱就可以计算预测值。

近红外光谱的建模方法已经得到了广泛研究。多种方法可用于模型的建立，最简单的方法是多元线性回归[4]，通过最小二乘法直接对式（1-5）进行求解。求解时，对样品数量（m）和光谱的波长点数（p）有一定要求，即 $m \geqslant p$，而波长点数一般在数百甚至数千个，样品数量一般小于或远小于波长点数，在实际工作中很难满足这个要求。因此，降维的方法得到发展和应用。采用从光谱中提取的若干主成分的得分代替光谱进行计算，虽然计算复杂度有所提高，但由于降维的同时还能达到去除部分干扰信息的作用，所以这类算法在近红外光谱领域得到了广泛应用。代表性算法包括主成分回归[8]和偏最小二乘回归。特别是偏最小二乘回归方法，同时对 $\boldsymbol{Y}$ 和 $\boldsymbol{X}$ 矩阵进行降维，在实际工作中应用广泛。尽管偏最小二乘回归可以对大部分数据进行建模，但鉴于近红外光谱数据的复杂性，研究者对其他算法在近红外光谱建模中的应用也开展了大量研究工作。例如，当光谱数据与待测组分含量具有非线性关系时，可采用非线性方法，如支持向量回归（Support Vector Regression，SVR）[9]，甚至人工神经网络（Artificial Neural Network，ANN）[10]等。当样本集或数据集的组成更为复杂时，也可以采用局部建模、多模块建模、集成建模等方法，以及目前较为流行的深度学习方法。这些方法常用于建立定量模型，当矩阵 ***Y*** 表示类别信息时，也可以建立判别模型。此外，还有聚类和判别分析的专门算法，如线性判别分析（Linear Discriminant Analysis，LDA）方法、基于主成分分析的 SIMCA（Soft Independent Modeling Class Analog）方法、基于主成分分析的方法等。传统的系统聚类、基于距离的判别分析以及随机森林等算法也在近红外光谱聚类与判别分析中得到了应用。

为了建立可靠且实用的模型，需要按照一定的流程进行模型建立与使用。一般来说，建模过程中需要对数据的准确性和可靠性进行考察，对建模方法进行选择和优化，同时还需要对模型的可靠性进行评估。在模型的使用过程中，除需要对数据的准确性和可靠性进行考察外，还需要对模型的适用性进行考察，进行必要的模型维护或更新。

模型的可靠性取决于数据集的质量，包括样本的代表性（数量多少和样本分布）、目标值准确性、光谱质量、是否存在奇异样本等。为了保障目标值和光谱的正确性，实验工作必须在取样及实验操作相关规范的指导下开展。为了确保建模样本的代表性，一般要求较多的样本数量，但数量只是前提，分布宽且均匀才是保障代表性的关键。因此，常采用目标值的分布图和光谱的主成分得分图对样本的分布进行考察。对于较大的数据集，奇异样本的检测存在一定的困难，常用的统计值检验可能无法给出正确的答案。为此，有文献报道了近红外光谱数据集的奇异样本检测方法，如蒙特卡洛-偏最小二乘（Monte Carlo Partial Least Squares，MC-PLS）[11]方法，先采用随机取样建立多个模型，然后再采用聚类分析方法考察这些模型的聚类情况，如果模型呈现聚类现象则表明奇异样本（强影响样本）存在，并且类别数目与奇异样本的数量具有相关性。

建模方法选择取决于数据的性质。大多数数据集与近红外光谱的理论模型具有较好的符合度，采用 PCR、PLS 等线性算法即可得到满意的建模效果。当光谱响应具有非线性特征时，采用 SVR、ANN 等非线性算法可能会得到更好的结果。如果数据集的构成较为复杂，则可能需要采用多模块建模、集成建模等方法。同时，建模过程中涉及模型参数的优化。当参数较少时，可以采用穷尽搜索策略对所有可能的参数进行尝试，参数较多时一般需要采用组合优化等技术进行参数优化。

近红外光谱的信噪比较差，且不同波长变量对模型的影响不同。同时，近红外漫反射光谱的产生机理比较复杂，受制样及测量条件的影响较大，导致光谱构成的复杂性，如变动的背景、测量的精密度较差等。因此，建模过程中光谱的预处理和变量的选择十分必要，如平滑滤噪、中心化、标准化、多元散射校正（Multiple Scatter Correction，MSC）[12]、正态变量变换（Standard Normal Variate，SNV）[13]、求导、小波变换（Wavelet Transform WT）[14]等预处理技术。一般认为，MSC、SNV 等技术对散射效应的校正有较好的效果，而导数光谱技术对背景或基线的校正非常有效。也有文献报道了正交信号校正（Orthogonal Signal Correction，OSC）、净分析信号等化学计量学技术在特定数据集处理中的应用。

由于近红外光谱一般由数百甚至数千个波长点变量构成，且各波长点变量对模型的贡献并不相同，有些变量甚至对模型产生破坏作用。因此，变量选择是近红外光谱分析中的重要环节。由于变量选择问题具有极高的搜索空间，难以采用排列组合方式进行穷尽搜索，使得变量选择成为近红外光谱分析的难题。经过几十年的发展，已建立了多种变量选择方法，大致可分为基于光谱变量与目标值相关性的方法、基于优化算法的方法、基于变量之间相关性的方法和基于统计学的方法。基于光谱变量与目标值相关性的方法主要是较早期的研究工作，计算每个波长变量与目标值的相关系数，然后根据相关系数的大小进行选择。后期发展了几种基于相关系数的方法，其中代表性的算法是竞争性自适应重加权（Competitive Adaptive Reweighted Sampling，CARS）[15]算法，通过迭代过程逐步进行筛选，降低了波长变量之间的相互影响。基于优化算法的研究工作一直在发展之中，从早期的遗传算法到后来的模拟退火法、粒子群算法等，通过进化过程逐步优选波长变量，得到较好的模型。由于搜索空间巨大，此类算法很难得到较好的结果，因此一直有研究者在优化算法上开展研究工作。基于变量之间相关性的代表性方法是连续投影算法（Successive Projections Algorithm，SPA）[16]和最佳伙伴变量法[17]。前者利用变量之间的正交性，选择最不相关的变量组合，后者基于变量两两组合寻找出一组协同效应最优的变量组合。有文献[17]利用两种算法的组合，先利用 SPA 确定具有代表性的光谱区间，再利用组合的方式选出具有协同效应的波段。基于统计学的方法是基于对模型系数的统计对每个波长变量进行评价，然后根据评价值进行排序。代表性的方法是无信息变量消除

（Uniformative Variable Elimination，UVE）[18]和蒙特卡洛-无信息变量消除（Monte Carlo Uninformative Variable Elimination，MC-UVE）[19]方法，前者提出了对波长变量进行评价的参数，即稳定性，后者对获取稳定性的方式进行了改进。这些方法均向提高模型预测准确度和简化模型参数提供了技术手段。但由于变量选择问题的复杂性，相关研究工作仍在继续。

为了考察模型的质量并对模型实用性进行验证，需要对建立的模型进行验证，可分为内部验证和外部验证。前者用于验证模型对校正集数据的有效性，后者用于模型实用性考察。内部验证方法包括各种方式的交叉验证和预留验证集验证。常用的交叉验证方法包括留一交叉验证（Leave One Out Cross Validation，LOOCV）和 k-折交叉验证（k-Folds Cross Validation，k-Folds CV），通过每次从校正集中提取一个或 N/k 个（N 为样本总数）样本作为验证集进行验证。预留验证集一般是在建模之前从校正集中抽取一部分样本作为验证集，抽取样本时需要注意被抽取样本的代表性，常用方法是 KS（Kennard-Stone）[20]序贯算法。

模型维护是指在模型的使用过程中对模型的适用性进行考察。由于仪器、样品或者测量条件的变动，模型的适用性可能会发生变化。模型维护所采用的方法一般是验证样品，当预测值与参考值偏差较大时说明模型不再适用于当前的光谱，需要对模型进行维护或更新。

模型转移或模型传递是近红外光谱分析的重要环节。当采用多台仪器开展工作时，为了适用统一模型，需要通过适当的校正对不同仪器的测量光谱进行统一。光谱测量条件或仪器发生变化时，如样品测量温湿度、样品形态、仪器老化或附件更换等，光谱往往会发生吸光度差异或波长漂移等，进而对模型的预测结果造成偏差，这时需要进行模型转移。因此，模型转移有时也称为光谱的标准化。通常将已经有模型的仪器称为主机（Master Instrument），其他待转移的仪器称为子机（Slave Instrument）。模型转移主要通过主机光谱和子机光谱之间的联系，由确定的函数关系校正子机光谱、预测值或模型参数，以保证主机模型对子机光谱预测结果的准确性。

为了建立模型转移的校正函数（或称为模型转移的模型），一般采用一定量的标准样品，在不同仪器或不同条件下测量这些样品的光谱，然后通过两组光谱之间的关系建立校正函数。按照是否需要在所有仪器上采集一一对应的标准光谱，模型转移可以划分为有标样和无标样模型转移。大部分模型转移算法为有标样算法，如斜率截距法（S/B）、Shenks 算法[21]、直接标准化（Direct Standardization，DS）[22]和分段直接标准化（Piecewise Direct Standardization，PDS）[23]等算法。在实际应用中，当无法获取标准样品或难以在所有仪器上采集标准光谱时，就必须采用无标样模型转移算法，常见方法是通过信号处理消除仪器间光谱的差异，如 WT[14]、有限脉冲响应（Finite Impulse Response，FIR）和 OSC[24]算法等。按照函数校正的对象，也可以将模型转移算法分为三类：一是对预测结果校正的算法，如 S/B 等；二是对光谱校正的算法，如 Shenks 算法、DS、PDS、FIR、OSC 等；三是对模型参数校正的算法，如两步偏最小二乘方法等。

模型转移方法在近几年得到了较大发展，相继提出了基于不同原理的新方法，其中光谱空间变换（Spectral Space Transformation，SST）[25]法得到较好的应用。SST 法的核心是主成分空间的投影，通过主成分空间实现两台仪器光谱之间的转换。同时，通过不同仪器光谱之间的相关性、同类样品光谱之间的相似性以及光谱差异与目标值差异之间的相关性分析，分别建立了“双模型”转移方法[26]和基于模型参数优化[27]的转移方法。另外，为了解决多台仪器光谱之间的同时转换，交替三线性分解（Alternating Trilinear Decomposition，ATLD）[28]、多级同时成分分析（Multi-level Simultaneous Component Analysis，MSCA）[29]等高维数据分析方法在模型转移中得到应用。但是，由于近红外漫反射光谱的产生机理复杂，光谱测量的影响因素较多，模型转移在理论上仍存在一些问题。尽管可以校正仪器本身产生的光谱差异，但测量条件和样品变动带来的差异仍难以很好的校正。

近红外光谱技术经历了几十年的发展，在各行业领域和科学研究中发挥了重要作用，特别是近红外漫反射光谱技术在复杂基质实际样品的快速分析中得到了广泛应用。这些应用得益于近红外光谱技术本身的特点，如不需要样品处理，可以直接对样品进行在线或在位测量；近红外光谱中不仅包含物质的组成、结构、相互作用等化学信息，还包含了物质的形态、硬度等物理信息；同时也得益于仪器制造和化学计量学等相关技术的发展。

二、近红外光谱技术在烟草行业的应用

近红外光谱技术在各领域得到了广泛应用，如农业（土壤、作物、饲料等）、食品业（面粉、乳制品、水果等）、石油化工（原油监测、成品调和、炼油、辛烷值等）、药品（原料、混合、有效成分等）和医学诊断等。近红外

漫反射光谱可直接对样品进行分析，适用于在线、在位、生产过程等快速分析。近红外光谱技术已经成为生产实践中不可或缺的分析手段。

近红外光谱技术在烟草行业已有30多年的应用历史，由单纯的化学成分分析发展到烟叶产地与等级鉴别、烟丝掺配均匀性鉴别、卷烟真伪鉴别等定性识别，取得了良好的应用效果。

（一）化学成分分析

近红外光谱技术在烟草化学成分分析方面，由早期的常量化学成分（如总糖、还原糖、总植物碱、总氮、钾、氯、石油醚提取物、总挥发酸、总挥发碱等）分析，逐步拓展到烟草多酚、有机酸、氨基酸等半微量化学成分分析。1998年GARRIGUE等[30]采用近红外光谱技术分析烟草三氯甲烷萃取液中烟碱。蒋锦锋等[31]分别采用偏最小二乘回归、主成分分析、支持向量回归实现对总挥发酸和总挥发碱的预测分析，认为采用主成分分析和支持向量回归可提高运算速度和模型预测准确度。吴玉萍等[32]采用近红外光谱技术实现烟草中苹果酸、柠檬酸和石油醚提取物的快速分析，获得与经典分析方法一致的检测结果。2010年周静[33]应用近红外光谱法测定了烟草中9种非挥发性有机酸的含量。2016年荆磊磊等[34]应用FT-NIR光谱法快速预测烟草中游离氨基酸，实现6种较高含量氨基酸的快速预测。SHAO等[35]采用小波变换技术进行光谱预处理，研究了绿原酸的近红外光谱定量模型。周文忠等[36]应用近红外光谱法结合波长筛选算法快速测定烟草3种酚类化合物。2016年武士杰等[37]研究建立基于OSC-WT-PLS近红外光谱法测定烟草中芸香苷。2019年杨盼盼等[38]研究建立了近红外快速测定初烤烟叶中的新植二烯预测模型。2019年于洁等[39]采用近红外光谱定量分析技术，实现新鲜烟叶中生物碱的快速测定。MA等[40]结合多种信号处理和变量选择技术建立了烟草特有亚硝胺（TSNA）的定量模型。针对烟草样品的近红外光谱定量分析，建模方法以及相关的数据集质量评价、光谱与处理、变量选择、模型转移等方法也得到了广泛研究[41-47]。这些研究为近红外光谱定量模型的建立提供了坚实的理论依据和丰富的实践经验。

在卷烟烟气化学成分分析方面，从早期的烟气常规指标分析拓展到烟气有害成分分析。DI LUZIO[48]和BOUVERESSE[27]直接对剑桥滤片进行扫描，利用漫反射光谱建立了卷烟烟气总粒相物中水分含量、烟气烟碱和焦油的快速测定方法。2004年王家俊[49]扫描烟气总粒相物萃取液，利用透射光谱建立了烟气中焦油、烟碱、一氧化碳释放量的近红外光谱预测模型，获得与标准分析方法一致的预测结果，开创了国内用近红外光谱技术分析卷烟烟气成分释放量的先河。2008 年王志国等[50]构建了一种基于剑桥滤片的傅里叶变换近红外光谱的烟气化学成分预测方法，成功实现烟气烟碱、焦油、总粒相物和一氧化碳分析，并逐步拓展到烟气有害化学成分的分析[51, 52]。

（二）烟叶产地与等级鉴别

烟叶产地决定烟叶风格，部位和等级决定质量。王国东等[53]采用主成分空间下的马氏距离判别样本的产地归属，发现采用平滑处理后的一阶导数光谱建模效果较好。2006 年束茹欣等[54]以近红外光谱的主成分描述烟叶特征，采用马氏距离对不同产地的国产烤烟进行了产地、部位、等级的模式识别，准确率为 74%～97%，部位、等级的模式识别准确率低于产地的识别。2008 年谢娟[55]改进和简化了传统的 K 近邻算法（K-nearest Neighbor，KNN），得到 IS-KNN 算法，研究了 1129 个不同产地和部位的烤烟烟叶样品，在 PCA 确定校正样品集的光谱主成分数后，运用 IS-KNN 算法，实现产地和部位预测准确率达 99%。于春霞等[56]建立了基于 SIMCA 算法的相似性分析数学模型，对不同部位烟叶的近红外光谱进行了相似性分析，结果表明基于近红外光谱的烟叶部位相似性分析结果与实际情况相符，部位之间距离越大相似性越差。2013 年施丰成等[57]运用偏最小二乘判别分析（PLS-DA）算法，建立了不同产地烤烟的近红外光谱定性分析模型，所考察的样品准确率达 100%。2013 年唐果等[58]用 PLS-DA 建立了识别烟叶等级的近红外光谱定性分析模型，验证样品等级准确率达 96.7%，可很好地预测烟叶等级分类。为了提升聚类与判别分析的效果，WANG 等[59]建立了一种基于主成分累积的方法用于不同烟叶样品的近红外光谱分析，提高了聚类分析中的类间区分度，提升了判别分析的效率。这些研究表明，通过近红外光谱与不同化学计量学算法的结合可以实现烟叶产地和等级区分，但研究工作仍需要进一步开展，不同研究工作的结果还很难统一，模型的预测能力有时还受到校正集的影响。

烤烟香型划分为浓香型、中间香型和清香型三大类，主要通过卷烟感官评吸方法进行确定，评价的主观性强、敏感性差。2014 年束茹欣等[60]通过收集 4733 个不同香型烤烟样品，基于主成分及 Fisher 方法建立烟叶生态产区和风格特征的投影分析模型，实现预测样品的判别分析以及风格特征程度的量化分值。2015 年宋楠[61]结合近红外光谱及改进的局部线性嵌入算法（Locally

Linear Embedding，LLE）快速识别烟叶香型风格，实现烤烟风格的区分。2017年栾丽丽等[62]在烤烟香型细化为典型清、典型中、典型浓、清偏中、清透浓、中偏清、中偏浓、浓偏中、浓透清9类基础上，采用近4000个样品基于主成分及Fisher准则的投影法（PPF）、偏最小二乘判别分析算法、支持向量机（Support Vector Machine，SVM）作为单分类器的多算法融合方法建立香型风格特征预测模型，并在卷烟实际生产中取得好的应用效果。借助近红外光谱技术实现烤烟香型风格识别，为不同香型烤烟烟叶的卷烟产品应用提供可行性。但是，目前仅靠近红外光谱信息很难将烟叶特征信息进行良好地识别，识别或多或少存在错误或较大偏差。这就需要借助大量的烟叶外观质量、化学成分信息、感官质量评吸数据，再结合大数据筛选方法和算法，形成大数据优势，构建良好的预测模型以实现烟叶风格识别及其在卷烟配方设计与维护中的应用，这也是烟草近红外光谱技术研究者需要重点研究的方向之一。

（三）烟丝掺配均匀性鉴别

近年来，充分利用近红外光谱技术模糊识别功能，出现了近红外光谱技术快速判别烟丝掺配均匀性的研究工作。2015年吴海云等[63]应用在线近红外光谱检测及循环枚举不同批次组合的中位数调控法（Regulation by Median Calculated via Cycle Enumeration Combination of Different Batches Tobacco，RMEB）优化多批次卷烟制丝过程中原料配比及加工顺序，可显著降低烟碱变异系数，从源头上调控烟丝批次均匀性，稳定卷烟产品质量，解决了批次之间化学成分均匀性难题。2016年王军等[64]利用近红外光谱预测在线烟丝的总植物碱和总糖含量，构建以糖碱比为评价指标的烟丝均匀性评价方法，以储丝柜出口为在线混丝均匀性监控点位，以混丝均匀度大于95%作为质量要求。2019年李瑞丽等[65]采用近红外光谱技术研究基于常规成分指标的综合统计量得分，构建反映样本信息统计变量的烟丝掺配均匀性模型，实现烟丝掺配均匀性表征，取得良好应用效果。王毅等[66]基于近红外光谱漫反射技术和多元统计过程分析方法建立了一种适用于生产过程分析与在线实时监测新方法，通过实时采集生产过程中物料的近红外光谱并利用已建立的模型计算Hotelling T^2统计量，实现了生产过程中物料变动情况的实时监测，为生产过程质量控制提供了良好手段。上述研究表明，通过近红外光谱技术可以实现烟丝均匀性的表征，但实际应用较少，表明表征技术需要继续改进。目前亟须解决的问题：一方面，虽然获取了烟丝近红外光谱数据和常规化学成分信息，但仅用常规化学成分构建的烟丝均匀性表征技术，存在信息应用不全面的缺陷；另一方面，烟丝均匀性表征技术应涉及烟丝质量稳定和感官质量稳定两个方面的数据，在此基础上借助算法研究，构建适宜的评价模型，以便更好地推广应用。总之，相关研究仍需进一步深入。

（四）卷烟真伪鉴别与品牌识别

真伪鉴别是卷烟市场监管的重要技术支撑，主要通过外观鉴别或感官评吸手段开展。2007 年，依据真假卷烟的近红外光谱信息，通过小波变换和人工神经网络建立了卷烟真伪鉴别模型，实现中华牌卷烟的快速鉴别，真伪卷烟鉴别准确率达 100%。2011 年张灵帅等[67]采用主成分分析-马氏距离方法建立卷烟真伪近红外光谱定性分析模型，达到快速准确鉴别真假烟的良好效果。2010 年段焰青等[68]应用 FT-NIR 分析技术结合相似度匹配的定性分析方法，分别建立了来自红云红河烟草（集团）有限责任公司的云烟（印象）、云烟（软珍品）和云烟（紫）的相似度匹配鉴别模型，实现同一卷烟品牌不同规格的快速鉴别。目前，近红外光谱技术用于卷烟真假鉴别仍处在研究阶段，亟须在光谱数据处理方法、建模方法等方面的研究突破，以实现近红外光谱技术在卷烟真假鉴别方向的良好应用。

三、烟草近红外数据库的建设

传统的近红外分析主要是采用单台仪器进行样品测定，难以满足烟叶原料收购、复烤、入库、醇化过程中广域范围内大规模快速检测及信息汇总的需求。近年来，以网络技术为依托的近红外检测网络体系构建是将近红外技术的优势在实际应用中发挥到最大的一个重要途径。基于此，上海烟草集团针对近红外检测管理现状，提出“动态建模，网络共享，全程管控”的网络化管控体系，保证近红外检测数据质量；云南中烟构建了烟叶原料近红外光谱分析物联网系统；山东烟草研究院以烟叶品质控制为切入点，研发形成支撑多检测终端的烟叶品质快速分析网络化平台；湖南中烟开发了专门用于烟气快速检测的近红外云服务系统；贵州中烟提出了“数据规范、中心建模、资源共享、智能分析”的网络化管控方案，开发了基于互联网技术的烟草近红外速测系统。

因此，近红外光谱技术产生了海量的近红外光谱数据，是最具大数据潜质的数据资源之一，但这些分散的数据由于信息格式不统一难以整合，严重制约了行业近红外光谱数据的有效利用，必须予以统一、规范，以构建烟草近红外数据库，实现数据规范、资源共享、智能分析的目标，为烟草行业高质量发展提供有力支撑。

第二节　烟草近红外数据库构建的技术路线

烟草近红外数据库构建的技术路线如图 1-1 所示。

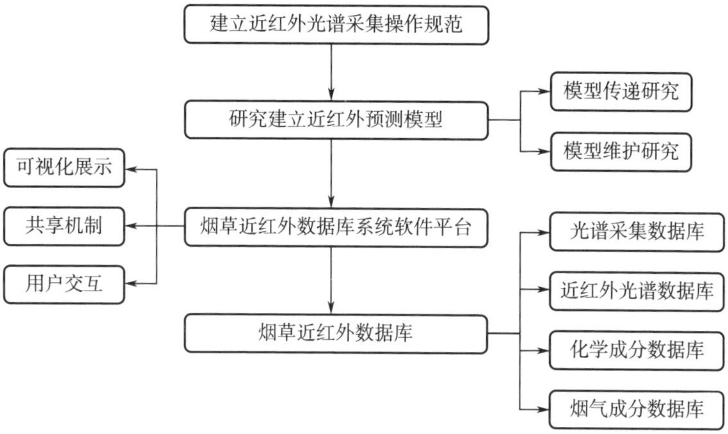

图 1-1　烟草近红外数据库构建的技术路线图

一、高质量近红外光谱及化学成分数据获取方法研究

确定样品制备方法、样品信息格式、光谱采集条件、光谱采集参数、操作流程等，制定《烟草及烟草制品近红外光谱采集规范》。

制定《烟草及烟草制品近红外分析质量控制样品要求与应用》，对人、机、料、法、环各关键环节实施高频次监控，确保近红外光谱采集质量稳定。

采取严格完善的数据质量控制措施，以保障经典化学成分分析结果的准确性。

二、近红外预测模型建立

建立初烤烟（含复烤烟）、醇化片烟、卷烟烟丝三组近红外预测模型，每组包含常规化学成分（总植物碱、水溶性还原糖、总糖、总氮、淀粉）、阴阳离子（硫酸根、磷酸根、氯、钾、钙、镁）、烟草多酚（绿原酸、芸香苷、莨菪亭、新绿原酸、隐绿原酸）、多元酸和高级脂肪酸（乙二酸、丙二酸、丁二酸、苹果酸、柠檬酸、香草酸、十四酸、十六酸、亚油酸、油酸+亚麻酸、十八酸、二十酸)、氨基酸(天冬氨酸、苏氨酸、丝氨酸、天冬酰胺、谷氨酸、谷酰胺、甘氨酸、丙氨酸、缬氨酸、胱氨酸、甲硫氨酸、异亮氨酸、亮氨酸、酪氨酸、苯丙氨酸、4-氨基丁酸、赖氨酸、组氨酸、色氨酸、精氨酸、脯氨酸)、Amadori 化合物[葡萄糖胺(Glu-An)、1-脱氧-1-L-氨基丁酸-D-果糖(Fru-Amb)、1-脱氧-1-L-组氨酸-D-果糖(Fru-His)、1-脱氧-1-L-脯氨酸-D-果糖(Fru-Pro)、1-脱氧-1-L-缬氨酸-D-果糖(Fru-Val)、1-脱氧-1-L-苏氨酸-D-果糖(Fru-Thr)、1-脱氧-1-L-甘氨酸-D-果糖(Fru-Gly)、1-脱氧-1-L-丙氨酸-D-果糖(Fru-Ala)、1-脱氧-1-L-天冬酰胺-D-果糖(Fru-Asn)、1-脱氧-1-L-天冬氨酸-D-果糖(Fru-Asp)、1-脱氧-1-L-谷氨酰胺-D-果糖(Fru-Gln)、1-脱氧-1-L-谷氨酸-D-果糖(Fru-Glu)、1-脱氧-1-L-异亮氨酸-D-果糖(Fru-Ile)、1-脱氧-1-L-亮氨酸-D-果糖(Fru-Leu)、1-脱氧-1-L-酪氨酸-D-果糖(Fru-Tyr)、1-脱氧-1-L-苯丙氨酸-D-果糖(Fru-Phe)、l-脱氧-1-L-色氨酸-D-果糖(Fru-Trp)]、二氯甲烷提取物、茄尼醇、新植二烯、pH 70 种化学指标,完善和建立的分析方法见附录 A。

(一)标准样品制作

按照《烟草及烟草制品近红外光谱采集规范》制备样品,通过近红外光谱筛选代表性样品。

(二)近红外定量预测主机模型建立

选定行业在用主流机型,每个型号近红外光谱仪各选择一台作为主机,研究近红外光谱数据与化学成分关系,优化筛选主成分回归、偏最小二乘回归、人工神经网络、逐步多元线性回归(SMLR)等各种算法,研究建立 3 组近红外定量预测主机模型。

(三)模型传递方法研究

采用同型号仪器之间模型传递的方式转移近红外预测模型。研究带标传递统一算法,将主机定量模型、近红外光谱高质量向子机传递。

(四)模型维护方法研究

研究标准样品代表性与数量、各种关联算法对模型维护效果的影响,形成模型黏度维护方法指南,实现模型高质量更新维护。

三、开发近红外数据库系统,形成烟草近红外数据库

形成醇化片烟、叶组配方、三丝、卷烟烟丝、复烤片烟和原烟的高质量近红外分析数据库，并确保数据保密，主要包括下列内容。

（1）制定统一的近红外分析样品编码规则。

（2）建立集成预测模型、模型传递和维护的云工作站。

（3）构建近红外光谱数据直采云平台与数据分发系统。

（4）形成烟草近红外分析数据库（化学成分与近红外光谱）中心。

第二章
近红外光谱采集操作规范建立

近红外光谱的采集质量对分析结果的准确性具有基础性、决定性作用。针对样品粒度、样品水分、样品松紧度、仪器参数和环境温湿度等条件，行业缺乏系统全面的研究，不同单位的操作规范和惯常做法存在一定差别，影响了近红外预测结果的准确性和可比性。

因此，为建立近红外光谱采集操作规范，开展烟草样品制备方法（粒度和含水率）、装样方法、近红外光谱采集参数（波段范围、分辨率、扫描次数）等对近红外光谱的影响研究，结合国内外相关规范和行业现行实践，研究制定行业统一的《烟草及烟草制品近红外光谱采集规范》；为有效控制近红外光谱质量始终处于受控状态，需要在近红外分析中引入质量控制样品的概念，制定《烟草及烟草制品近红外分析质量控制样品要求与应用》，确保近红外光谱的采集质量在控制范围内。

第一节　样品制备方法研究

对于烟草常规化学成分分析和香味成分分析样品的制备，烟草行业多采用YC/T 31—1996《烟草及烟草制品 试样的制备和水分测定 烘箱法》。YC/T 31—1996要求，烟草样品水分应在40℃以下的鼓风干燥箱中烘干，直至可以用手指捻碎，然后用不明显发热的粉碎机研磨，样品全部过40目筛网。

样品粒度和含水率对近红外光谱具有重要影响。在制备近红外分析样品时，行业不同，实验室采用的筛网尺寸不同，究竟什么样的样品粒度合适需要研究予以明确。样品含水率的高低，影响粉碎的难易程度和烟草粉末样品的含水率，也可能影响烟草粉末的粒度分布。

一、样品粒度影响研究

制备不同类型、不同粒度的烟草粉末样品，考察不同粒度下近红外光谱的变异性、不同粒度粉末的质量分布，确定样品粒度要求。

1. 不同粒度烟草粉末样品近红外光谱差异

选取初烤烟叶（B2F、C2F、X2F）、醇化片烟和卷烟烟丝 3 大类 5 个样品，用粉碎机研磨，采用分级筛筛分出 7 种不同粒度的烟草粉末：<20 目、20~40 目、40~60 目、60~80 目、80~100 目、100~120 目和>120 目。使用热电近红外光谱仪，将每个粒度的烟草粉末重复装样、采集近红外光谱 10 次，光谱采集范围 4000~10000cm^{-1}。

在 4000~10000cm^{-1}，波数点共 1557 个。采用原始光谱，计算每个波数点 10 次平行测定的变异系数，再将所有波数点的变异系数求平均值，如表 2-1 和图 2-1 所示；采用 SG 平滑和一阶导数对原始光谱进行预处理，同上求取变异系数，如表 2-2 和图 2-2 所示。

表 2-1　不同粒度样品原始光谱变异系数（%，n=10）

粒度/目	C2F	B2F	X2F	醇化片烟	烟丝
<20	4.93	3.66	3.61	3.73	3.91
20~40	1.73	1.26	1.40	1.37	1.48
40~60	1.87	1.69	1.20	1.25	1.51
60~80	1.00	0.78	1.38	0.93	1.52
80~100	0.67	0.82	0.70	0.77	0.78
100~120	0.96	0.80	0.85	0.80	0.73
>120	0.82	0.66	0.83	0.80	0.78

表 2-2　不同粒度样品一阶导数光谱变异系数（%，n=10）

粒度/目	C2F	B2F	X2F	醇化片烟	烟丝
<20	3.94	3.59	3.67	3.28	3.09
20~40	1.09	0.95	1.55	1.10	1.04
40~60	0.60	0.90	0.73	0.55	0.44
60~80	0.34	0.51	0.57	0.42	0.50
80~100	0.44	0.56	0.40	0.51	0.33
100~120	0.21	0.54	0.50	0.33	0.46
>120	0.25	0.49	0.40	0.41	0.24

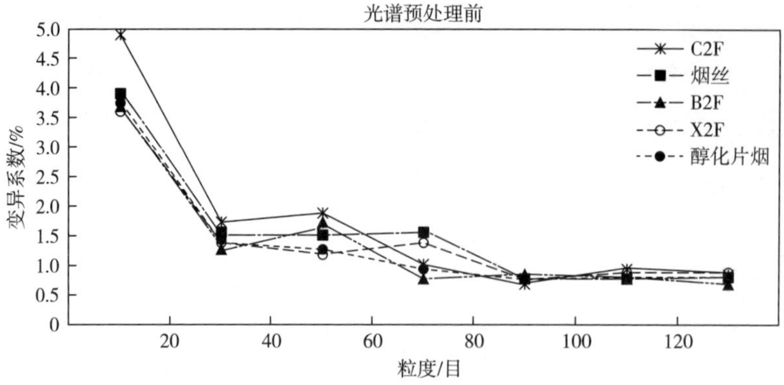

图 2-1 不同粒度样品原始光谱变异系数

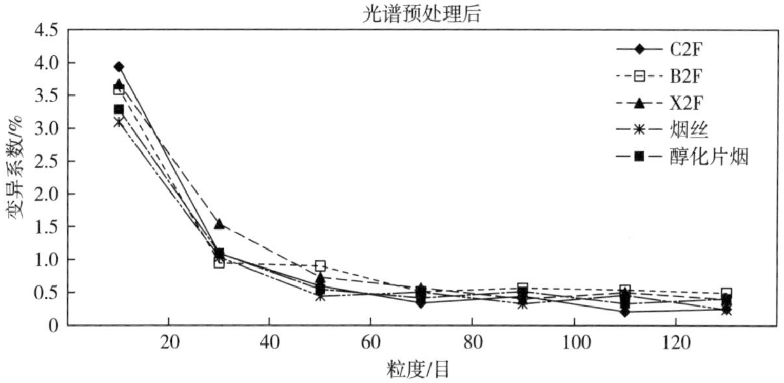

图 2-2 不同粒度样品一阶导数光谱变异系数

从数据可以看出，随着目数的增加，所有样品光谱的采集变异系数均呈下降趋势；同时，光谱预处理与否存在一定差异，原始光谱的变异系数在样品粒度≥80 目基本稳定，而预处理光谱在样品粒度≥60 目基本稳定。在近红外分析中，为去除仪器噪声等方面的影响，近红外光谱均需要进行平滑处理和一阶导数处理，从这个角度讲，样品粒度≥60 目即可获得高精密度的近红外光谱。

2. 不同筛网的样品粒度分布

样品粉碎时，粉碎机上会装配一个筛网，将样品研磨粉碎直至全部通过筛网，得到的烟末样品的粒度小于等于筛网目数，呈现一定的粒度分布。经过调研，烟草行业部分单位采用 40 目筛网，部分单位采用 60 目筛网。为考察两种筛网下的烟末粒度分布，采用初烤烟叶、醇化片烟和卷烟烟丝 3 类代表性样品，样品含水率调节至 6%～8%，粉碎机分别配装 40 目和 60 目筛网，粉碎后的烟末再用分级筛筛分、称重，结果如表 2-3，图 2-3～图 2-5 所示。

表 2-3 初烤烟叶、醇化片烟和卷烟烟丝的不同粒度质量分布

粒度/目	初烤烟叶/%		醇化片烟/%		卷烟烟丝/%	
	40 目筛	60 目筛	40 目筛	60 目筛	40 目筛	60 目筛
<40	0. 02	0	0	0	0	0
40～50	0. 29	0	0. 04	0	0. 12	0
50～60	0. 41	0	0. 38	0	0. 42	0
60～70	0. 65	0. 68	0. 70	0. 33	2. 35	0. 46
70～80	2. 60	0. 84	2. 06	0. 39	2. 71	0. 70
80～90	4. 88	3. 82	3. 55	2. 58	3. 47	2. 47
90～100	8. 09	4. 97	5. 17	3. 43	4. 37	4. 10
100～120	12. 08	9. 52	11. 85	9. 45	6. 16	6. 13
120～160	20. 91	27. 05	24. 05	29. 04	19. 21	22. 40
>160	50. 07	53. 11	52. 19	54. 77	61. 19	63. 74
合计	100. 0	100. 0	100. 0	100. 0	100. 0	100. 0

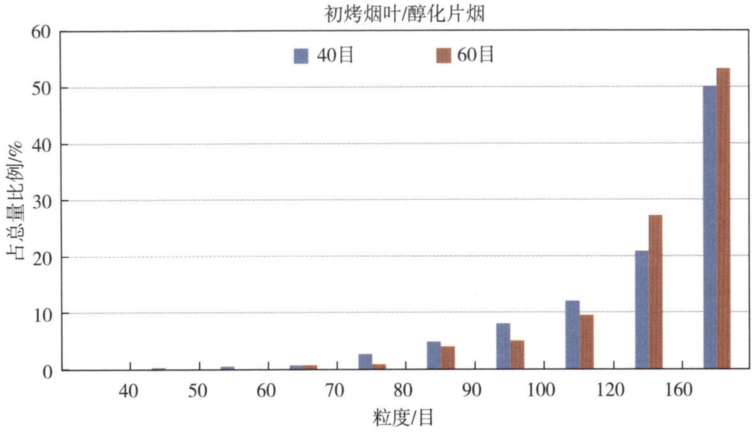

图 2-3 初烤烟叶不同粒度质量分布

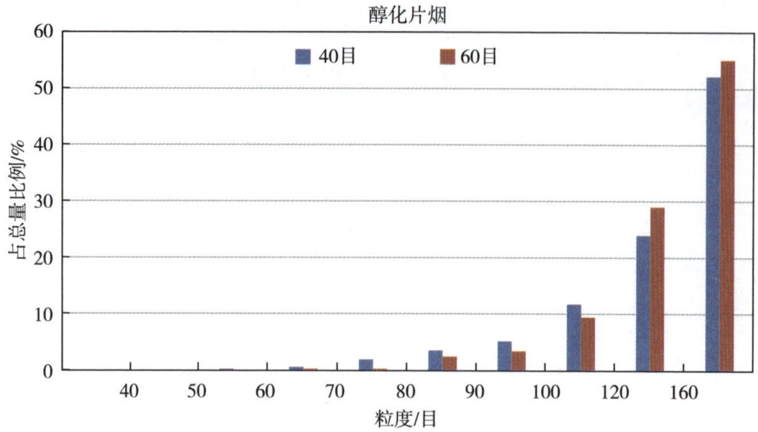

图 2-4　醇化片烟不同粒度质量分布

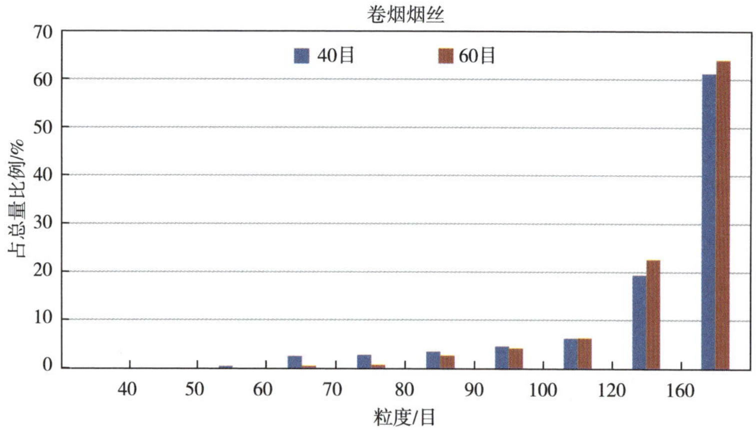

图 2-5　卷烟烟丝不同粒度质量分布

可以看出，采用 40 目或 60 目筛网粉碎，3 类烟末的粒度分布规律一致但存在一定差异。采用 40 目筛网粉碎，40~60 目粒度的烟末占比不大但有一定比例，根据上文研究结论，这一粒度范围的烟末对光谱采集精密度可能存在一定的不利影响。因此，近红外光谱分析用样品应采用 60 目筛网粉碎。

3. 样品含水率对样品粒度分布的影响

对于分析质量要求高的近红外分析，一般要求样品粉碎前采用鼓风干燥箱将样品含水率调整至 6%~8%。但在复烤线或制丝线取样时，样品含水率一般在 11%左右，样品量比较大，来不及烘干，经常是直接粉碎。2 种含水率样品粉碎后的粒度分布是否存在差异是一个需要明确的问题。

取复烤片烟，考察这 2 种含水率样品制备成 60 目烟末的粒度分布差异，结果如表 2-4 和图 2-6 所示。

表 2-4　　样品含水率对粉碎后粒度分布影响

粒度/目	质量分布/%	
	含水率（6%~8%）	含水率（10%~12%）
60	0	0
70	0.63	0.60
80	2.16	2.10
90	4.68	4.25
100	8.08	7.98
120	12.24	12.02
160	21.44	21.13
>160	50.77	51.92

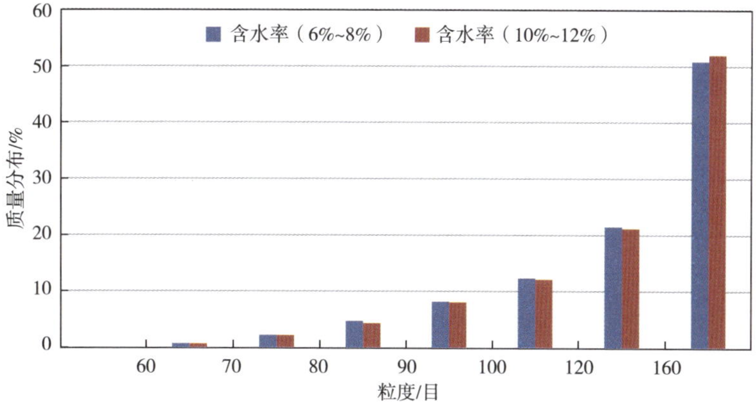

图 2-6　样品含水率对粉碎后粒度分布影响

从图 2-6 可以看出，样品含水率对样品制备粒度质量分布几乎无影响，但含水率 10%~12%样品粉碎至 60 目所需时间比含水率 6%~8%样品长 0.5min 左右。

二、样品含水率影响研究

取初烤烟叶粉末，在不同恒温恒湿条件下调节样品水分至平衡，制备

5.69%、6.57%、7.53%、8.38%、9.10%、10.05%、10.99%、11.59% 8种含水率系列样品，采集近红外光谱，原始光谱图如图 2-7 所示，一阶导数光谱图如图 2-8 所示。

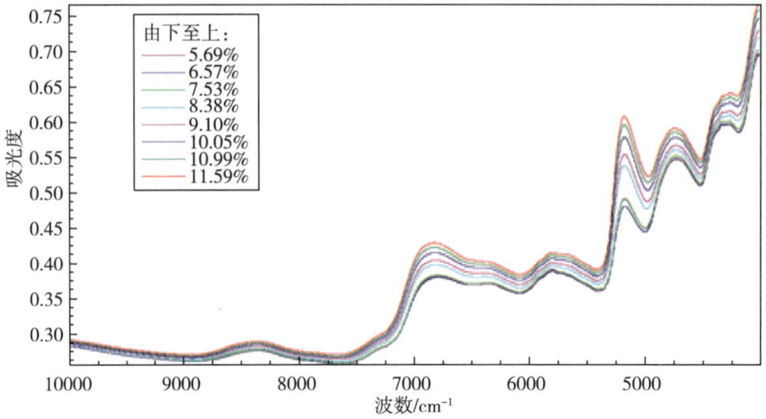

图 2-7　不同含水率样品的原始光谱

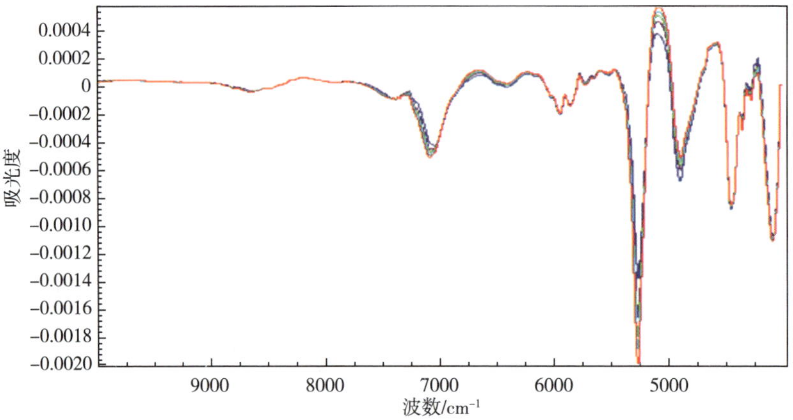

图 2-8　不同含水率样品的一阶导数光谱

从图 2-7 可以看出，随着样品含水率的增加，整个近红外光谱区的吸收逐步抬升，且不同谱区的抬升幅度不同，水的吸收峰（$6897cm^{-1}$和 $5181cm^{-1}$）抬升幅度最大且峰型展宽。一阶导数光谱的变化类似。

因此，近红外分析样品的含水率应严格控制。更具体地说，一是建模样品的含水率应控制一致，使建模样品之间存在可比性，从而获得良好的预测模型；二是测试样品含水率应与建模样品保持一致，使测试样品与建模样品水分匹配，提高预测结果的准确性。

第二节　光谱仪采集参数

近红外光谱仪需要设置的采集参数主要有波段范围、分辨率、扫描次数等，这些参数对近红外光谱和结果预测均有一定影响，需要进行合理设置。同时，这些参数的统一也有利于化学成分指标预测模型的转移和全行业数据的可比性。

一、波段范围

近红外光谱区的波段范围是 4000～12500cm^{-1}，主要反映有机化合物分子 C—H、N—H 和 O—H 官能团的信息，其振动的倍频和合频电磁波存在较大差异，具体如表 2-5 所示。

表 2-5　　主要官能团振动的合频与倍频波数　　单位：cm^{-1}

振动类型	C—H	N—H	O—H	H_2O
合频	4250	4650	5000	5155
二倍频	5800	6670	7000	6940
三倍频	6500	9520	10500	10420
四倍频	11100	12500	13500	13300
五倍频	13300	—	—	—

烟草的化学成分十分复杂，各种有机化合物分子中含有大量的 C—H、N—H、O—H、—CH_3和—CH_2官能团，相应地近红外光谱也十分复杂，全面反映化合物的近红外光谱信息需要宽的波段范围。研究发现烟草化学成分近红外分析的适宜波段范围为 4000～10000cm^{-1}，因此将该波段范围作为烟草近红外光谱分析的采集波段范围。

二、扫描次数

由多次扫描获得平均光谱是改善光谱信噪比、提高测试精密度的有效方法，特别是对于装样密度均匀性有差异或装样难以均匀一致的样品。目前，实验室使用的离线近红外光谱仪均设计了旋转样品杯，在样品杯旋转的过程中采集多帧光谱，以平均光谱作为测定输出光谱，有效降低装样不均匀对测试结果的影响。

为研究光谱扫描次数对测试结果的影响，采用 3 类样品，设置扫描次数分别为 16、32、48、64、80、96 次，每种扫描次数重复测定 10 次。计算各波数的变异系数，进而得到平均变异系数，结果如图 2-9 所示。

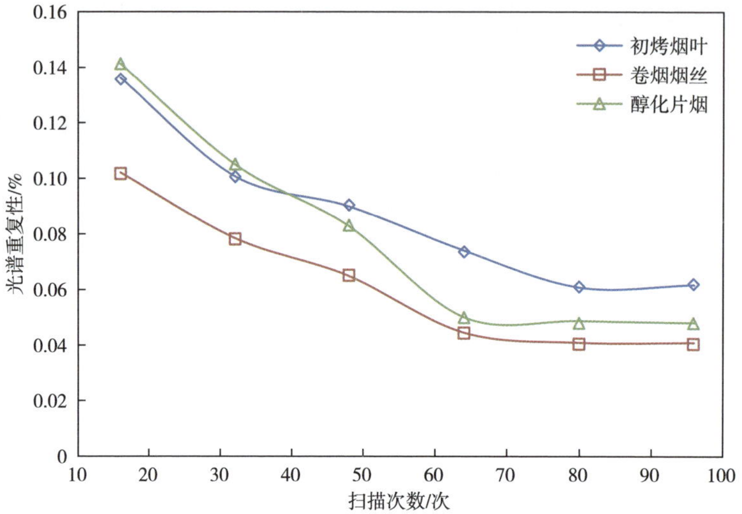

图 2-9　扫描次数对光谱精密度的影响

可以看出，随着扫描次数增加，3 类样品的近红外光谱变异系数逐步变小，64 次后基本稳定。

考虑到检测时间与扫描次数成正比，光谱扫描次数 64 次较为适宜。

三、分辨率

在分光精度和检测器精度一定的情况下，光谱分辨率高得到的光谱信息就多，分辨率低则会丢失光谱信息，当然分辨率过高会导致光谱噪声增加，因此分辨率应与光谱仪性能匹配。同时，数据采集需要一定的时间，分辨率与光谱采集时间（样品分析时间）呈正比关系。

选取初烤烟叶、醇化片烟、卷烟烟丝样品各 1 个，系统考察 2、4、8、16cm^{-1}4 种分辨率对近红外光谱的影响。从图 2-10 可以看出，分辨率越低（波数区间大）光谱越平滑，分辨率越高光谱噪声越严重。从图 2-11 的一阶导数光谱可以看出，分辨率低造成峰数损失（信息丢失），分辨率高则光谱噪声趋于严重。

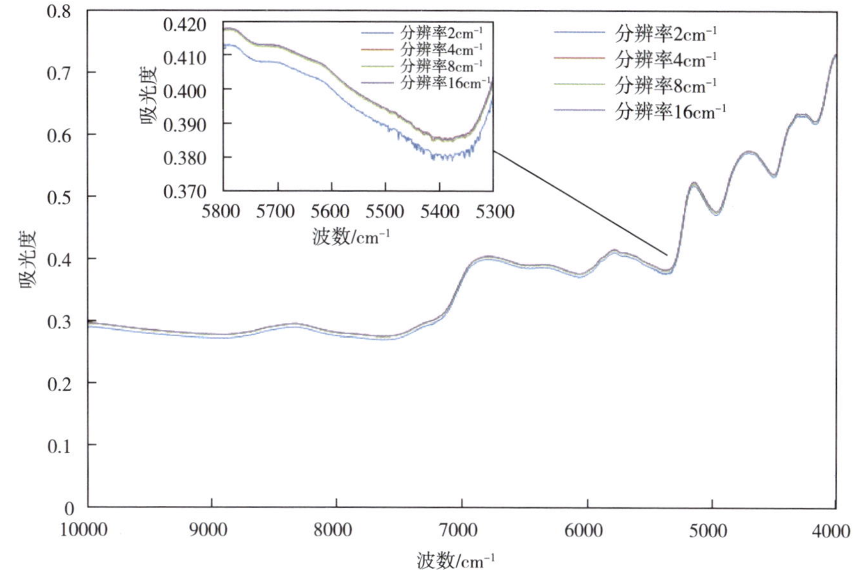

图 2-10　不同分辨率的初烤烟叶样品近红外光谱

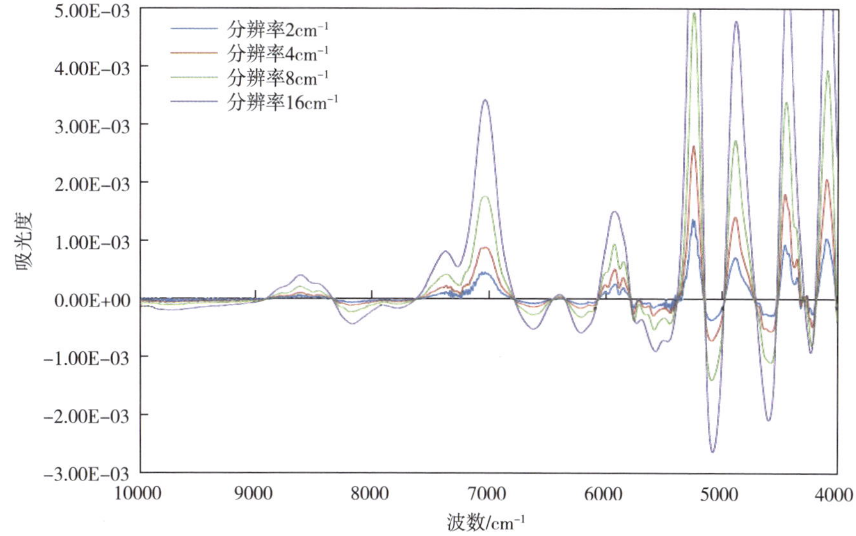

图 2-11　不同分辨率的初烤烟叶样品一阶导数光谱

计算各数据点 10 次测试结果的变异系数，由所有数据点变异系数得到平均变异系数（精密度），如图 2-12 所示。可以看出，分辨率大于或小于 $8cm^{-1}$，光谱变异系数均较大。因此，适宜的近红外光谱分辨率为 $8cm^{-1}$。

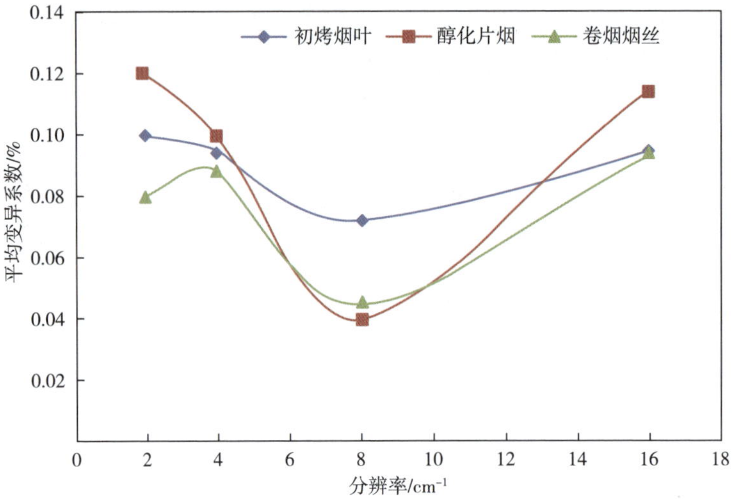

图 2-12 分辨率对光谱精密度影响

第三节 《烟草及烟草制品近红外分析质量控制样品要求与应用》制定

分析测试过程中，操作人员、试剂材料、仪器设备、环境条件等均会对分析测试结果造成影响，ISO 17025：2017《检测和校准实验室能力的通用要求》对这些因素提出了一系列控制措施，其中包括质量控制样品的使用。采用质量控制样品可以对各个数据质量影响要素的综合影响是否在可控范围内予以监测，确保分析数据准确可靠。受各种原因的影响，烟草行业近红外光谱分析实践还没有使用质量控制样品，需要加以改进。参考化学分析相关质量控制要求和标准规范，结合近红外分析技术的特点，从质量控制样品制作和日常使用两个方面，制定了《烟草及烟草制品近红外分析质量控制样品要求与应用》。

一、国内外相关标准、规范

全面梳理了国内外分析过程质量控制相关标准和指南，具体如下。

（1）ISO Guide 80：2014《实验室内部研制质量控制样品的指南》。

（2）ISO Guide 35：2017《标准样品 定值和均匀性与稳定性评估指南》。

（3）GB/T 3358.1—2009《统计学词汇及符号 第 1 部分：一般统计术语与用于概率的术语》。

（4）GB/T 17989.2—2020《控制图 第 2 部分：常规控制图》。

（5）GB/T 6379.2—2004《测量方法与结果的准确度（正确度与精密度）第 2 部分：确定标准测量方法重复性与再现性的基本方法》。

（6）GB/T 15000.3—2023《标准样品工作导则 第 3 部分：标准样品 定值和均匀性与稳定性评估》。

（7）CNAS—GL003：2018《能力验证样品均匀性和稳定性评价指南》。

这些标准和指南包括质量控制样品的选择条件、制备要求、均匀性检验方法、储存条件、使用方法和应用方式等，对于结合近红外分析制定相关要求具有重要指导意义。

二、《烟草及烟草制品近红外分析质量控制样品要求与应用》

借鉴上述标准和指南，制定《烟草及烟草制品近红外分析质量控制样品要求与应用》（详见附录 B）。内容主要包括：质量控制样品选择、制备、储存、指示值确定与评价、日常近红外分析应用等内容（表 2-6）。严格认真地执行这些规定对于保障近红外分析数据质量非常重要。

表 2-6　质量控制样品制备与应用主要技术要求

序号	技术指标	规范内容
1	样品选择	足够量，与待测样品类型相同/相近
2	样品制备	粒度 60 目，含水率 6%～8%
3	封装与储存	封装前应充分混合均匀，每个包装单位 100g，-4～0℃保存
4	均匀性检验	需进行均匀性检验
5	指示值确定	（1）不同工作日、每个工作日不同时间段，测定次数总计 25 次 （2）确定指示值 （3）绘制质量控制图
6	应用	按照《烟草及烟草制品近红外光谱采集规范》规定，在日常近红外分析过程中，应插入质量控制样品，并明确了采集过程失控预处理方法、采集过程统计失控处理方法

三、质量控制样品应用举例

1. 质量控制样品选取和制备

通过近红外分析初烤烟叶化学成分，选取各种化学成分含量代表性强的初烤烟叶 2.5kg，作为初烤烟叶近红外分析的质量控制样品。清除烟叶表面尘土，抽去主脉，调整含水率至 6%~8%，采用配 0.250mm（60 目）筛网的粉碎机粉碎样品（研磨过程中粉碎机不应明显发热）。采用混样机充分混合烟叶粉末，确保样品均匀一致。每个自封袋中装入 100g 样品，排尽空气，密封，加贴标识。共计 20 袋，冷冻保存。

2. 质量控制样品均匀性检验

依据 GB/T 15000.3—2023《标准样品工作导则 第 3 部分：标准样品 定值和均匀性与稳定性评估》，20 袋质量控制样品需抽取样品数量 $n = 3 \times \sqrt[3]{20} \approx 8$ 袋进行样品均匀性检验。

从分装好的样品中随机抽取 8 袋样品，随机排序编号 1#~8#。采用近红外分析方法或化学分析方法测定样品各化学成分指标。

近红外分析方法检验样品均匀性如下：采集样品的近红外光谱，每个样品重复采集 2 次，采用近红外预测模型预测化学指标。结果如表 2-7 所示。

表 2-7　质量控制样品近红外预测结果

指标	分组	1#	2#	3#	4#	5#	6#	7#	8#
总植物碱/%	A	3.01	3.04	2.99	2.96	3.00	3.01	3.01	3.02
	B	3.03	3.05	2.95	2.99	3.01	3.01	3.02	3.06
还原糖/%	A	21.5	21.9	21.8	21.6	22.5	21.5	21.4	21.4
	B	21.5	21.6	21.6	21.8	21.7	21.9	22.0	21.9
总糖/%	A	28.5	28.4	28.3	28.5	28.4	28.4	28.2	28.3
	B	28.4	28.4	28.3	28.2	28.5	28.3	28.2	28.1
总氮/%	A	2.07	2.08	2.07	2.04	2.08	2.08	2.06	2.06
	B	2.08	2.09	2.06	2.06	2.08	2.08	2.06	2.07
钾/%	A	2.18	2.23	2.24	2.33	2.26	2.26	2.31	2.28
	B	2.18	2.21	2.29	2.3	2.22	2.26	2.24	2.25
氯/%	A	0.25	0.24	0.26	0.28	0.29	0.27	0.29	0.27
	B	0.23	0.23	0.28	0.28	0.28	0.26	0.29	0.25

续表

指标	分组	$1^{\#}$	$2^{\#}$	$3^{\#}$	$4^{\#}$	$5^{\#}$	$6^{\#}$	$7^{\#}$	$8^{\#}$
pH	A	5.567	5.54	5.537	5.527	5.54	5.54	5.518	5.519
	B	5.573	5.566	5.521	5.512	5.538	5.538	5.512	5.511
淀粉/%	A	5.33	5.38	5.42	5.36	5.25	5.35	5.40	5.35
	B	5.32	5.30	5.35	5.46	5.51	5.42	5.49	5.46
二氯甲烷提取物/%	A	5.41	5.41	5.42	5.40	5.40	5.45	5.45	5.42
	B	5.42	5.4	5.43	5.39	5.40	5.41	5.46	5.41
茄尼醇/(mg/g)	A	11.91	11.91	11.88	12.01	11.89	11.89	11.91	11.83
	B	11.8	11.86	11.98	11.94	11.86	11.92	12.00	11.95
硫酸根/(mg/g)	A	8.23	8.42	8.59	8.28	8.34	8.43	8.33	8.38
	B	8.32	8.15	8.17	8.20	8.24	8.39	8.53	8.43
磷酸根/(mg/g)	A	3.78	3.69	3.90	3.98	3.74	3.56	3.59	3.94
	B	3.65	3.99	3.63	3.38	3.79	3.70	3.76	3.64
镁/%	A	0.20	0.18	0.19	0.20	0.19	0.17	0.20	0.20
	B	0.18	0.20	0.19	0.20	0.18	0.18	0.21	0.22
钙/%	A	2.23	2.21	2.22	2.21	2.23	2.23	2.19	2.2
	B	2.25	2.22	2.22	2.21	2.21	2.22	2.2	2.23
新绿原酸/(mg/g)	A	1.992	1.982	1.912	1.972	2.002	1.902	1.882	1.882
	B	1.872	2.012	1.942	1.912	1.862	1.872	1.842	1.882
绿原酸/(mg/g)	A	11.06	10.58	10.69	10.67	10.63	10.39	10.46	10.24
	B	10.76	10.68	10.86	10.95	10.6	10.26	10.29	10.06
隐绿原酸/(mg/g)	A	2.52	2.50	2.43	2.58	2.50	2.48	2.48	2.47
	B	2.50	2.53	2.53	2.49	2.42	2.42	2.41	2.45
莨菪亭/(mg/g)	A	0.19	0.20	0.19	0.18	0.19	0.19	0.19	0.20
	B	0.20	0.20	0.19	0.19	0.19	0.19	0.19	0.20
芸香苷/(mg/g)	A	10.66	11.75	10.71	11.57	10.76	11.28	10.89	11.26
	B	11.72	11.26	10.84	10.65	10.99	10.82	10.3	10.46
乙二酸/(mg/g)	A	11.7	11.8	11.8	11.6	11.7	11.8	11.9	11.7
	B	11.9	11.7	11.7	11.5	11.7	11.8	11.7	12.1

续表

指标	分组	1#	2#	3#	4#	5#	6#	7#	8#
丙二酸/(mg/g)	A	2.67	2.61	2.62	2.59	2.62	2.65	2.59	2.61
	B	2.67	2.61	2.60	2.59	2.64	2.65	2.56	2.58
丁二酸/(mg/g)	A	0.235	0.235	0.242	0.242	0.24	0.243	0.247	0.242
	B	0.23	0.233	0.244	0.24	0.247	0.237	0.246	0.24
苹果酸/(mg/g)	A	52.4	52.2	53.0	53.5	53.1	52.7	52.7	52.2
	B	52.9	51.9	53.2	53.6	52.1	52.0	52.8	52.0
柠檬酸/(mg/g)	A	6.00	5.96	5.83	6.15	5.77	5.96	5.91	6.28
	B	5.91	6.02	5.85	5.26	6.00	5.76	5.93	6.30
香草酸/(mg/g)	A	0.143	0.143	0.141	0.14	0.141	0.142	0.14	0.141
	B	0.142	0.144	0.142	0.141	0.142	0.142	0.14	0.14
十四酸/(mg/g)	A	0.168	0.167	0.165	0.161	0.168	0.168	0.165	0.165
	B	0.169	0.169	0.165	0.164	0.168	0.167	0.165	0.166
十六酸/(mg/g)	A	2.98	2.98	2.99	3.00	3.00	3.00	2.99	2.97
	B	2.97	2.95	2.98	2.98	2.99	2.99	2.99	2.98
亚油酸/(mg/g)	A	1.88	1.87	1.85	1.81	1.85	1.84	1.86	1.85
	B	1.89	1.86	1.81	1.87	1.85	1.84	1.86	1.87
油酸+亚麻酸/(mg/g)	A	4.5	4.51	4.43	4.56	4.55	4.52	4.47	4.45
	B	4.5	4.53	4.54	4.48	4.48	4.47	4.44	4.43
十八酸/(mg/g)	A	0.6	0.6	0.61	0.61	0.61	0.61	0.60	0.60
	B	0.61	0.6	0.61	0.61	0.6	0.61	0.61	0.60
二十酸/(mg/g)	A	0.144	0.142	0.147	0.146	0.144	0.145	0.145	0.145
	B	0.143	0.142	0.143	0.145	0.144	0.145	0.146	0.145
天冬氨酸/(μg/g)	A	250.6	252.9	260.8	259	256	258.4	260.4	261.5
	B	252.5	254.9	264.3	256.5	256.7	259.2	261.6	268.3
苏氨酸/(μg/g)	A	57	57.9	54.9	54.4	56.5	56.1	56.1	56.4
	B	58.6	57.9	55.1	55.0	55.0	56.2	54.1	58.1
丝氨酸/(μg/g)	A	281.9	280.2	278.5	269.4	271.1	275.1	276.1	274.5
	B	277.7	283.9	271.0	266.6	276.9	279.1	269.0	272.3

续表

指标	分组	1#	2#	3#	4#	5#	6#	7#	8#
天冬酰胺/(μg/g)	A	1020. 1	1044. 6	975. 4	902. 5	1016. 3	997. 8	983. 6	993. 6
	B	1078. 9	1108. 6	1008	964	956. 6	1010. 1	957. 7	1035. 6
谷氨酸/(μg/g)	A	201. 6	204	207. 3	202. 8	209. 2	208. 9	214. 1	210. 9
	B	206. 3	208. 2	211	207. 6	204. 5	211. 9	205	212. 7
谷酰胺/(μg/g)	A	608. 9	616	535. 7	527. 4	591. 5	569. 5	524. 2	537. 2
	B	637. 4	624. 2	577. 7	533. 8	542. 2	566. 2	497. 8	568. 4
甘氨酸/(μg/g)	A	34. 51	34. 71	34. 01	34. 71	34. 61	34. 81	34. 31	34. 71
	B	35. 71	35. 11	33. 31	33. 11	34. 31	34. 61	34. 01	35. 61
丙氨酸/(μg/g)	A	507. 7	510. 1	513	499. 8	522. 2	523. 1	522. 0	520. 9
	B	514. 2	504. 3	506	499. 7	511. 3	516. 4	511. 2	530. 4
缬氨酸/(μg/g)	A	377. 1	377. 5	376. 0	385. 9	382. 5	383. 3	382. 5	382. 4
	B	365. 8	379. 6	385. 9	375. 7	379. 3	381. 2	377. 2	386
胱氨酸/(μg/g)	A	46. 1	48. 4	50. 7	51. 3	48. 9	48. 9	50. 3	48. 7
	B	47. 0	47. 3	49. 4	52. 5	49. 8	50. 3	49. 4	47. 9
甲硫氨酸/(μg/g)	A	5. 5	5. 6	6. 2	6. 1	6. 0	6. 1	6. 2	6. 0
	B	5. 5	5. 6	6. 1	6. 2	6. 1	6. 0	5. 9	5. 8
异亮氨酸/(μg/g)	A	8. 77	8. 77	8. 6	8. 66	8. 68	8. 72	8. 67	8. 74
	B	8. 50	8. 72	8. 6	8. 19	8. 67	8. 58	8. 63	9. 05
亮氨酸/(μg/g)	A	15. 3	15	15. 4	14. 8	15. 3	15. 1	15. 2	15. 2
	B	15. 1	14. 7	14. 7	14. 8	15	15. 2	15. 1	15. 3
酪氨酸/(μg/g)	A	52. 0	52. 7	53. 4	54. 2	52. 8	52. 3	53. 5	52. 2
	B	52. 0	51. 8	54. 5	54	52. 2	53. 2	52. 4	52. 7
苯丙氨酸/(μg/g)	A	147. 2	147	154. 7	152. 1	152. 1	155. 5	155	145. 6
	B	145. 9	148. 2	160. 9	152. 9	147. 8	158. 3	146. 8	147. 7
4-氨基丁酸/(μg/g)	A	172	169. 8	159. 3	151. 7	169	171. 5	163. 1	165. 6
	B	178. 1	170. 2	160. 6	148. 7	163. 8	165. 8	161	178. 2
赖氨酸/(μg/g)	A	30. 6	31. 9	31. 8	30. 0	31. 9	32. 6	32. 4	31. 9
	B	32. 5	31. 4	31. 1	31. 8	31. 9	32. 7	31. 4	32. 7

续表

指标	分组	1#	2#	3#	4#	5#	6#	7#	8#
组氨酸/(μg/g)	A	137.5	141.2	133.6	129.2	139.4	139.5	135.8	137.2
	B	144.9	143.2	135.6	135.3	134.1	139.6	132.5	142.4
色氨酸/(μg/g)	A	147	148.8	143.7	137.2	147.6	148.1	144.4	142.9
	B	155.6	150.3	142.4	143	139.8	149.3	140.8	150.9
精氨酸/(μg/g)	A	34.9	36.4	34	33.4	34.7	36.1	34.8	33.6
	B	37.2	34.4	34.8	33	34.4	35.2	34.2	35.6
脯氨酸/(μg/g)	A	8534	8884	8480	8340	8708	8681	8630	8570
	B	9049	8744	8396	8683	8575	8763	8687	8693
Glu-An/(μg/g)	A	265	280	276	281	272	277	281	281
	B	270	274	272	279	272	283	270	276
Fru-Amb/(μg/g)	A	2525	2518	2401	2495	2524	2479	2506	2531
	B	2427	2568	2545	2461	2499	2495	2535	2594
Fru-His/(μg/g)	A	114	120	114	115	115	116	114	112
	B	121	116	113	114	113	117	112	110
Fru-Pro/(μg/g)	A	10206	10516	10271	10252	10154	10245	10196	10141
	B	10497	10455	10058	10470	10332	10420	10309	10249
Fru-Val/(μg/g)	A	225	230	234	242	227	233	230	229
	B	215	222	228	233	232	240	221	222
Fru-Thr/(μg/g)	A	17	17.5	17.3	18	17.5	17.6	17.5	16.9
	B	16.6	17.1	17.8	16.9	17.7	17.6	16	16.7
Fru-Gly/(μg/g)	A	27	27	29	29	28	28	29	29
	B	27	27	28	30	29	29	29	29
Fru-Ala/(μg/g)	A	2464	2566	2537	2508	2538	2559	2581	2570
	B	2454	2529	2523	2487	2546	2566	2556	2577
Fru-Asn/(μg/g)	A	2975	3064	2689	2807	2757	2831	2744	2608
	B	2937	3170	3101	2813	2662	2941	2784	2683
Fru-Asp/(μg/g)	A	760	770	705	743	704	707	701	692
	B	718	795	782	712	693	755	696	701

续表

指标	分组	1#	2#	3#	4#	5#	6#	7#	8#
Fru-Gln/(μg/g)	A	1669	1764	1561	1626	1641	1713	1605	1590
	B	1709	1695	1683	1457	1622	1661	1516	1608
Fru-Glu/(μg/g)	A	681	682	679	706	668	696	695	649
	B	639	687	712	633	697	702	658	642
Fru-Ile/(μg/g)	A	20.5	20.6	18.9	20.7	19.8	19.1	19.5	19.9
	B	19	20.1	19	18.4	19.1	19.3	19.8	20.6
Fru-Leu/(μg/g)	A	50.9	51.8	52.6	53.7	51.1	51.3	52.1	52.2
	B	49.6	49.1	49.5	50.5	51.7	51.9	51.9	52.3
Fru-Tyr/(μg/g)	A	75	76	80	85	75	77	77	73
	B	73	70	81	79	76	76	79	71
Fru-Phe/(μg/g)	A	780	704	650	728	724	710	673	651
	B	656	747	771	665	682	740	711	679
Fru-Trp/(μg/g)	A	514	522	522	529	530	527	534	518
	B	523	529	540	540	527	537	514	509
新植二烯/(mg/g)	A	0.788	0.753	0.812	0.785	0.794	0.781	0.783	0.770
	B	0.770	0.762	0.788	0.819	0.783	0.819	0.775	0.766

采用单因子方差分析，计算质量控制样品近红外预测结果的 *F* 值，如表 2-8 所示。

表 2-8　质量控制样品近红外预测结果单因子方差分析 *F* 值

指标	*F* 值	指标	*F* 值	指标	*F* 值
总植物碱	1.8042	淀粉	0.4115	新绿原酸	1.3798
还原糖	2.5188	二氯甲烷提取物	2.2095	绿原酸	1.4208
总糖	1.9643	茄尼醇	2.5133	隐绿原酸	1.0601
总氮	1.1429	硫酸根	0.5547	莨菪亭	1.0601
钾	2.0837	磷酸根	0.2273	芸香苷	0.7297
氯	2.5280	镁	2.7333	乙二酸	1.2222
pH	0.8747	钙	2.6286	丙二酸	0.3761

续表

指标	F 值	指标	F 值	指标	F 值
丁二酸	1.3743	丙氨酸	2.6388	Fru-Pro	1.3082
苹果酸	1.5403	缬氨酸	1.1743	Fru-Val	2.3302
柠檬酸	1.0161	胱氨酸	2.1008	Fru-Thr	1.1453
香草酸	0.5333	甲硫氨酸	1.3645	Fru-Gly	1.4762
十四酸	0.8286	异亮氨酸	1.3517	Fru-Ala	1.5521
十六酸	2.1270	亮氨酸	1.1737	Fru-Asn	3.3908
亚油酸	1.6847	酪氨酸	3.4832	Fru-Asp	2.3486
油酸+亚麻酸	1.0414	苯丙氨酸	2.6509	Fru-Gln	2.2642
十八酸	1.8571	4-氨基丁酸	2.9873	Fru-Glu	0.9791
二十酸	2.4586	赖氨酸	0.9938	Fru-Ile	0.8220
天冬氨酸	0.1148	组氨酸	2.5611	Fru-Leu	0.6114
苏氨酸	4.4005	色氨酸	1.9797	Fru-Tyr	3.4639
丝氨酸	3.0909	精氨酸	1.6550	Fru-Phe	0.3213
天冬酰胺	3.4570	脯氨酸	1.1795	Fru-Trp	1.3978
谷氨酸	1.2509	Glu-An	2.2634	新植二烯	2.2531
谷酰胺	1.4208	Fru-Amb	0.9139		
甘氨酸	1.7626	Fru-His	2.3143		

组间、组内自由度分别为 7，8 及给定显著性水平 α（通常 $\alpha=0.05$）的临界值为 3.500464，由表中可以看出样品所有化学指标的 F 值均小于 3.500464，表明样品组内和样品组间无显著性差异。

由此判定，制备的质量控制样品为均匀一致样品。

3. 质量控制图创建

在近红外数据库系统客户端创建质量控制样品。输入样品基本信息，采集质量控制样品的近红外光谱，采集应分布在 5 个工作日，每个工作日 5 个时间段，测定次数总计 25 次。每次质量控制样品的光谱采集前、后均需采集一次背景光谱。

质量控制样品近红外光谱测定结束后，点击“结束”按钮，近红外数据库系统客户端会自动绘制质量控制图。该质量控制图以质量控制样品各指标的近红外预测平均值为中位线、以平均值±SD 作为警告限、以平均值±2SD 作为控制限。

4. 质量控制图应用

每次正式样品检测开始前、过程中、检测结束，均应使用质量控制样品，根据近红外数据库系统质量控制图反馈结果，确定该时间段内所测实际样品是否受控：质量控制样品各化学成分指标值落在控制限以内，表明检测正常，数据有效；质量控制样品各化学成分指标值落在控制限之外，表明检测异常，应停止检测，并需检查各环节以消除误差源。上次质量控制样品获得满意结果至本次异常结果期间检测的所有样品均需重新检测。图 2-13 为日常的质量控制图举例。

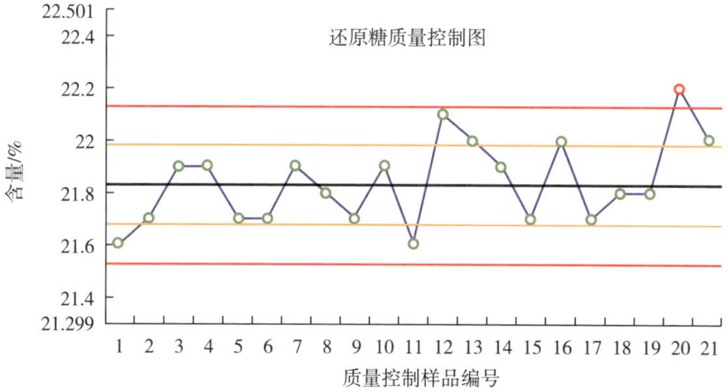

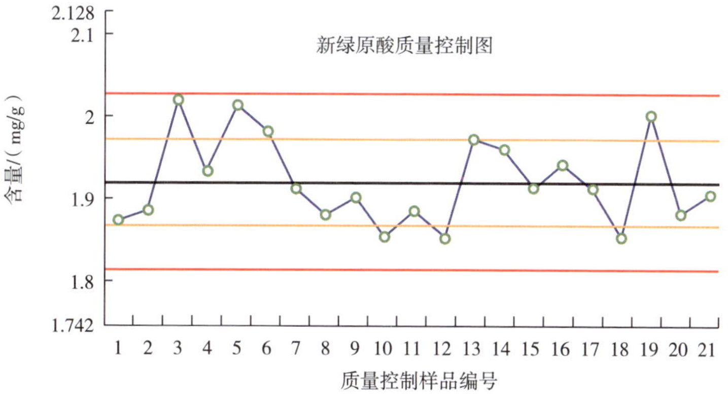

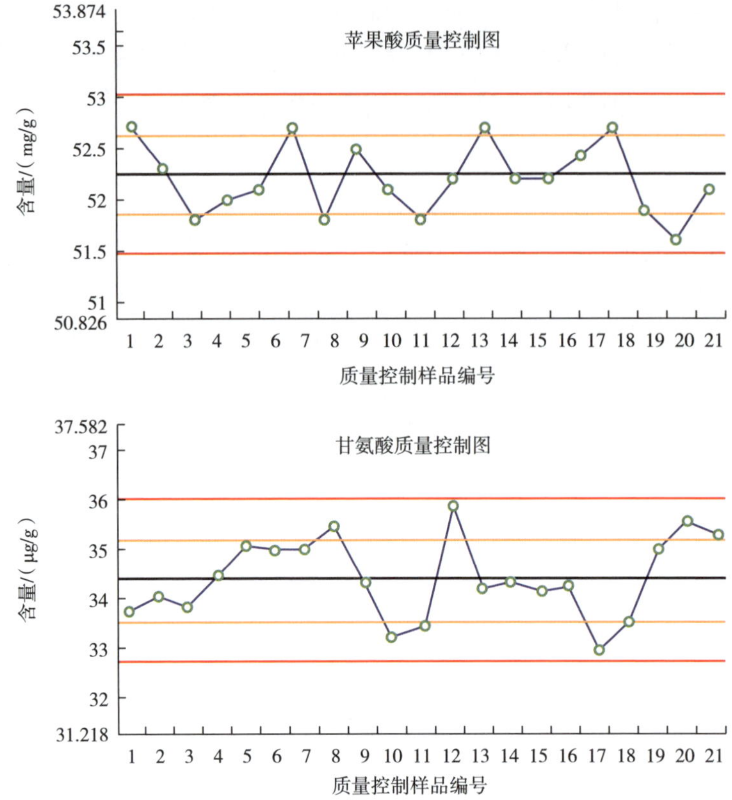

图 2-13　质量控制图应用举例

第四节　《烟草及烟草制品近红外光谱采集规范》制定

近红外分析结果的准确性与近红外光谱数据的质量直接相关。为规范近红外光谱采集质量，在本章前述研究的基础上，梳理分析国内外及行业关于近红外光谱分析过程中样品光谱信息采集的标准和办法，制定了《烟草及烟草制品近红外光谱采集规范》。

一、国内外相关标准、规范和技术要求

1. 国内外相关标准

（1）ASTM 1655—17《红外多变量定量分析的表征规程》（美国材料与试验协会，ASTM）。

（2）GB/T 29858—2013《分子光谱多元校正定量分析通则》，参考 ASTM

E 1655—05《红外多元定量分析通则》制定，但非等效，目前尚未修订。

（3）GB/T 37969—2019《近红外光谱定性分析通则》。

（4）ASTM E 1944—98《实验室傅里叶变换近红外光谱仪描述和测量性能的规范：零水平和 1 水平检验》。

（5）T/CIS 17006—2022《傅立叶变换近红外光谱仪通用技术规范》。

这些标准主要规范了近红外建模代表性样品选取、异常样品剔除、建模可行性分析、光谱预处理方法、PLS 主成分数、PLS 建模及其评价指标、模型优化方法、模型维护及更新等内容。

2. 地方标准及卷烟工业企业管理规定

共调研分析了中国烟草总公司近红外分析相关标准或管理规定 6 项，主要如下。

（1）《烟草及烟草制品近红外光谱校正模型建立与验证导则》（贵州中烟工业有限责任公司）。

（2）《烟草及烟草制品主要化学成分指标测定近红外漫反射光谱法》（贵州中烟工业有限责任公司）。

（3）DB 53/T 497—2013《烟草及烟草制品　主要化学成分指标　近红外校正模型建立与验证导则》（云南地方标准）。

（4）DB 53/T 498—2013《烟草及烟草制品　主要化学成分指标的测定　近红外漫反射光谱法》（云南地方标准）。

（5）《烟草及烟草制品近红外检测方法》（上海烟草集团有限责任公司）。

（6）《烟草及烟草制品近红外检测管理规定》（上海烟草集团有限责任公司）。

这些标准或要求主要涉及样品制备、仪器准备（波长范围及其精度）、积分球、仪器环境条件、装样条件、扫描参数、背景消除、化学计量学软件、模型及其评价。但各中烟公司对近红外光谱采集要求存在一定差异，差异如表 2-9 所示。

表 2-9　近红外光谱采集参数差异

指标	采集参数差异
样品制备	样品制备粒度 20 目、40 目、60 目等
仪器环境	个别企业技术要求规定了环境温湿度要求
装样要求	没有明确规定装样厚度、样品松紧度等参数要求

续表

指标	采集参数差异
光谱采集参数	波段范围：4000~8000cm^{-1}、4000~10000cm^{-1}等
	分辨率 8cm^{-1}或 16cm^{-1}
	扫描次数规定 48 次、64 次、72 次
背景消除	根据经验进行背景采集
光谱质量控制	没有明确光谱质量控制方面的要求

表 2-9 所述内容均是影响近红外光谱质量的重要因素，参数不统一是行业现有近红外光谱数据无法整合的重要原因之一。因此，行业有必要在近红外光谱采集方面制订统一的要求，为近红外预测模型建立、预测模型转移、化学成分预测提供高质量近红外光谱数据。

二、《烟草及烟草制品近红外光谱采集规范》

基于上述对影响近红外光谱的因素研究，结合行业相关标准，详细规范烟草近红外光谱分析的抽样要求、样品制备要求（粒度、含水率和储存条件）、仪器环境要求（温湿度）、装样要求（装样厚度、样品松紧度）、光谱采集参数（扫描波段范围、扫描次数、分辨率）、背景光谱采集、质量控制样品应用、仪器日常维护及维修等内容，各参数规定如表 2-10 所示，规范技术内容详见附录 B。

表 2-10　近红外光谱采集参数

序号	指标	采集参数要求
1	样品制备要求	粒度：60 目，含水率：6%~8%
2	样品存储要求	预期 1 个月内分析的样品，应 0~4℃冷藏；预期 1 个月以后分析的样品，应-4~0℃冷冻保存
3	仪器环境要求	温度：20~27℃、相对湿度 30%~60%，应根据操作间大小配备适宜的除湿机或加湿器
4	装样要求	装样厚度：10mm 以上，松紧度用 20g/cm^{2}压样器压样
5	光谱采集参数	波段范围：4000~10000cm^{-1}，扫描次数：64 次，分辨率：8cm^{-1}
6	背景光谱采集	背景光谱每 20min 采集一次
7	质量控制样品应用	应制备质量控制样品，并在样品光谱开始采集前和所有样品光谱采集结束后分别采集质量控制样品一次
8	仪器维护	日常样品采集完成后，应对仪器和样品杯进行清洁
9	仪器维修	仪器检测器、光源、采样杯维修或更换后，应对仪器光路校准和模型传递，重新模型转移

第三章
建模样品、化学成分分析与近红外光谱采集

利用近红外光谱获取化学成分含量信息，依赖于预先建立的化学成分预测模型。预测模型的适用性和预测结果的准确性取决于建模样品的代表性、化学成分分析数据的准确性和近红外光谱的采集质量。建模样品的征集与筛选、化学成分分析数据的获取和近红外光谱采集是预测模型建立最基础、最关键的环节，采用的方法必须科学有效，实验操作必须严谨细致。

近红外分析结果的可用性主要取决于化学成分是否属于质量风格表征性强的关键指标以及关键指标是否齐全。目前，在烟草行业近红外分析技术主要用于测定总糖、还原糖、总氮、总植物碱、氯和钾 6 种化学成分，这 6 种成分虽然非常重要但对烟叶质量、烟叶风格、醇化进程的表征能力明显不足，亟待扩充其他重要的化学成分指标。同时，行业近红外化学成分预测模型主要适用于初烤烟叶，醇化片烟、卷烟烟丝的预测模型缺乏，不能实现从烟叶到卷烟产品全过程的数据获取、数据分析和数据应用，制约了近红外分析应用的广度和深度。

第一节　近红外预测模型化学成分指标确定

烟草科研工作者经过持续不断的努力，已经揭示了大量烟草及烟气化学成分的组成和含量信息，发现一系列规律，为基于化学物质的烟叶质量、烟叶风格客观评价打下良好的基础，为近红外分析目标的确定明确了方向。

一、烤烟化学成分与质量的关系

1. 化学成分的影响

20 世纪 70 年代，烟草专家左天觉认为，烤烟质量判别的关键化学成分主要有烟碱、水溶性糖、石油醚提取物、无机成分、总氮、蛋白氮、α-氨基氮、淀粉、不挥发酸、总挥发碱。左天觉指出，通常一种物质的绝对含量并不重要，重要的是它与其他物质的相对比例是否平衡协调。

糖是重要的烟草化学成分。水溶性糖受热会产生一系列焦糖化香味成分和低分子有机酸，与氨基酸反应产生大量美拉德香味产物，一般来说水溶性糖对香气有利，与烟草质量呈正相关，所以烟草中常添加糖。但水溶性糖与其他成分平衡协调非常重要，否则糖含量增加并不会改善质量。

烟碱是烟草中最重要的植物碱，决定烟草和烟气的生理强度。游离烟碱与结合烟碱对香气的影响明显不同。一些研究认为烟碱与质量有明确的负相关关系，另一些研究则认为烟碱有利于烟草质量。目前比较一致的看法是，烟碱、总氮和水溶性糖之间的平衡协调至关重要，烟碱太高或太低都不利于改善质量。

含氮化合物是一大类重要的烟草成分。蛋白质与烟叶质量的关系复杂，总体来说，蛋白质对烟叶质量，特别是吃味不利，但一定量的蛋白质对吃味的满足感、强度以及一定程度的苦味是必要的。氨基酸是香味前体物，对烟气香味有利，有报道认为烤烟质量与丙氨酸和谷酰胺两种氨基酸含量呈高度负相关，脯氨酸在质量好的烤烟中含量高。Amadori 化合物是氨基酸与糖发生美拉德反应的相对稳定的中间产物，可进一步反应生成吡嗪、吡啶等重要香味成分。

石油醚提取物主要是脂肪、树脂、精油、石蜡、部分有机酸和酚的混合物。石油醚提取物中的精油对烤烟质量有利，一般来说精油含量高则烟叶质量好。郑州烟草研究院研究发现，相较于石油醚提取物，二氯甲烷提取物与烤烟质量和风格的相关性更强。

有机酸是重要的烟草成分。酸可以通过调节烟草 pH，间接影响烟气的香气和吃味。烤烟中的不挥发酸主要有苹果酸、柠檬酸、草酸、丙二酸、香草酸等，一般认为其含量与质量呈负相关，而香草酸与质量呈正相关。高级脂肪酸主要是棕榈酸、亚油酸、亚麻酸、硬脂酸、油酸、肉豆蔻酸、月桂酸等，其乙酯和甲酯使烟气柔和。

烟草中的无机成分，阳离子主要有钙离子、钾离子、镁离子，阴离子主要有硫酸根、磷酸根和氯离子。高无机盐含量对烟叶质量和燃烧性不利。钾盐与烟叶燃烧性显著相关，有利于质量和吃味。钙盐和镁盐能改善烟叶含水率，且对烟叶燃烧有重要影响，总体上说与质量呈负相关关系。氯离子抑制燃烧，具有阻燃作用，对烤烟质量不利。硫酸根、磷酸根与烟叶质量的关系尚不明确。

多酚有利于香气，但多酚与烟叶质量的关系很复杂。芸香苷和绿原酸与烤烟质量呈正相关。

2. 烟叶质量指数

由于烟草化学成分与质量之间的关系非常复杂，许多研究者提出将重要化学物质与烟草质量进行关联的方程，并在实践中得到了一定的应用。许多方程均采用有利于质量的物质总和与不利于质量的物质总和之间的比值。但得出的指数大多具有局限性，Ramakrisbnaya 等人认为这些指数只能用于相同土壤、相同气候和相同生产技术条件下种植的同类型烟叶比较，不能用于不同类型烟叶和同一类型所有烟叶的质量比较。烟叶质量指数是布鲁克纳（Bruckner）、庇利基（Pyriki）和施木克（Shmuk）三人提出的质量指数。

布鲁克纳在 1936 年提出，用有利于质量的物质之和乘以 400，除以不利于质量的物质之和，如将糖、淀粉、草酸、单宁和树脂相加，乘以 400，除以细胞壁物质与灰分、柠檬酸、含氮化合物、pH 之和表示烟叶质量指数［式（3-1）］：

$$\text{烟叶质量指数}=\frac{(\text{糖}+\text{淀粉}+\text{草酸}+\text{单宁}+\text{树脂})\times 400}{\text{细胞壁物质}+\text{灰分}+\text{柠檬酸}+\text{含氮化合物}+\text{pH}} \tag{3-1}$$

庇利基在 1958 年公布其烟叶质量指数［式（3-2）］，采用总还原性物质、树脂、蜡质之和乘以 400，除以灰分、烟碱、蛋白质、氨、残留氮之和：

$$\text{烟叶质量指数}=\frac{(\text{总还原性物质}+\text{树脂}+\text{蜡质})\times 400}{\text{灰分}+\text{烟碱}+\text{蛋白质}+\text{氨}+\text{残留氮}} \tag{3-2}$$

施木克烟叶质量指数于 1953 年提出，采用水溶性糖与蛋白质的比值。在其烟草化学和烟草工艺的研究工作中，他还探讨了另外几个将化学成分与烟草质量关联的方程：总烟碱除以游离态烟碱得烟碱指数，数值大则烟叶质量好；与此类似，烟碱氮除以氨态氮得氮指数，氮指数越大烟叶质量越好；以葡萄糖计的多酚除以还原糖得多酚指数，其值越大则质量越差。

庇利基在 1961 年指出，迄今为止提出的烟叶质量指数均基于烟草分析结果，从本质上说是类似的，因为它们都是基于成分分析，然后再将有利于质量的物质与不利于质量的物质进行比较，这些指数的应用均有一定的前提条件。

近 30 年来，随着分析技术进步和化学计量学发展，不断有研究者采用烟草常规成分、微量香味成分建立烤烟风格和质量模型，取得了一定进展。邵惠芳等[69]以总植物碱、还原糖、总氮、氯、钾、纤维素、挥发酸、果胶 8 项指标，采用神经网络算法，建立烤烟香气质、香气量、劲头、浓度、杂气、刺激、余味和感官评吸总分的数学预测模型。谢娟等利用总糖、还原糖、总植物碱、总氮、钾、氯 6 项化学成分数据，计算 6 个产地烤烟的马氏距离，产地判别正确率达 61.58%。李章海[70]以微量香味成分，多种算法结合建立烤烟香型指数，采用异戊酸、苯甲醇、茄酮、二氢紫罗兰酮、二氢猕猴桃内酯、巨豆三烯酮、香叶基丙酮、大马酮和棕榈酸甲酯 9 种微量香味成分，以指数大小判断浓、中、清香型烟叶。

总体来看，目前采用常量化学成分或微量化学成分建立的烤烟质量、风格定量预测模型或定性判别模型，要么在应用中需要满足一定的前提条件，要么结果的准确性、重复性不高。

烤烟的质量与风格取决于卷烟烟气，卷烟烟气是众多烟草成分热解、蒸馏、热合成形成的混合物，不同化合物具有不同的嗅感、味感和三叉神经感，同时化合物之间还存在着协同（和）或抑制作用，作用机制极为复杂，蕴含的科学规律尚未阐明，这也是采用几种或十几种成分不能建立稳健预测模型的根本原因。目前比较一致的看法是，建立鲁棒性好的烤烟风格与质量模型，必须引入更多适宜的关键性化学成分指标。

二、化学成分指标的确定

经典的化学分析方法，采用酸碱反应、沉淀反应或吸收光谱、发射光谱等测定物质的含量，均可溯源至重量标准物质，所以由这些方法得到的结果又称为测定（Determination）结果。物质的近红外漫反射光谱，既与被测化合物有关，又与共存化合物或基质有关，还与待测样品的物理形态有关。利用近红外光谱获取化学成分含量，需要选取一组基质基本一致的样品，采用经典的化学分析方法测定成分含量，扫描获取近红外光谱，然后建立成分含量与光谱之间的预测模型。由于这种结果只能溯源至建模样品而不能溯源至标准物质，因此其结果称为预测（Estimation）结果。近红外分析的原理说明，经典化学分析结果的准确性对近红外预测结果的准确性具有决定性作用。为确保化学分析方法结果的准确性，实验室应建立完善的数据质量保障措施，严格控制分析方法、操作人员、仪器设备、试剂材料、实验环境、标准物质对分析结果的影响。

近红外光谱吸收较弱，而且不同化合物的近红外光谱吸收有一定重叠，因此近红外光谱适合进行常量成分和半微量成分的分析。有报道认为近红外光谱也可用于微量成分的分析，可能是利用了微量成分与常量成分之间存在的关联关系，而不是直接利用微量成分的近红外吸收光谱。

近红外光谱的扫描时间一般少于1min，是最为便捷的成分分析技术手段，一次扫描能够获得多少种化学成分指标的含量信息取决于事先建立的预测模型，与分析时间基本无关。基于烟草行业相关单位对初烤烟叶、复烤片烟、醇化片烟、卷烟数字化设计等方面的化学成分需求，尤其是烤烟质量与风格化学物质基础研究的最新成果，有望在现有总糖、水溶性还原糖、总氮、总植物碱、钾和氯6项化学成分的基础上，在近红外分析技术能够覆盖的成分范围内，大大拓展化学成分指标。通过行业近红外平台和各个单位的数据积累，建立稳健的烤烟质量、烤烟风格、醇化进程、烟丝质量稳定性等各类数学模型，克服现有质量指数和风格指数的局限和缺点。

通过详细调研烤烟各种成分的含量，明确近红外光谱适宜分析的烤烟化学成分种类；根据各种文献报道的化学成分与烟叶质量、风格、产地的关系，对化学成分进行优选；对国际标准方法、CORESTA推荐方法、行业标准方法和郑州烟草研究院实验室方法进行方法学考察，最终确定70项近红外分析建模指标，在6项现有化学成分的基础上，扩展淀粉、pH、二氯甲烷提取物、主要无机阳离子（钙、镁）、主要无机阴离子（硫酸根、磷酸根）、多酚5种（绿原酸、芸香苷等）、有机酸12种（不挥发酸和高级脂肪酸）、氨基酸21种、Amadori化合物17种、茄尼醇和新植二烯，详见表3-1，采用的分析方法见表3-2。必须指出，上述70种化学指标涵盖了烤烟绝大多数常量、半微量成分，细胞壁物质因测定方法准确性、精密度较差暂时没有考虑。

另外，针对卷烟烟气成分，建立焦油、烟气烟碱、一氧化碳3项烟气常规指标预测模型。

表3-1　　烟叶、片烟、烟丝的建模化学成分指标

序号	指标类型	指标	数量
1	常规化学成分	总植物碱、水溶性还原糖、总糖、总氮、淀粉	5
2	阴阳离子	硫酸根、磷酸根、氯，钾、钙、镁	6
3	多酚	绿原酸、芸香苷、莨菪亭、新绿原酸、隐绿原酸	5
4	有机酸	乙二酸、丙二酸、丁二酸、苹果酸、柠檬酸、香草酸、十四酸、十六酸、亚油酸、油酸+亚麻酸、十八酸、二十酸	12

续表

序号	指标类型	指标	数量
5	氨基酸	天冬氨酸、苏氨酸、丝氨酸、天冬酰胺、谷氨酸、谷酰胺、甘氨酸、丙氨酸、缬氨酸、胱氨酸、甲硫氨酸、异亮氨酸、亮氨酸、酪氨酸、苯丙氨酸、4-氨基丁酸、赖氨酸、组氨酸、色氨酸、精氨酸、脯氨酸	21
6	Amadori 化合物	葡萄糖胺（Glu-An）、1-脱氧-1-L-氨基丁酸-D-果糖（Fru-Amb）、1-脱氧-1-L-组氨酸-D-果糖（Fru-His）、1-脱氧-1-L-脯氨酸-D-果糖（Fru-Pro）、1-脱氧-1-L-缬氨酸-D-果糖（Fru-Val）、1-脱氧-1-L-苏氨酸-D-果糖（Fru-Thr）、1-脱氧-1-L-甘氨酸-D-果糖（Fru-Gly）、1-脱氧-1-L-丙氨酸-D-果糖（Fru-Ala）、1-脱氧-1-L-天冬酰胺-D-果糖（Fru-Asn）、1-脱氧-1-L-天冬氨酸-D-果糖（Fru-Asp）、1-脱氧-1-L-谷氨酰胺-D-果糖（Fru-Gln）、1-脱氧-1-L-谷氨酸-D-果糖（Fru-Glu）、1-脱氧-1-L-异亮氨酸-D-果糖（Fru-Ile）、1-脱氧-1-L-亮氨酸-D-果糖（Fru-Leu）、1-脱氧-1-L-酪氨酸-D-果糖（Fru-Tyr）、1-脱氧-1-L-苯丙氨酸-D-果糖（Fru-Phe）、l-脱氧-1-L-色氨酸-D-果糖（Fru-Trp）	17
7	其他	二氯甲烷提取物、茄尼醇、新植二烯、pH	4
合计			70

表 3-2　化学成分分析方法

序号	化学成分	分析方法	方法类型
1	总植物碱	YC/T 160—2002《烟草及烟草制品 总植物碱的测定 连续流动法》	行业标准
2	总糖、水溶性还原糖	YC/T 159—2019《烟草及烟草制品 水溶性糖的测定 连续流动法》	行业标准
3	总氮	YC/T 161—2002《烟草及烟草制品 总氮的测定 连续流动法》	行业标准
4	钾	YC/T 217—2007《烟草及烟草制品 钾的测定 连续流动法》	行业标准
5	淀粉	YC/T 216—2013《烟草及烟草制品 淀粉的测定 连续流动法》	行业标准

续表

序号	化学成分	分析方法	方法类型
6	无机阴离子	YC/T 248—2008《烟草及烟草制品 无机阴离子的测定 离子色谱法》(改进)	郑州烟草研究院实验室改进方法
7	无机阳离子	《烟草及烟草制品无机阳离子的测定 ICP-MS 法》	郑州烟草研究院实验室方法
8	烟草多酚	YC/T 202—2006《烟草及烟草制品 多酚类化合物绿原酸、莨菪亭和芸香苷的测定》高效液相色谱法(改进)	郑州烟草研究院实验室改进方法
9	有机酸	《烟草及烟草制品多元酸和高级脂肪酸的测定 气相色谱-质谱联用法》	郑州烟草研究院实验室方法
10	氨基酸	YC/T 282—2009《烟叶 游离氨基酸的测定 氨基酸分析仪法》(改进)	郑州烟草研究院实验室改进方法
11	Amadori 化合物	《烟草及烟草制品 Amadori 化合物的测定 液相色谱串联质谱法》	郑州烟草研究院实验室方法
12	pH	YC/T 222—2007《烟草及烟草制品 pH 的测定》	行业标准
13	二氯甲烷提取物	《烟草及烟草制品二氯甲烷提取物的测定 重量法》	郑州烟草研究院实验室方法
14	茄尼醇	GB/T 31758—2015《烟叶和烟叶提取物中茄尼醇的测定 高效液相色谱法》(改进)	郑州烟草研究院实验室改进方法
15	新植二烯	《烟草及烟草制品新植二烯的测定 气相色谱法》	郑州烟草研究院实验室方法
16	焦油	GB/T 19609—2004《卷烟 用常规分析用吸烟机测定总粒相物和焦油》	国家标准
17	烟碱	GB/T 23355—2009《卷烟 总粒相物中烟碱的测定 气相色谱法》	国家标准
18	一氧化碳	GB/T 23356—2009《卷烟 烟气气相中一氧化碳的测定 非散射红外法》	国家标准

第二节 样品征集与筛选

为实现从初烤烟叶到卷烟烟丝全过程的近红外分析，建立预测结果准确且统一可比的行业近红外预测模型，适合行业各种生产应用场景与科研需要，建立了4套近红外分析模型：3套烟草化学成分指标预测模型，包括初烤烟叶/复烤片烟、醇化片烟、卷烟烟丝化学成分指标预测模型，1套烟气常规指标预测模型。

一、样品征集原则与筛选方法

为获得代表性强、样品数量足够的建模样品，样品征集原则如下。

（1）代表性强　初烤烟叶/复烤片烟应覆盖所有产区、所有收购等级、所有品种，醇化片烟应覆盖多生产地域（国产和进口）、多生产年份、多醇化年份、多代表性气候地域、多质量等级，卷烟烟丝应覆盖各个价类、各个工业企业、各个在产规格。

（2）化学成分含量分布均匀　实现化学成分含量分布均匀，必须有足够数量的样品供筛选；应在操作可行的前提下，征集尽量多的样品，便于从中筛选建模样品。

建模样品的筛选对预测模型的适用性和预测结果的准确性至关重要。样品筛选通常采用主成分分析（Principle Component Analysis，PCA）对样品的近红外光谱进行分析，剔除相似的样品和异常样品，筛选出分布均匀且化学成分含量范围尽可能广的样品作为代表性建模样品。常用的KS序贯算法是将样品的近红外光谱进行主成分分析，在整个主成分空间首先选择欧氏距离最大的两个样品作为第1个和第2个代表性样品，然后计算剩余样品与前两个样品的距离，选择距离最大的样品作为第3个代表性样品。以此类推，计算出所有样品的代表性排序。根据化学成分分析能力确定的最大建模样品数，按照代表性排序挑出靠前样品，同时还应综合产地、等级和品种等信息，最终确定具体建模样品。本书采用此方法筛选建模样品。

二、初烤烟叶/复烤片烟样品征集与筛选

根据样品征集原则，制定初烤烟叶/复烤片烟样品征集要求，具体如下。

（1）征集对象　烟草行业14家卷烟工业企业，包括贵州中烟、湖南中烟、云南中烟、上海烟草、四川中烟、河南中烟、山东中烟、广西中烟、福建中烟、广东中烟、重庆中烟、河北中烟、甘肃烟草和吉林烟草。

（2）征集范围　工业企业采购的种植年份为2018年、2019年和2020年的烟叶样品。每家卷烟工业企业重点提供所在烟区采购的烟叶，同时也提供其在全国主要烟区采购的烟叶。其中2018年种植样品用于建模，2019年和

2020 年种植样品用于模型维护。

（3）样品数量　每家工业企业提供 30～70 个样品，每个样品 2.5kg。初烤烟叶/复烤片烟样品产地统计信息如表 3-3 所示。

表 3-3　　初烤烟叶/复烤片烟样品产地统计

序号	产地	种植年份 2018 年		种植年份 2019 年		种植年份 2020 年	
		样品数量/个	占比/%	样品数量/个	占比/%	样品数量/个	占比/%
1	云南	266	31.2	171	30.9	356	28.7
2	贵州	113	13.2	73	13.2	165	13.2
3	河南	78	9.1	53	9.6	115	9.2
4	四川	65	7.6	45	8.1	106	8.5
5	湖南	62	7.3	48	8.7	103	8.2
6	福建	51	6.0	38	6.9	61	4.9
7	山东	36	4.2	19	3.4	42	3.4
8	广西	32	3.8	29	5.2	51	4.1
9	重庆	23	2.7	18	3.3	69	5.5
10	湖北	23	2.7	10	1.8	43	3.4
11	广东	16	1.9	11	2.0	36	2.9
12	陕西	16	1.9	16	2.9	36	2.9
13	安徽	16	1.9	6	1.1	19	1.5
14	江西	13	1.5	3	0.5	14	1.1
15	甘肃	10	1.2	5	0.9	12	1
16	山西	8	0.9	—	—	3	0.25
17	东北三省	25	2.9	8	1.4	18	1.4
总计		853	100	553	100	1249	100

三个年度分别征集 853 个、553 个和 1249 个样品，烟叶样品产地来源 19 个省、自治区，基本覆盖我国烟叶烤烟产区。2018—2020 年初烤烟叶/复烤片烟统计，云南产区占比约 30%、贵州约 13%、河南约 9%、四川和湖南约 8%、福建约 6.0%，其他烟叶生产量较小的产区也有一定比例。烟叶品种覆盖 K326、中烟 100、云系（云烟 87、云烟 116、云烟 97）、红花大金元、翠碧一

号、湘烟 3 号、吉烟 9 号、粤烟 97、NC102 等 36 个品种。烟叶部位统计，上部烟占比 13. 2%、中部烟占比 58. 8%、下部烟占比 28. 0%。征集的初烤烟叶/复烤片烟具有良好代表性。

根据前述样品筛选方法，从 2018 年征集到的 853 个初烤烟叶/复烤片烟样品中选出 400 个建模样品，图 3-1 为选中样品与所有征集样品的主成分分布图，由图可见，选中样品分布与全部样品分布较为一致，未选中样品为样本集的中部比较近似的样品。表 3-4 列出选中样品产地统计与全部样品产地统计对比，可以看出，19 个产地的样品均有入选，云南产地样品占比过高的情况明显下降，其他产地样品比例均有不同程度增加。从部位来看，上部烟占比 42. 5%、中部烟占比 42. 5%、下部烟占比 15%。筛选出的样品具有良好代表性。

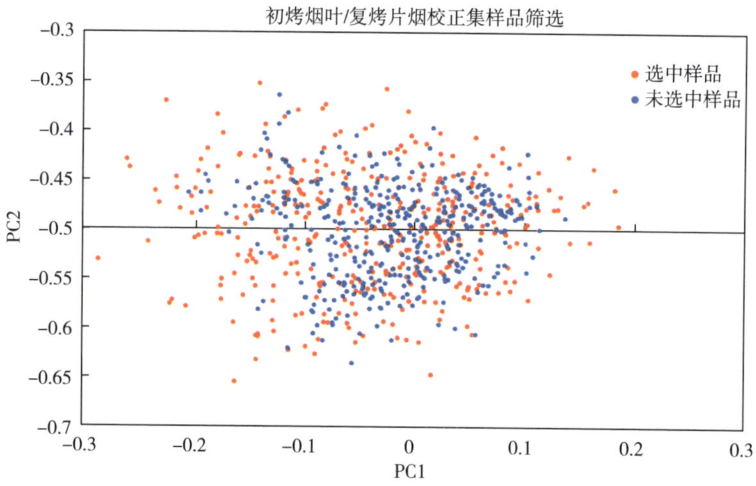

图 3-1　初烤烟叶/复烤片烟样品主成分分布图

表 3-4　初烤烟叶/复烤片烟建模样品产地统计

序号	产地	征集样品		建模样品	
		样品数量/个	占比/%	样品数量/个	占比/%
1	云南	266	31. 2	83	20. 8
2	贵州	113	13. 2	57	14. 3
3	河南	78	9. 1	42	10. 5
4	四川	65	7. 6	42	10. 5

续表

序号	产地	征集样品		建模样品	
		样品数量/个	占比/%	样品数量/个	占比/%
5	湖南	62	7.3	39	9.8
6	福建	51	6.0	36	9.0
7	山东	36	4.2	30	7.5
8	广西	32	3.8	12	3.0
9	重庆	23	2.7	8	2.0
10	湖北	23	2.7	5	1.3
11	广东	16	1.9	3	0.8
12	陕西	16	1.9	16	4.0
13	安徽	16	1.9	4	1.0
14	江西	13	1.5	5	1.3
15	甘肃	10	1.2	1	0.3
16	山西	8	0.9	4	1.0
17	东北三省	25	2.9	13	3.3
总计		853	100	400	100

三、醇化片烟样品征集与筛选

根据样品征集原则，制定了醇化片烟样品征集要求，具体如下。

（1）征集对象　同前所述 14 家卷烟工业企业。

（2）征集范围　自然醇化库 2013—2020 种植年份醇化片烟信息统计如表 3-5和表 3-6 所示。其中 2018 年度征集样品用于模型建立，2019 年度和 2020 年度征集样品用于模型维护。

表 3-5　　醇化片烟按种植年份统计　　单位：个

种植年份	征集年度		
	2018 年	2020 年	2021 年
2013	2	0	0
2014	4	0	0
2015	31	15	0

续表

种植年份	征集年度		
	2018 年	2020 年	2021 年
2016	160	46	4
2017	194	193	32
2018	192	199	271
2019	—	245	316
2020	—	—	298
合计	583	698	921

表 3-6　　醇化片烟按醇化地域统计　　单位：个

序号	醇化地区	征集年度		
		2018 年	2020 年	2021 年
1	云南	74	62	76
2	贵州	68	55	75
3	湖南	49	53	59
4	河南	65	58	73
5	安徽	65	42	48
6	四川	73	55	65
7	福建	46	68	78
8	重庆	—	43	75
9	广东	—	79	78
10	甘肃	48	50	106
11	山东	48	52	55
12	广西	47	81	133
13	吉林	—	—	54
14	河北	—	—	55
合计		583	698	921

(3) 样品数量　每家卷烟工业企业提供 30~70 个样品，每个样品 2.5kg。从醇化片烟的种植年份可以看出，征集的醇化片烟种植年份覆盖 2013—

2020年，基本反映了行业库存醇化片烟种植年份现状；从醇化地域来看，覆盖了西南（云南、贵州、四川、重庆）、华南（广东、广西）、西北（甘肃）与东北（吉林）、华中（湖南、河南）、华北（河北）、华东（山东、福建、安徽），地域广、醇化条件差异大。总的来看，醇化片烟覆盖种植年份多、醇化地域广、醇化条件差异大，具有较好代表性。

从2018年征集到的583个醇化片烟中选出330个样品作为建模样品。图3-2是选中醇化片烟样品与所有征集样品的主成分分布图，选中的样品分布与全部样品分布较为一致，未选中样品集中在中部的近似样品；从样品种植年份来看（表3-7），从2013—2018年种植样品均有一定选中比例；从醇化地域来看（表3-8），覆盖了西南（云南、贵州、四川）、华南（广西）、西北（甘肃）、华中（湖南、河南）、华东（山东、福建、安徽），具有覆盖地域广、醇化条件不一的特点。

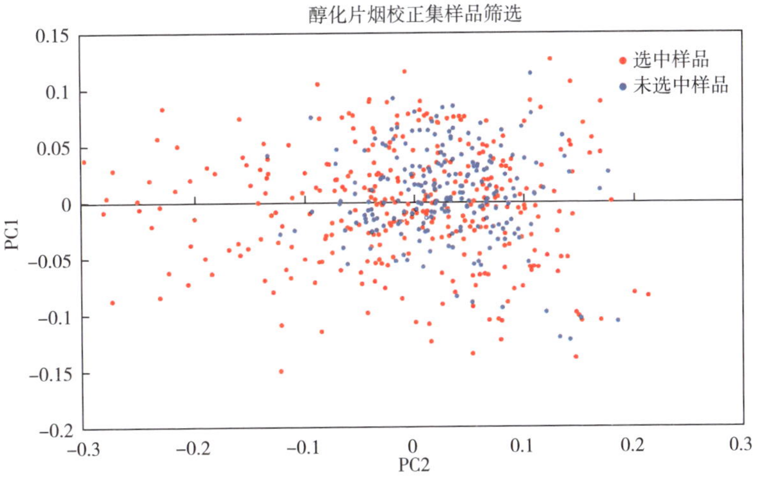

图3-2 醇化片烟样品主成分分布图

表3-7 **醇化片烟建模样品种植年份统计** 单位：个

种植年份	征集样品	建模样品
2013	2	1
2014	21	17
2015	31	19
2016	160	142

续表

种植年份	征集样品	建模样品
2017	194	83
2018	175	68
合计	583	330

表 3-8　　醇化片烟建模样品醇化地区统计　　单位：个

序号	醇化地区	征集样品	筛选样品
1	云南	74	40
2	贵州	68	32
3	湖南	49	34
4	河南	65	30
5	安徽	65	31
6	四川	73	40
7	福建	46	22
8	甘肃	48	23
9	山东	48	43
10	广西	47	35
合计		583	330

四、卷烟烟丝样品征集与筛选

（1）征集对象和范围　在行业卷烟工业企业的帮助下，征集了 2018 年 11 月、2020 年 3 月、2021 年 3 月所有在产规格卷烟成品烟丝样品，信息统计如表 3-9 所示。其中 2018 年样品用于建模，2020 年和 2021 年样品用于模型维护。

（2）样品数量　每个样品 2.5kg。

表 3-9　　卷烟烟丝样品对应价类信息统计　　单位：个

价类	2018 年	2020 年	2021 年
一类	82	72	84
二类	103	98	110
三类	64	71	53

续表

价类	2018 年	2020 年	2021 年
四类	26	19	20
五类	7	4	3
总计	282	264	270

由表可知，3 个年度征集的成品卷烟烟丝样品价类覆盖了所有价类（一类、二类、三类、四类和五类），且一、二、三类卷烟较多，与行业各价类烟的实际产量基本相当，具有良好代表性。

由于不同卷烟的叶组配方、三丝来源与掺兑比例差异较大，且样品量适中，可以全部分析检测，不再进行样品筛选。

五、标准卷烟样品征集与筛选

征集的 217 个样品覆盖 2015—2018 年 4 个种植年份，产地覆盖国产烟叶 187 个（按 8 个生态区统计：1 区 48 个、2 区 44 个、3 区 8 个、4 区 19 个、5 区 25 个、6 区 23 个、7 区 8 个、8 区 12 个）、进口烟叶 29 个，部位覆盖上（57 个）、中（95 个）、下（32 个）3 个部位。通过近红外光谱 KS 序贯算法选择 86 个代表性醇化片烟样品制作标准烟支。

按照统一加工工艺制备成烟丝，采用统一辅材和烟支规格参数制备标准烟支。

（1）辅材参数和烟支参数　标准卷烟烟支辅材参数和烟支设计参数如表 3-10 所示。

表 3-10　标准卷烟烟支辅材参数和烟支设计参数

参数名称		参数值
接装纸	宽度/mm	60
	透气度/CU	500
	打孔方式	在线激光
成形纸	透气度/CU	7900
卷烟纸	透气度/CU	55
	定量/(g/m^2)	29
	填充物含量/%	30
	助燃剂含量/%	1.8

续表

参数名称		参数值
滤棒	压降/Pa	2940
	长度/mm	100
	丝束总旦/den	35000
	丝束单旦/den	3
	圆周/mm	24.05
烟支规格	烟支长度/mm	84
	滤棒长度/mm	25
	烟丝段长度/mm	59
	圆周/mm	24.5

（2）烟丝工艺参数　见表 3-11。

表 3-11　　烟丝工艺参数

工序	项目	加工参数	备注
松散回潮	物料流量/(kg/h)	500	—
	滚筒转速/(r/min)	10	—
	预热温度/℃	60	—
	回（热）风温度/℃	60±3	—
	生产过程用水添加量	—	根据来料水分调节
	生产过程蒸汽添加量/(kg/100kg)	5.5	—
	热风气流调节阀调节量/%	100	—
	新鲜空气气流调节阀调节量/%	0	—
	出口烟丝水分/%	20	—
	烟片松散率/%	≥99.5	—
叶丝回潮（HT）	物料流量/(kg/h)	410~530	—
	来料水分/%	19.0±0.5	—
切丝工序	切丝宽度/mm	1.0±0.1	强制要求
	切丝前来料水分/%	19.0~20.0	—

续表

工序	项目	加工参数	备注
叶丝干燥	筒体转速/(r/min)	8	—
	热风温度/℃	115	—
	干燥机温度/℃	135±2	—
	入口水分/%	19.0	—
	出口水分含量/%	13	—
	出口温度/℃	55±5	—

第三节　化学成分分析与近红外光谱采集

一、化学成分分析

为严格控制经典化学成分分析结果的准确性，需采取严格完善的数据质量控制措施：①对所有分析方法进行预实验，考察方法的精密度、回收率、定量限等，确保实验室正确地实施分析方法；②编制分析方法作业指导书，详细规定重点步骤与操作要点；③制作并使用质量控制样品，由检测人员按照规定频次插入质量控制样品，绘制质量控制图，分析结果超限或持续偏高、持续偏低均视为数据失控，需停止检验，查明并消除原因后，对失控样品重新检测分析；④设置非检测分析人员担任数据质量监督员，随机选取5%的检测样品作为盲样重复检测，若重复检测结果差异超出方法精密度限值，由数据质量监督员通知检测人员停止检验，查明并消除误差原因后，两次盲样结果之间所有检测的样品重新检测。

在建模样品的化学成分分析过程中，初烤烟叶/复烤片烟建模样品插入盲样16对、醇化片烟25对、卷烟烟丝15对，盲样化学成分结果的变异性统计如表3-12所示。可以看出，绝大部分化学成分指标的变异结果最大值远低于检测方法相对标准偏差（RSD）的2倍，说明数据质量得到良好控制。

二、近红外光谱采集

1. 样品预处理

为使预测模型能够适应实验室低水分样品和工业现场高水分样品，建立2种样品含水率预测模型。将建模样品分为两份，在恒温恒湿条件下调节样品含水率分别为 6%~8%和 10%~12%。

表 3-12　　盲样化学成分结果的变异性统计

指标类型	分析指标	变异性结果/%			
		最小	最大	平均	方法 RSD * 2
常规化学成分	总植物碱	0. 1	1. 99	0. 67	6. 29
	水溶性还原糖	0. 025	1. 94	0. 78	2. 89
	总糖	0. 05	2. 33	0. 72	6. 07
	总氮	0. 005	2. 41	0. 6	2. 53
	淀粉	0. 03	1. 36	0. 57	3. 45
阴阳离子	硫酸根	0. 24	1. 68	0. 45	9. 90
	磷酸根	0. 03	2. 52	0. 98	14. 57
	钾离子	0. 015	2. 52	0. 89	5. 01
	氯离子	0. 015	1. 90	0. 43	8. 92
	镁离子	0. 05	5. 20	1. 40	9. 55
	钙离子	0. 05	4. 44	1. 63	7. 66
多酚	新绿原酸	0. 07	2. 60	0. 89	5. 71
	绿原酸	0. 005	1. 65	0. 48	4. 30
	隐绿原酸	0. 01	1. 85	0. 56	4. 14
	莨菪亭	0. 005	2. 22	0. 83	8. 43
	芸香苷	0. 01	1. 57	0. 61	4. 27
氨基酸	天冬氨酸	0. 13	4. 60	1. 49	7. 40
	苏氨酸	0. 07	9. 55	2. 56	17. 07
	丝氨酸	0. 05	4. 85	1. 92	6. 71
	天冬酰胺	0. 01	4. 51	1. 22	7. 80
	谷氨酸	0. 05	5. 05	2. 19	12. 65
	谷酰胺	0. 05	10. 95	2. 05	17. 06
	甘氨酸	0. 16	10. 95	2. 75	9. 19
	丙氨酸	0. 03	4. 60	1. 24	7. 01
	缬氨酸	0. 035	5. 30	1. 46	7. 50

续表

指标类型	分析指标	变异性结果/%			
		最小	最大	平均	方法 RSD * 2
氨基酸	胱氨酸	0. 30	8. 80	3. 34	16. 68
	甲硫氨酸	0. 95	37. 5	11. 6	61. 16
	异亮氨酸	0. 52	24. 65	4. 16	29. 02
	亮氨酸	0. 42	11. 35	3. 45	20. 25
	酪氨酸	0. 01	8. 00	2. 46	6. 82
	苯丙氨酸	0. 28	5. 40	2. 10	13. 04
	4-氨基丁酸	0. 22	8. 65	2. 52	9. 60
	赖氨酸	0. 18	10. 40	2. 95	12. 99
	组氨酸	0. 14	4. 85	1. 72	7. 56
	色氨酸	0. 23	5. 10	2. 44	11. 95
	精氨酸	0. 20	11. 10	3. 18	18. 41
	脯氨酸	0. 01	4. 68	1. 18	7. 06
有机酸	乙二酸	0. 01	1. 45	0. 51	13. 13
	丙二酸	0. 05	2. 26	0. 6	7. 27
	丁二酸	0. 01	1. 78	0. 78	10. 03
	苹果酸	0. 07	4. 65	1. 26	6. 49
	柠檬酸	0. 07	2. 06	0. 54	6. 19
	香草酸	0. 035	3. 90	1. 30	10. 10
	十四酸	0. 1	4. 00	0. 68	8. 95
	十六酸	0. 01	1. 9	0. 53	4. 41
	亚油酸	0. 03	2. 08	0. 64	3. 04
	油酸+亚麻酸	0. 05	1. 88	0. 64	3. 62
	十八酸	0. 025	3. 98	0. 96	7. 11
	二十酸	0. 075	3. 02	1. 12	6. 42
Amadori 化合物	Glu-An	0. 04	7. 75	2. 56	11. 59
	Fru-Amb	0. 025	9. 45	2. 84	19. 60
	Fru-Pro	0. 03	7. 80	3. 24	17. 37

续表

指标类型	分析指标	变异性结果/%			
		最小	最大	平均	方法 RSD * 2
Amadori化合物	Fru-Val	0. 91	9. 40	4. 22	20. 37
	Fru-Gly	0. 69	8. 10	3. 67	14. 15
	Fru-Ala	0. 115	8. 45	2. 98	20. 18
	Fru-Asn	0. 05	5. 95	2. 42	15. 23
	Fru-Asp	0. 15	8. 25	2. 64	17. 61
	Fru-Ile	0. 39	9. 60	4. 39	18. 44
	Fru-Leu	0. 145	8. 90	3. 60	14. 09
	Fru-Tyr	0. 13	9. 30	4. 22	13. 40
	Fru-Phe	0. 175	9. 15	2. 94	14. 34
其他	pH	0. 00	0. 54	0. 19	0. 80
	二氯甲烷提取物	0. 065	4. 55	1. 62	7. 68
	茄尼醇	0. 015	1. 9	0. 72	4. 55
	新植二烯	0. 01	2. 54	1. 14	9. 38

日常工作中，制备好的样品应及时采集近红外光谱。对因某种原因不能及时采集光谱的样品，视时间长短进行冷藏或冷冻保存，光谱采集时样品取出后应放置一定时间，使样品温度恢复至实验室温度。

2. 仪器环境

仪器室周围无振动源，配备温湿度监控记录设备，环境温度应为 18~27℃、环境相对湿度应为 30%~50%。环境温度通过空调和暖气满足要求，相对湿度通过除湿机和加湿器调节。

3. 近红外光谱仪准备

开机后充分预热近红外光谱仪，保证仪器光源能量稳定，按照近红外光谱仪说明书进行仪器自检，自检成功方可进行近红外光谱采集。以热电近红外光谱仪为例，开机预热 30min 以上，波长准直能量比值在 6~7，仪器自检应全部通过。

4. 光谱采集

（1）背景光谱　每间隔 20min 采集一次仪器背景光谱。

（2）质量控制样品光谱　质量控制样品初始化按照《烟草及烟草制品近红外光谱采集规范》要求，每天不同时间采集质量控制样品 5 次，采集 5 个工作日，提交至近红外数据库系统客户端获取质量控制图。

日常检测过程中，每天检测样品前、中、后，均采集质量控制样品近红外光谱，根据近红外系统质量控制图反馈结果确定相应时间段内测定样品是否受控。若系统质量控制图显示样品预测值落在控制限之外，则应检查各环节，消除误差源，方可继续检测，上次质量控制样品获得满意结果至本次使用质量控制样品之间的样品需要重新检测。

（3）样品光谱扫描　在近红外数据库系统的客户端输入样品信息，光谱采集扫描次数设为 2，相关系数阈值设为 0.9999，然后进行近红外光谱采集。用取样勺从样品自封袋中取出样品，装入预先清洁的样品杯中，轻轻晃动使样品平整均匀，用压样器轻压，样品厚度不应低于 10mm，观察样品杯底部确认样品分布均匀，无裂缝、大颗粒等。扫完一次光谱后，将样品倒入废物桶，用毛刷刷净样品杯，再次取样扫描。装样、检测等所有操作尽可能保持一致且快速，用取样勺取完样品后应及时密封样品袋。

每批次样品采集完成后，登录近红外数据库系统，下载样品光谱和质量控制图反馈给质量监督员。

5. 盲样核查

质量监督员收到近红外分析结果后，进行盲样结果核查。若盲样结果出现异常，应通知检测人员查找并消除异常原因，对上一个盲样正常结果到异常盲样结果之间的所有检测样品重新进行检测。

严格的质量控制措施确保了近红外光谱采集的高质量。以初烤烟叶/复烤片烟建模样品光谱为例，图 3-3 是 400 个初烤烟叶/复烤片烟建模样品的近红外光谱叠加图。从光谱看，没有发现异常谱型的光谱。从图 3-4 的主成分分析图可以看出，前 4 个主成分的分布没有出现异常点，由于前 4 个主成分表达了 99%以上的光谱信息，说明光谱采集质量良好。

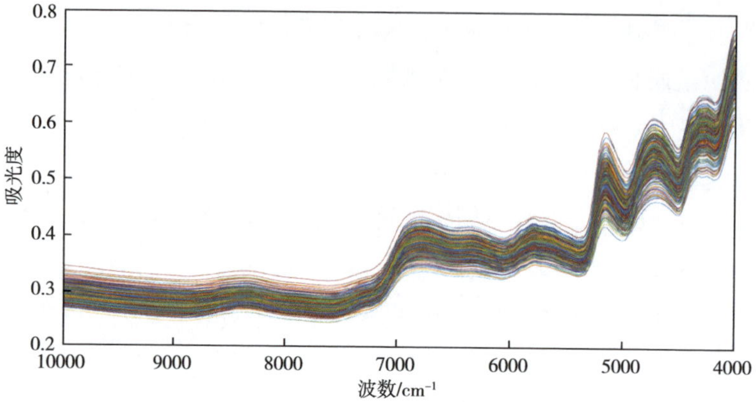

图 3-3　初烤烟叶/复烤片烟建模样品近红外光谱叠加图

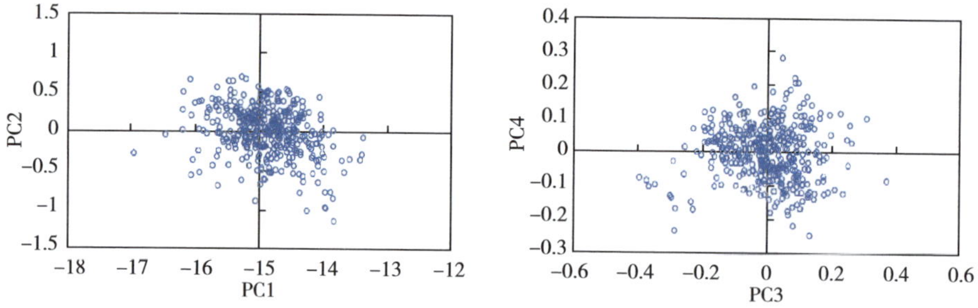

图 3-4　初烤烟叶/复烤片烟建模样品近红外光谱主成分分析图

第四章 近红外烟草化学成分指标预测模型构建与维护

烟草行业近红外分析技术应用单位主要是工业企业技术中心、复烤厂及地市级烟草科研所，样品类型主要有初烤烟叶、复烤片烟、醇化片烟和卷烟烟丝，工业企业技术中心样品含水率主要在6%~8%，复烤片烟和卷烟烟丝样品主要在10%~12%，近红外光谱仪主要有热电和布鲁克2个品牌。为充分满足行业各类用户的需求，构建了2个机型、3大样品类型、70种化学成分指标、2个样品含水率范围的预测模型，构建了卷烟焦油、烟气烟碱、一氧化碳3项烟气常规指标近红外预测模型。预测模型总计有4套、843个化学成分指标。为持续保持和改进预测模型的适用性和可靠性，研究并形成化学成分指标模型维护方法，取得良好效果。

第一节　近红外烟草化学成分指标预测模型构建方法研究

近红外烟草化学成分指标预测模型构建主要涉及光谱预处理、变量选择和偏最小二乘算法因子数确定等算法和参数确定。通过研究比较，成功建立了各个预测模型，并对预测模型进行评价。

一、建模方法

近红外漫反射光强度弱、谱带较宽且重叠严重、背景高且变动大、光谱信噪比低，因此在采用近红外光谱对复杂基质样品进行定量分析时，单个波长的强度与分析组分之间往往很少存在直接的定量关系。在这种情况下，定量分析必须借助多元校正的方法建立预测模型。目前，近红外光谱分析中常用的建模方法有多元线性回归、主成分回归、偏最小二乘回归、支持向量回归和人工神经网络法等。尽管存在各种建模策略与方法，偏最小二乘回归仍是最常用和最实用的定量分析建模方法。

偏最小二乘回归算法由主成分回归算法发展而来。在主成分回归中，为解决变量较多带来的共线性问题，会对光谱矩阵 $\boldsymbol{X}$ 进行主成分分析，将其分

解为得分 $\boldsymbol{T}$ 和载荷 $\boldsymbol{P}$，然后利用得分 $\boldsymbol{T}$ 和分析组分 $\boldsymbol{Y}$ 建立回归模型。通过选择光谱得分代替原始光谱来和分析组分 $\boldsymbol{Y}$ 建立回归模型，成功地克服了共线性问题，但在某些情况下主成分回归选择的主成分得分不一定能够保证与分析组分之间存在关系。

偏最小二乘回归算法正是为解决上述问题而提出。其核心思想是对光谱矩阵 $\boldsymbol{X}$ 和分析组分 $\boldsymbol{Y}$ 同时进行分析，也就是在将 $\boldsymbol{X}$ 和 $\boldsymbol{Y}$ 分解成为得分 $\boldsymbol{T}$、$\boldsymbol{U}$ 和载荷 $\boldsymbol{P}$、$\boldsymbol{Q}$ 的过程中，既要保证 $\boldsymbol{T}$ 和 $\boldsymbol{U}$ 能最大限度地包含 $\boldsymbol{X}$ 和 $\boldsymbol{Y}$ 的信息，还要保证 $\boldsymbol{T}$ 和 $\boldsymbol{U}$ 之间的相关性最大。当分解完成之后，根据 $\boldsymbol{T}$ 和 $\boldsymbol{U}$ 建立模型，即可实现定量分析。偏最小二乘回归同时对 $\boldsymbol{X}$ 矩阵和 $\boldsymbol{Y}$ 矩阵进行主成分分析，由式（4-1）和式（4-2）计算：

$$\boldsymbol{X} = \boldsymbol{T}\boldsymbol{P}^T + \boldsymbol{E}_X \tag{4-1}$$

式中　$\boldsymbol{T}$——$\boldsymbol{X}$ 矩阵分析得分；

$\boldsymbol{P}$——$\boldsymbol{X}$ 矩阵分解载荷；

$\boldsymbol{E}_{\mathrm{X}}$——$\boldsymbol{X}$ 矩阵分解残差矩阵。

$$\boldsymbol{Y} = \boldsymbol{U}\boldsymbol{Q}^T + \boldsymbol{E}_Y \tag{4-2}$$

式中　$\boldsymbol{U}$——$\boldsymbol{Y}$ 矩阵分解得分；

$\boldsymbol{Q}$——$\boldsymbol{Y}$ 矩阵分解载荷；

$\boldsymbol{E}_{\mathrm{Y}}$——$\boldsymbol{Y}$ 矩阵分解残差矩阵。

然后使用 $\boldsymbol{U}$ 第 i 列（$\boldsymbol{u}_i$）和 $\boldsymbol{T}$ 的第 i 列（$\boldsymbol{t}_i$）建立线性关系，由式（4-3）计算：

$$\boldsymbol{u}_i = b_i\boldsymbol{t}_i \tag{4-3}$$

式中　b_i——模型系数，由最小二乘法计算而得系数矩阵 $\boldsymbol{B}$ 的第 i 列。

为了将 $\boldsymbol{X}$ 和 $\boldsymbol{Y}$ 之间的信息相互关联，使得提取出的主成分均对建模有利，偏最小二乘回归计算过程采用迭代计算，迭代过程中使用 $\boldsymbol{T}$ 取代 $\boldsymbol{U}$ 来计算 $\boldsymbol{Q}$，用 $\boldsymbol{U}$ 取代 $\boldsymbol{T}$ 来计算 $\boldsymbol{P}$。迭代结束后，就可以得到 $\boldsymbol{T}$ 和 $\boldsymbol{U}$ 之间的关系。由于建模过程中采取迭代计算方式，过程有些复杂，但模型建立之后的使用非常简洁。对未知样品的预测可以用式（4-4）直接计算：

$$\boldsymbol{Y} = \boldsymbol{B}\boldsymbol{T}\boldsymbol{Q}^T \tag{4-4}$$

二、因子数的确定

1. 常用因子数确定方法及其特点

偏最小二乘回归在考虑方差最大的同时将数据矩阵按照有利于建模的方

向分解，所以偏最小二乘回归建模效果更好，应用也更加广泛。计算时需设定因子数，因子数过大，预测模型会带入很多干扰信息，导致模型预测能力差，也就是出现过拟合现象；因子数过小，难以充分提取建模相关信息，同样会导致模型预测能力差，出现欠拟合现象。为解决这个问题，一系列因子数选择方法应运而生，其中最常用的是交叉验证法。交叉验证是一种内部验证方法，广泛应用于模型优化，具体有多种做法，比较常见的是留一交叉验证、k-折交叉验证和蒙特卡洛交叉验证。交叉验证的核心思想是采用特定取样方式将样品光谱集拆分为建模集和预测集两部分，使用建模集样品光谱建立偏最小二乘预测模型，使用该模型对预测集样品光谱进行预测，然后计算预测残差平方和（Prediction Error Sum of Squares，PRESS）、交叉验证均方根误差（Root Mean Square Error of Cross Validation，RMSECV）或者决定系数 R^2（Coefficient of Determination），根据 PRESS、RMSECV 或 R^2 随因子数变化情况确定建模所需因子数，可按式（4-5）~式（4-7）计算：

$$\mathrm{PRESS} = \sum_{i=1}^{n}(y_i - \hat{y}_i)^2 \tag{4-5}$$

$$\mathrm{RMSECV} = \sqrt{\frac{\sum_{i=1}^{n}(y_i - y_i)^2}{n}} \tag{4-6}$$

$$R^2 = 1 - \frac{\sum_{i=1}^{n}(y_i - \hat{y}_i)^2}{\sum_{i=1}^{n}(y_i - \bar{y}_i)^2} \tag{4-7}$$

式中　y_i——测试值；

$\hat{y}_i$——近红外预测值；

$\bar{y}_i$——校正集测试值平均值；

n——校正集样品数。

采用 R^2、RMSECV 或 PRESS 确定因子数时，理想情况下是 R^2 越接近 1 越好，或者 RMSECV、PRESS 越小越好。但在实际建模过程中，经常遇到 R^2 持续增加、RMSECV 或 PRESS 持续减小的情况，难以确定合适的因子数。

以醇化片烟的烟碱预测模型为例，图 4-1 是 RMSECV 与因子数的关系图，随着因子数的增加，RMSECV 一直下降。在考察的 1~13 个因子数中，若按照 RMSECV 最小化原则，应选择因子数 13。但可以看到，因子数从 1 到 13 的 RMSECV 一直在下降，可以推测若因子数继续增加 RMSECV 还会继续下降，这样一味追求 RMSECV 最小必然导致预测模型过拟合。实际上，在具体建模实践中，建模人员一般会根据自己的经验，选择 RMSECV 下降趋势趋缓处的因子数作为建模因子数，从图 4-1 看出因子数 5、6 和 7 可能是比较合适的，但最终选择结果因人而异。

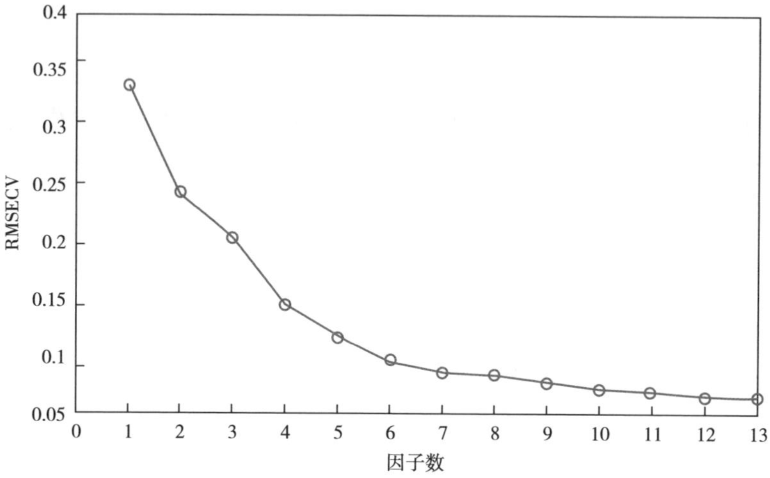

图 4-1 RMSECV 与因子数关系图

2. 回归向量稳定性参数法确定因子数

可以看到，常规的因子数确定方法在很多情况下不能准确确定因子数，需要根据建模人员的经验作出判断，导致因子数的结果具有不确定性。邓百川曾提出一种基于模型集群分析（Model Population Analysis，MPA）的模型评价方法，在近红外光谱预测红藻类海草中的卡拉胶含量、大豆油脂含量等应用中能够有效选择因子数，显示出该方法的优势。

一个预测模型的稳定性或可重复性，是判断过拟合或欠拟合最好的依据。在一个偏最小二乘回归预测模型中，计算依靠从近红外光谱中提取出的主成分回归向量，因此回归向量的稳定性可以反映模型的稳定性。

用模型集群分析思路分析偏最小二乘回归定量预测模型的稳定性，主要过程包括：①采用蒙特卡洛采样技术由训练集随机产生 N 个子训练集；②对每一个子训练集建立一个预测子模型；③收集 N 个子模型的信息构成一个回归向量矩阵，对矩阵进行主成分分析获得模型稳定性参数 S。

S 为第一主成分所能解释的回归矩阵方差的百分比，按式（4-8）计算：

$$S = Var_{j,\ 1}/Var_{j,\ all} \tag{4-8}$$

式中　j——偏最小二乘回归定量预测模型的因子数；

$Var_{j,\ 1}$——矩阵主成分分析后的第一主成分的方差；

$Var_{j,\ all}$——回归矩阵进行主成分分析后的方差和。

S 介于 0~1，越接近 1 说明 N 个模型之间的回归向量越相似，远离 1 则说明回归向量之间的差别大。

开展模型集群分析在烟草近红外定量预测模型中的应用研究，图 4-2 是不同因子数建立的醇化片烟烟碱偏最小二乘回归预测模型的回归向量图（与图 4-1 对应）。可以看到，随着因子数的增加，整个光谱区的回归向量曲线出现越来越多的噪声，因子数大于 6 时噪声越来越明显。出现噪声表示预测模型拟合中利用了噪声信息，也就是出现了过拟合。

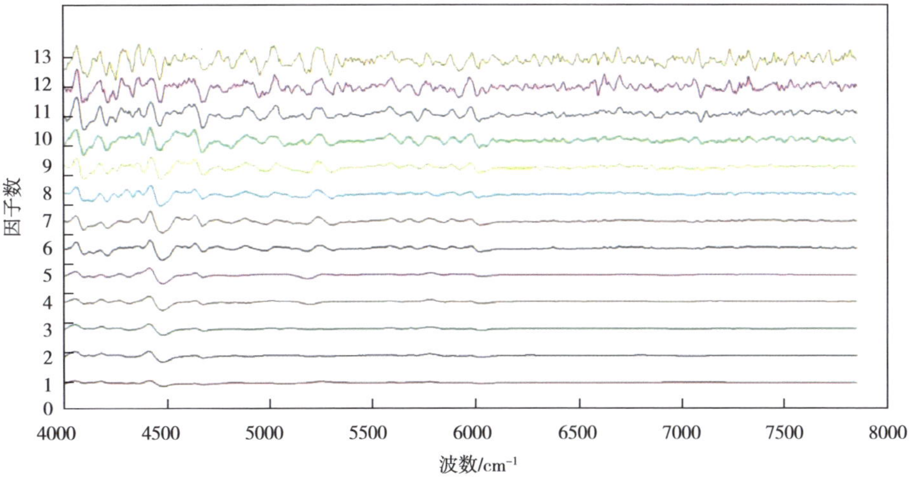

图 4-2　不同因子数的回归向量

从图 4-2 只能定性地看出差异，仍然无法判断哪个因子数最合适，而模型稳定性参数 S 则能够将因子数之间的差异量化，从而很好地解决这个问题。

从图 4-3 和表 4-1 得出，随着因子数的增加，RMSECV 逐渐减小，决定系数 R^2 不断增大。稳定性参数 S 则有一个先增加再降低的过程，在因子数为 5 时 S 达到最大值，清晰地指示最佳因子数为 5。

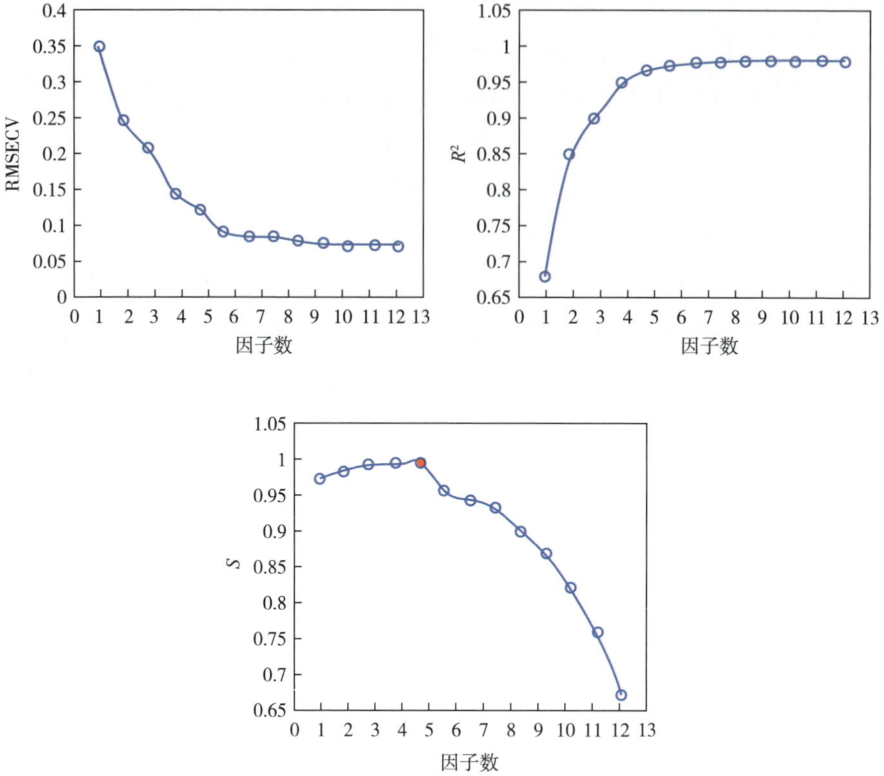

图 4-3　RMSECV、R^2和 S 与因子数的趋势图

表 4-1　　不同因子数的 RMSECV、R^2 和 S

因子数	RMSECV	R^2	S
1	0. 3482	0. 6824	0. 9747
2	0. 2467	0. 8493	0. 9863
3	0. 2077	0. 9016	0. 9933
4	0. 1468	0. 9481	0. 9952
5	0. 1236	0. 9652	0. 9969
6	0. 09275	0. 9732	0. 9554
7	0. 08652	0. 9771	0. 9440
8	0. 08436	0. 9799	0. 9332

续表

因子数	RMSECV	R^2	S
9	0.08001	0.9813	0.9004
10	0.07538	0.9821	0.8706
11	0.07467	0.9822	0.8228
12	0.07402	0.9823	0.7629
13	0.07354	0.9824	0.6739

第二节　近红外烟草化学成分指标预测模型建立

由于近红外光谱信噪比较差、背景光谱变动等，预测模型建立和实际样品化学成分指标预测时均需对光谱进行预处理。一般认为，多元散射校正、正态变量变换等技术对于散射效应校正具有较好的效果，求导、连续小波变换（Continuous Wavelet Transform，CWT）等导数光谱技术对于背景或基线的校正非常有效。结合不同化学成分预测模型需要，对这些技术进行比较研究，发现差异不大，决定采用应用广泛的 MSC-SG 联合光谱预处理方法。

关于变量选择，比较了常用的蒙特卡洛-无信息变量消除、随机化检验（Randomization Test，RT）、竞争性自适应重加权等方法。由于本研究化学成分预测模型多、建模样本数较多，采用上述变量选择方法的效果一般。基于近红外光谱吸收特点的波段选择方法在实用性上具有优势，且预测模型的稳定性较好，遂采用波段选择方法，即根据建模经验人工设置几个波段，如 $9000cm^{-1}$之后信号较弱的波段、水蒸气干扰严重的波段、C-H 谱峰波段等，然后进行排列组合优化，得到较好的结果。

对于奇异样本，采用交叉验证进行删除处理，在建模优化过程中，采用留一交叉验证法，对每个建模样本进行建模预测，采用中位绝对偏差法计算预测结果标准差 s，将 5 倍 s 的样本剔除，按式（4-9）计算：

$$s = 1.483\text{med}\{|x - \text{med}(x)|\} \tag{4-9}$$

式中　x——预测值和测试值的差值。

通过上述比较研究和优化，确定光谱预处理方法、变量选择方法、奇异样本删除和建模方法。选取一台热电和一台布鲁克近红外光谱仪作为主机，建立 2 种机型、3 类样品、70 种化学成分指标、2 个含水率范围共 840 个预测模型。

采用相同的方法，构建焦油、烟气烟碱、一氧化碳 3 项烟气常规指标预测模型。

模型评价参数见附录 C。

表 4-2 给出预测模型决定系数 R^2 的统计结果。假定以 $R^2 \geqslant 0.9$ 为模型预测优，0.8~0.9 为良，0.7~0.8 为中，<0.7 为差。2 种机型 2 个含水率范围下，初烤烟叶/复烤片烟模型：质量优的模型 25~30 个，质量良的模型 20~24 个，质量中的模型 10~13 个，优、良、中合计占比 87.1%~88.6%；醇化片烟模型：质量优的模型 32~37 个，质量良的模型 23~26 个，质量中的模型 3~4 个，优、良、中合计占比 88.6%~91.4%；卷烟烟丝模型：质量优的模型 30~45 个，质量良的模型 19~31 个，质量中的模型 4~7 个，优、良、中合计占比 94.3%~97.1%。

表 4-2　模型决定系数（R^2）统计

仪器类型		热电		布鲁克	
样品含水率/%		6~8	10~12	6~8	10~12
初烤烟叶/复烤片烟	≥0.9	25	27	28	30
	0.8~0.9	23	23	24	20
	0.7~0.8	13	12	10	11
	<0.7	9	8	8	9
醇化片烟	≥0.9	32	34	35	37
	0.8~0.9	26	26	25	23
	0.7~0.8	4	3	3	4
	<0.7	8	7	7	6
卷烟烟丝	≥0.9	34	30	45	30
	0.8~0.9	29	29	19	31
	0.7~0.8	4	7	4	7
	<0.7	3	4	2	2

需要说明的是，在建模样品的化学成分分析和近红外光谱采集过程中采取了严格的数据质量保障措施，因此从建模样品中删除的奇异样本比例很低，在烟草化学成分建模实践中是非常少见的。

从总体上看近红外预测模型，一是 70 种化学成分指标均建立了良好的预测模型，模型评价参数总体令人满意；二是卷烟烟丝模型总体上好于醇化片烟，醇化片烟好于初烤烟叶/复烤片烟，反映了样品稳定性差异，初烤烟叶/复烤片烟化学成分变动较快，醇化片烟较为稳定，热湿处理后的烟丝最为稳定；三是少量化学成分的预测模型有待改进，提示经典化学分析方法有待改进。

第三节　近红外烟草光谱水分校正研究

一、样品含水率对近红外分析的影响

近红外漫反射光强度很弱，但水分子 O-H 键伸缩振动的倍频和合频光则相对较强（吸收峰约在 $6897cm^{-1}$ 和 $5181cm^{-1}$ 处），对样品的近红外光谱产生重要影响。在烟叶复烤、卷烟制丝和烟叶收购交割等环节，要么样品量大来不及烘干，要么不具备烘干条件，烟草粉末样品含水率高且样品之间差异大。另外，在样品存放过程中，因密封不良也会导致样品含水率发生变化。由于水分无处不在，所以在不同的应用场景和不同的环境温湿度条件下，样品含水率很难控制一致。在上节建立两个含水率范围的近红外预测模型，正是为了解决这个问题，其中 6%~8%含水率模型适用于严格控制样品含水率的实验室样品，10%~12%含水率模型适用于工业现场样品。

两个含水率预测模型是否能够有效地消除水分干扰，是一个值得关心的问题。为此，取一个醇化片烟样品，在不同恒温恒湿环境下调整至不同的含水率，扫描近红外光谱，并以 7%含水率样品的光谱作为基准计算皮尔逊相似度。观察图 4-4 可以发现，样品含水率与相似度呈指数关系，含水率较低时相似度变化幅度不大，含水率较高时变化幅度加大，且变化幅度随含水率增加呈加速趋势。

图 4-4 的实验结果表明，高含水率样品即使采用高水分预测模型也有可能存在较大预测偏差。为证实这个问题，取初烤烟叶、醇化片烟、卷烟烟丝 3 类样品烟末各 50 个，在不同恒温恒湿条件下调节样品水分至平衡，制备出系

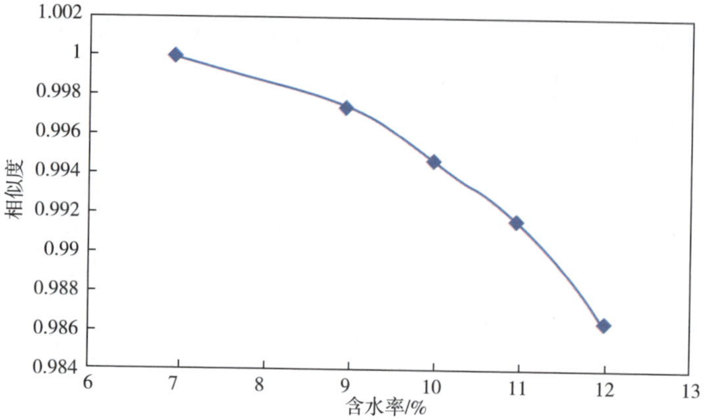

图 4-4　不同含水率醇化片烟样品的近红外光谱相似度

列含水率样品组，扫描近红外光谱。对于含水率为 10%、11%、12%的样品，用 10%~12%含水率预测模型预测 70 种化学成分指标，计算化学成分指标预测结果偏差，每个指标取 50 个样品偏差的平均值，醇化片烟的结果如图 4-5 所示。

用预测模型来预测相应含水率范围内的 3 种含水率样品，大部分化学成分指标的预测结果平均偏差的差异较大，大的偏差更多地出现于 12%、11% 含水率的样品，如总植物碱、柠檬酸、丁二酸、谷酰胺、谷氨酸等，10%含水率的样品出现较大偏差的比例较低。上述结果表明，控制样品含水率对结果的影响，理想的解决方案是建立各种含水率预测模型。但是，如果精细地制作不同含水率预测模型，需要精细地将建模样品调整至各种含水率，模型数量也会比较多，操作可行性不强。如果能够找到一种合适的技术手段，将高含水率样品的光谱校正至条件完备实验室样品的含水率，即 7%含水率样品的光谱，将显著降低样品对预测结果的影响。

SST 原本用于不同近红外光谱仪之间的光谱转换，具体做法是将 2 台近红外光谱仪采集的光谱连接为增广矩阵，对增广矩阵进行奇异值分解，计算不同仪器光谱的载荷，利用载荷构造转换矩阵，将一台光谱仪的光谱转换为另一台光谱仪的光谱，从而实现在一台仪器建立的预测模型能用于另一台仪器的预测，也就是预测模型转移。该方法只需获得光谱之间的转换关系，就可以将子机光谱转换为主机光谱。

设想，选取一组代表性样品，制备现实应用场景中可能遇到的各种含水

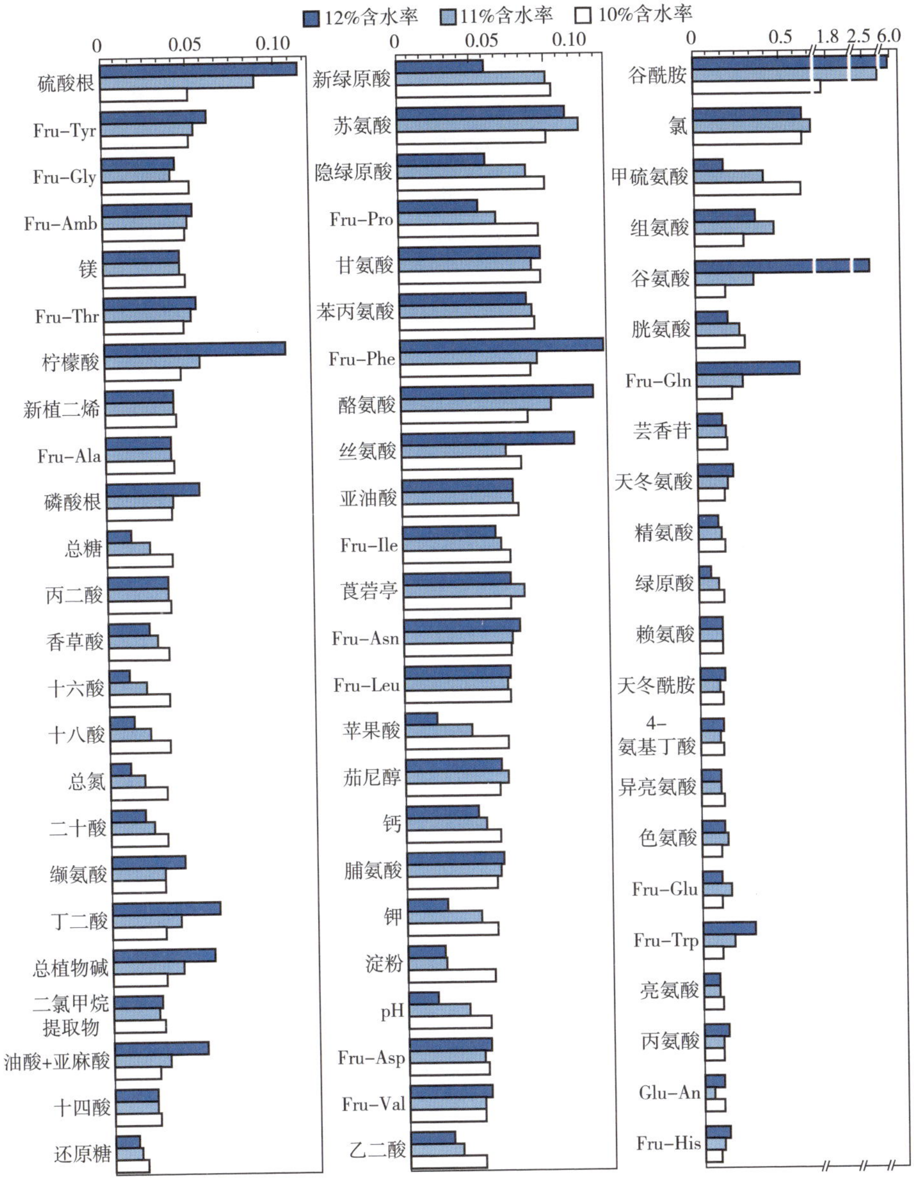

图 4-5　含水率 10%、11%、12%样品预测结果平均偏差

率样品，借鉴 SST 思路，将原本的光谱仪差异校正替换为含水率差异校正，找出不同含水率样品之间的近红外光谱转换关系，就可以将不同含水率样品的近红外光谱转换至预测结果稳定的 7%含水率样品的光谱，从而有效解决样品水分含量对近红外定量分析的干扰。

二、水分校正近红外光谱的光谱转换研究

利用2019—2020年征集、筛选的初烤烟叶/复烤片烟、醇化片烟和成品烟丝3类模型维护样品，采用KS序贯算法从中各精选出50个最具代表性样品。在不同恒温恒湿条件下，将样品含水率调整为5个含水率梯度，分别为7%、9%、10%、11%和12%，含水率范围基本覆盖实际样品可能的含水率。

采用SST方法，以7%含水率样品的光谱（$\boldsymbol{X}_{7\%}$）作为基准，分别将$\boldsymbol{X}_{9\%}$、$\boldsymbol{X}_{10\%}$、$\boldsymbol{X}_{11\%}$和$\boldsymbol{X}_{12\%}$光谱转换至$\boldsymbol{X}_{7\%}$光谱。

以醇化片烟$\boldsymbol{X}_{9\%}$光谱转换至$\boldsymbol{X}_{7\%}$光谱为例，将$\boldsymbol{X}_{9\%}$光谱与$\boldsymbol{X}_{7\%}$光谱首尾拼接在一起，得到组合光谱矩阵$\boldsymbol{X}$，如式（4-10）：

$$\boldsymbol{X}=[\boldsymbol{X}_{7\%}\boldsymbol{X}_{9\%}] \tag{4-10}$$

对$\boldsymbol{X}$进行主成分分析，可以得到式（4-11）：

$$\boldsymbol{X}=\boldsymbol{T}[\boldsymbol{P}'_{7\%},\ \boldsymbol{P}'_{9\%}]+\boldsymbol{E} \tag{4-11}$$

式中　$\boldsymbol{T}$——光谱的得分矩阵；

$\boldsymbol{P}'_{7\%}$，$\boldsymbol{P}'_{9\%}$——载荷矩阵子矩阵；

$\boldsymbol{E}$——光谱噪声。

此外，根据朗伯-比尔定律，得式（4-12）：

$$\boldsymbol{X}=\boldsymbol{C}[\boldsymbol{S}'_{7\%},\ \boldsymbol{S}'_{9\%}]+\boldsymbol{E} \tag{4-12}$$

式中　$\boldsymbol{C}$——样品中组分的浓度矩阵；

$\boldsymbol{S}'_{7\%}$和$\boldsymbol{S}'_{9\%}$——样品在水分7%和9%上对应的纯光谱矩阵。

联合式（4-11）和式（4-12），推出式（4-13）和式（4-14）：

$$\boldsymbol{C}\boldsymbol{S}'_{7\%}=\boldsymbol{T}\boldsymbol{P}'_{7\%},\ \boldsymbol{C}\boldsymbol{S}'_{9\%}=\boldsymbol{T}\boldsymbol{P}'_{9\%} \tag{4-13}$$

$$\boldsymbol{S}'_{7\%}=(\boldsymbol{C}'\boldsymbol{C})^{-1}\boldsymbol{C}'\boldsymbol{T}\boldsymbol{P}'_{7\%}=\boldsymbol{R}\boldsymbol{P}'_{7\%},\ \boldsymbol{S}'_{9\%}=(\boldsymbol{C}'\boldsymbol{C})^{-1}\boldsymbol{C}'\boldsymbol{T}\boldsymbol{P}'_{9\%}=\boldsymbol{R}\boldsymbol{P}'_{9\%} \tag{4-14}$$

式中　$\boldsymbol{R}$——满秩矩阵。

$\boldsymbol{R}$的计算方法如式（4-15）所示。

$$\boldsymbol{R}=(\boldsymbol{C}'\boldsymbol{C})^{-1}\boldsymbol{C}'\boldsymbol{T} \tag{4-15}$$

光谱$\boldsymbol{X}_{9\%}$对应化学成分的浓度矢量$\boldsymbol{C}_{9\%}$可估计为$\hat{\boldsymbol{c}}$，$\hat{\boldsymbol{c}}$可按式（4-16）计算。

$$\hat{\boldsymbol{c}}=\boldsymbol{X}_{9\%}(\mathbf{S}'_{9\%})^{+} \tag{4-16}$$

式中　上标+表示Moore-Penrose广义逆。

光谱$\boldsymbol{X}_{9\%}$和光谱$\boldsymbol{X}_{7\%}$的差如式（4-17）表示：

$$\boldsymbol{X}_{9\%}-\boldsymbol{X}_{9\%\sim7\%}=\hat{\boldsymbol{c}}(\boldsymbol{S}'_{9\%}-\boldsymbol{S}'_{7\%}) \tag{4-17}$$

因此$\boldsymbol{X}_{9\%\sim7\%}$可以通过式（4-18）计算：

$$X_{9\%\sim7\%}=c_{9\%}S'_{7\%}+X_{9\%}-C_{9\%}S'_{9\%}=X_{9\%}(S'_{9\%})^{+}S'_{7\%}+X_{9\%}-X_{9\%}(S'_{9\%})^{+}S'_{9\%} \quad (4-18)$$

将式（4-14）代入式（4-18），得到 $X_{9\%}$ 转移后的光谱，如式（4-19）：

$$X_{9\%\sim7\%}=X_{9\%}(P'_{9\%})^{+}P'_{7\%}+X_{9\%}-X_{9\%}(P'_{9\%})^{+}P'_{9\%} \quad (4-19)$$

转移后的光谱 $X_{9\%\sim7\%}$ 采用建立的 6%~8%含水率的化学成分近红外模型预测，即可得到相应的化学成分预测值。

在提取光谱信息时，需要确定合适的光谱主成分因子数。系统考察不同因子数时的转换光谱，以皮尔逊相关系数计算转换光谱与 7%含水率光谱的相似度，以每个含水率梯度系列所有样品的平均相似度和标准偏差（SD）进行因子数比较，结果如表 4-3 所示。

表 4-3　高水分样品光谱转换前后与 7%含水率样品光谱平均相似度

因子数	$X_{9\%}\to X_{7\%}$		$X_{10\%}\to X_{7\%}$		$X_{11\%}\to X_{7\%}$		$X_{12\%}\to X_{7\%}$	
	相似度	SD	相似度	SD	相似度	SD	相似度	SD
未转换	0.99733	7.83E-04	0.99462	1.29E-03	0.99156	1.58E-03	0.98647	2.73E-03
1	0.99992	1.62E-04	0.99985	3.17E-04	0.99979	3.47E-04	0.99970	3.68E-04
2	0.99993	1.70E-04	0.99990	3.12E-04	0.99991	2.39E-04	0.99985	2.45E-04
3	0.99993	1.40E-04	0.99990	2.63E-04	0.99992	1.75E-04	0.99985	1.63E-04
4	0.99992	1.68E-04	0.99972	8.04E-04	0.99977	5.56E-04	0.99977	2.42E-04
5	0.99992	2.20E-04	0.99967	7.60E-04	0.99985	3.79E-04	0.99982	2.48E-04
6	0.99992	2.21E-04	0.99941	1.15E-03	0.99981	4.38E-04	0.99982	3.01E-04
7	0.99958	5.33E-04	0.99976	3.17E-04	0.99960	5.61E-04	0.99979	3.05E-04
8	0.99950	6.66E-04	0.99979	3.29E-04	0.99963	5.28E-04	0.99980	2.75E-04
9	0.99969	4.71E-04	0.99979	3.38E-04	0.99956	7.04E-04	0.99972	4.24E-04
10	0.99971	3.56E-04	0.99955	5.83E-04	0.99924	1.43E-03	0.99956	6.05E-04

由表 4-3 可知，近红外光谱转换前，高含水率样品的近红外光谱与 7%含水率样品光谱的平均相似度仅在 0.986~0.997。SST 转换后，采用 1~10 中的任一因子数，光谱相似度均得到显著提高，最差的也达到 0.99924。不同因子数比较，相似度随因子数增加呈现先增加后减小的趋势，因子数为 3 时各含水率样品转换光谱的相似度均达到最高，样品之间相似度的标准偏差较小。因此，选取 3 作为最优因子数。

以一个醇化片烟样品为例，图 4-6 是该样品 5 种含水率时的近红外光谱图，随着样品含水率增加，原始光谱［图 4-6（a）］的基线增高，一阶导数光谱［图 4-6（b）］各个峰高均有不同程度的增加，不同含水率样品的光谱差别非常大。SST 转换后，高含水率样品的光谱基线大幅减弱［图 4-6（c）］，一阶导数光谱［图 4-6（d）］基本重叠。

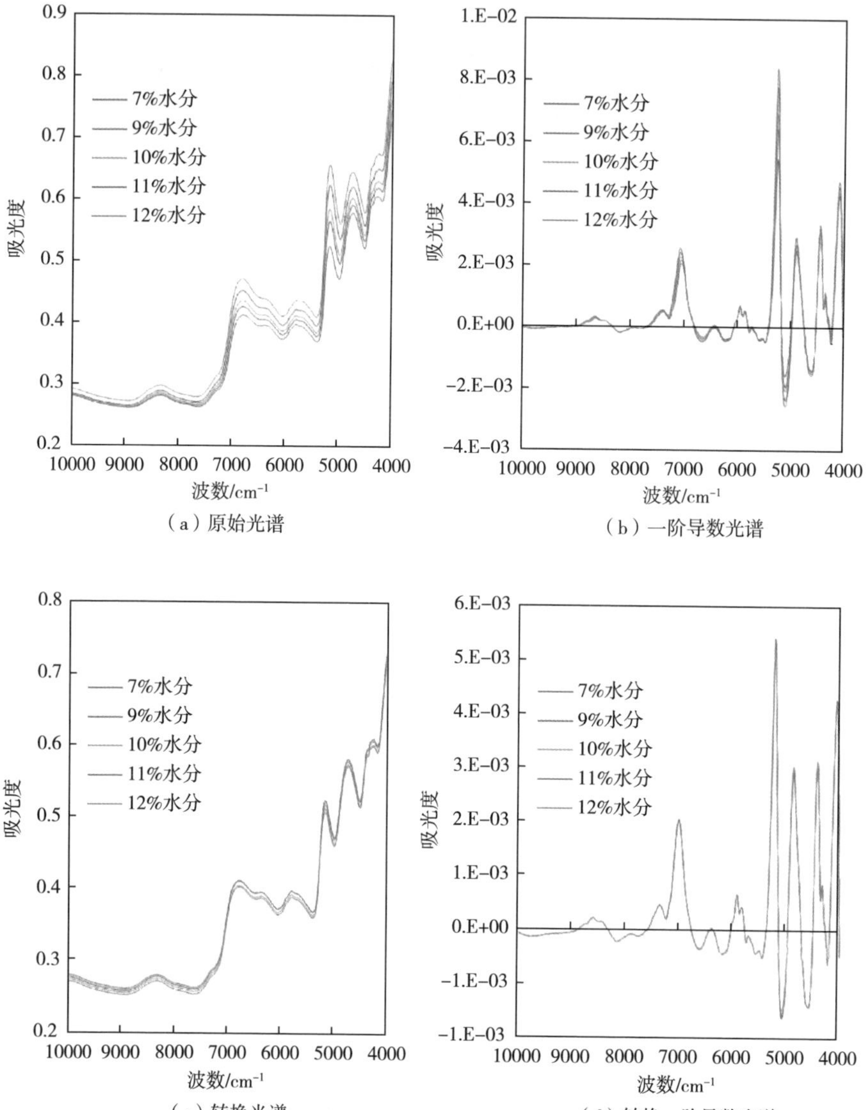

（a）原始光谱　（b）一阶导数光谱　（c）转换光谱　（d）转换一阶导数光谱

图 4-6　醇化片烟 5 种含水率样品的光谱图及转换光谱

图 4-7 为光谱转换前后的主成分分布图。光谱转换前 5 组含水率样品的主成分空间分布显著分离，有较为清晰的界限。光谱转换后主成分空间分布高度重合，说明样品含水率影响已基本消除。

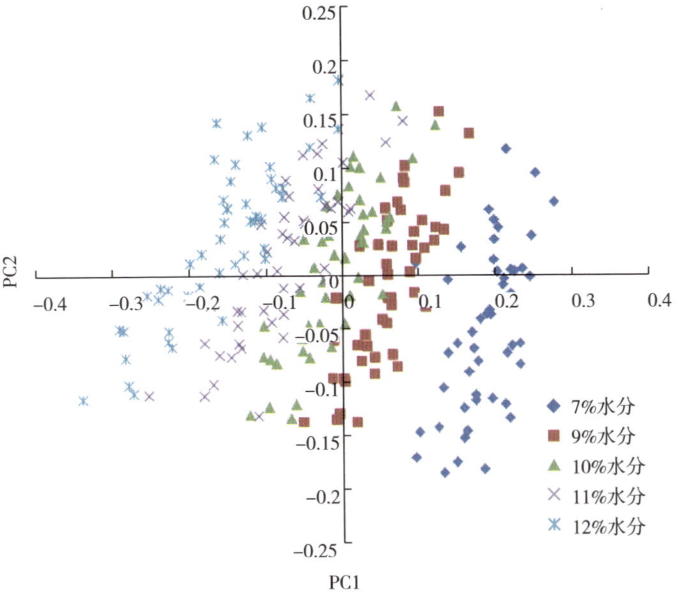

（a）原始光谱

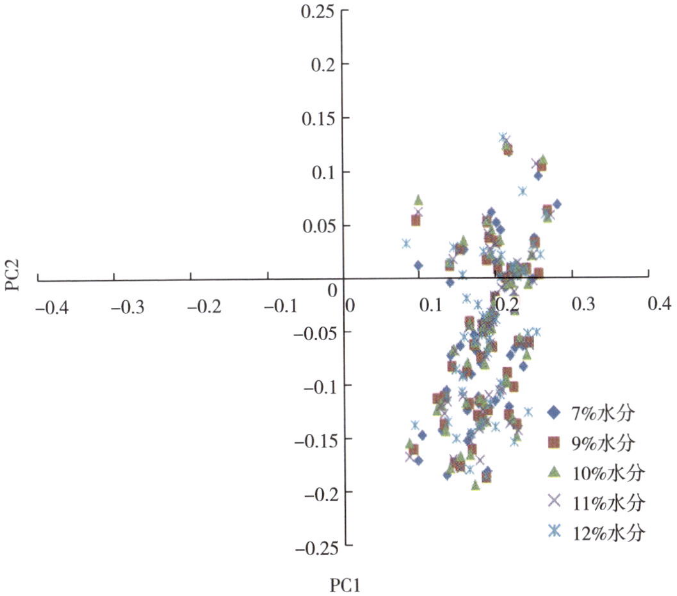

（b）转换光谱

图 4-7　不同含水率样品光谱转换前后主成分分布图

转换后的光谱用前文建立的近红外预测模型（6%~8%含水率模型）预测70种化学成分指标（表4-4），将预测结果与7%含水率样品光谱的预测结果进行t检验，显著性水平为5%时的p值均大于0.05，说明高含水率样品进行光谱转换后，化学成分指标预测结果与低含水率样品的结果不存在显著性差异，建立的光谱转换方法可以成功消除含水率对样品预测结果的影响。

表4-4　　转换后光谱预测结果的预测均方根误差（RMSEP）

序号	指标	$X_{7\%}$	$X_{9\%}\rightarrow X_{7\%}$	$X_{10\%}\rightarrow X_{7\%}$	$X_{11\%}\rightarrow X_{7\%}$	$X_{12\%}\rightarrow X_{7\%}$
1	总植物碱	0.203	0.206	0.208	0.209	0.216
2	还原糖	1.33	1.33	1.31	1.32	1.36
3	总糖	1.05	1.02	1.01	1.03	0.941
4	总氮	0.0858	0.0856	0.0846	0.0832	0.0844
5	钾	0.0189	0.0193	0.0196	0.0194	0.0200
6	氯	0.472	0.426	0.496	0.519	0.616
7	pH	0.360	0.362	0.364	0.365	0.367
8	淀粉	1.07	1.07	1.07	1.06	1.04
9	二氯甲烷提取物	0.283	0.291	0.291	0.295	0.300
10	茄尼醇	0.937	1.04	1.03	1.03	1.11
11	硫酸根	1.28	1.34	1.36	1.39	1.53
12	磷酸根	0.526	0.528	0.525	0.523	0.525
13	镁	0.0393	0.0437	0.0422	0.0486	0.0535
14	钙	0.257	0.265	0.265	0.260	0.263
15	新绿原酸	0.199	0.201	0.208	0.203	0.206
16	绿原酸	0.897	0.856	0.914	0.916	0.92
17	隐绿原酸	0.173	0.173	0.179	0.172	0.171
18	莨菪亭	0.0447	0.0454	0.0481	0.0495	0.0487
19	芸香苷	0.850	0.868	0.884	0.968	0.928
20	乙二酸	0.97	1.13	1.10	1.17	1.21
21	丙二酸	0.186	0.193	0.194	0.198	0.203
22	丁二酸	0.0263	0.0268	0.0272	0.0284	0.0277

续表

序号	指标	$X_{7\%}$	$X_{9\%}\rightarrow X_{7\%}$	$X_{10\%}\rightarrow X_{7\%}$	$X_{11\%}\rightarrow X_{7\%}$	$X_{12\%}\rightarrow X_{7\%}$
23	苹果酸	2. 33	2. 65	2. 58	2. 62	2. 86
24	柠檬酸	0. 620	0. 598	0. 627	0. 671	0. 653
25	香草酸	0. 00976	0. 0095	0. 00949	0. 00934	0. 00942
26	十四酸	0. 00932	0. 00957	0. 00958	0. 00966	0. 00981
27	十六酸	0. 106	0. 111	0. 109	0. 110	0. 113
28	亚油酸	0. 142	0. 145	0. 143	0. 145	0. 159
29	油酸+亚麻酸	0. 258	0. 265	0. 284	0. 254	0. 265
30	十八酸	0. 0256	0. 0260	0. 0265	0. 0262	0. 0260
31	二十酸	0. 008	0. 00822	0. 00824	0. 00826	0. 00842
32	天冬氨酸	54. 2	58. 3	61. 4	63. 7	63. 9
33	苏氨酸	20. 6	20. 9	20. 9	21. 4	21. 7
34	丝氨酸	49. 1	52. 3	53. 0	55. 7	57. 1
35	天冬酰胺	343	382	373	387	413
36	谷氨酸	38. 1	39. 8	40. 5	41. 5	43. 8
37	谷酰胺	252	260	258	269	267
38	甘氨酸	6. 02	6. 14	6. 16	6. 2	6. 4
39	丙氨酸	71. 1	71. 6	72. 4	75. 2	77
40	缬氨酸	50. 4	50. 8	51. 9	52. 8	54. 8
41	胱氨酸	20. 7	20. 5	20. 8	20. 6	20. 9
42	甲硫氨酸	2. 95	2. 94	3. 01	3. 03	3. 13
43	异亮氨酸	4. 38	4. 25	4. 19	4. 2	4. 21
44	亮氨酸	4. 09	4. 19	4. 21	4. 23	4. 42
45	酪氨酸	17. 9	18. 6	18. 4	19. 1	19
46	苯丙氨酸	40. 8	42. 2	41. 7	41. 9	42. 4
47	4-氨基丁酸	22. 5	23. 4	24. 1	25. 4	26. 1
48	赖氨酸	8. 08	8. 63	8. 1	8. 27	8. 84
49	组氨酸	17. 6	21. 0	19. 5	21. 2	23. 1
50	色氨酸	25. 6	27. 4	26. 7	27. 2	27. 3

续表

序号	指标	$X_{7\%}$	$X_{9\%}\to X_{7\%}$	$X_{10\%}\to X_{7\%}$	$X_{11\%}\to X_{7\%}$	$X_{12\%}\to X_{7\%}$
51	精氨酸	8.04	8.26	8.33	8.49	8.69
52	脯氨酸	1190	1220	1220	1260	1290
53	Glu-An	55.7	57.7	59.1	61.4	64.6
54	Fru-Amb	615	602	610	609	644
55	Fru-His	9.63	10.8	11.3	11.8	12.9
56	Fru-Pro	1410	1410	1430	1400	1510
57	Fru-Val	34.1	34.6	35.0	35.8	36.7
58	Fru-Thr	2.86	2.91	3.03	2.97	3.06
59	Fru-Gly	3.46	3.46	3.48	3.53	3.53
60	Fru-Ala	249	252	250	250	255
61	Fru-Asn	545	541	549	544	520
62	Fru-Asp	188	194	197	194	199
63	Fru-Gln	301	311	319	326	343
64	Fru-Glu	103	112	121	123	144
65	Fru-Ile	5.74	5.82	5.86	5.83	6.03
66	Fru-Leu	8.31	8.59	8.79	8.72	8.94
67	Fru-Tyr	16.2	16.5	16.5	16.7	16.9
68	Fru-Phe	108	116	118	122	124
69	Fru-Trp	61.1	65.2	65.3	66.2	66.9
70	新植二烯	0.131	0.137	0.13	0.134	0.138

三、水分校正近红外光谱的应用

对近红外光谱进行水分校正，需要依据样品含水率数据。测定样品含水率，可以采用惯常的烘箱法，也可以建立近红外预测模型。烘箱法比较烦琐费时，近红外光谱法则简单方便，而且只要有水分预测模型，即可利用已有的样品近红外光谱直接获得样品含水率数据。水分的近红外漫反射光相对较强，基质影响相对较小，初烤烟叶/复烤片烟、醇化片烟和卷烟烟丝 3 类样品只建立 1 个通用性的含水率预测模型即可。将 3 类样品组合并，建立了水分预测模型，模型评价参数见表 4-5，含水率预测模型的 RMSECV 和预测结果的 RMSEP 均在 0. 28 左右，内部交叉验证和外部验证的决定系数 R^2 均在 0. 97 以上，说明水分预测模型预测效果良好，可以统一用于烟草与烟草制品样品的含水率预测。

表 4-5　　水分预测模型评价参数

建模样品数	外部验证样品数	删除样品数	RMSECV	R^2	RMSEP	主因子数
1747	593	25	0. 277	0. 9765	0. 281	15

在实际应用中由样品的近红外光谱预测化学成分指标时，应首先采用含水率预测模型获得样品含水率，根据含水率将原始光谱转换至 7%的样品含水率光谱，最后采用化学成分指标预测模型（6%~8%含水率模型）获得化学成分指标数据。含水率校正系数选用建议如表 4-6 所示。

表 4-6　　含水率校正系数选用建议

样品水分区间/%	校正系数
≤8. 5	不校正
8. 5~9. 5	$\boldsymbol{X}_{9\%}\rightarrow\boldsymbol{X}_{7\%}$
9. 5~10. 5	$\boldsymbol{X}_{10\%}\rightarrow\boldsymbol{X}_{7\%}$
10. 5~11. 5	$\boldsymbol{X}_{11\%}\rightarrow\boldsymbol{X}_{7\%}$
≥11. 5	$\boldsymbol{X}_{12\%}\rightarrow\boldsymbol{X}_{7\%}$

在此还有一个问题，样品实际含水率处在表 4-6 的临界点时，如实际含水率为 10. 6%，由于预测结果存在一定的偏差，预测出的含水率可能是 10. 4%，也可能是 10. 7%，导致水分校正选择不同的校正系数，进而可能会对化学成分指标预测结果产生影响。为此，分别采用 9. 5% ~ 10. 5% 和 10. 5%~11. 5%两个校正系数对光谱进行转换，再预测 70 种化学成分指标，对两组数据进行 t 检验（5%显著性水平），除甲硫氨酸和 Fru-Amb（2 种成分的预测模型评价参数比较差）外，其余 68 个化学成分指标的预测结果均没有显著性差异。因此，含水率处于临界值样品的水分校正不会产生预测结果不可接受的偏差。

第四节　近红外烟草化学成分指标预测模型维护

在近红外烟草化学成分指标预测模型的建立过程中，由于样品征集、化学成分分析等方面的限制，一次建模不可能有太多的建模样品，预测模型难以一次就达到理想的状态，需要多次征集样品使建模样品的代表性、含量的分布均匀性不断提高。同时，烟叶品质随不同年份降雨量、栽培措施调整等而发生变化，复烤片烟的醇化进程也因气候、醇化技术改进等发生变化，这些不断变化的烟叶，有可能在建模样品中没有反映或反映得不够，从而影响预测模型适用性。所以，预测模型的维护是例行性工作，必须持续进行。

一、模型维护样品的征集与筛选

模型维护的目的在于提高预测模型的鲁棒性，需要不断添加与建模样品差异大的样品作为模型维护样品，不断提高预测模型的适用性，以达到模型维护的目的。模型维护是一个长期、持续的过程，需要按照一定的策略循序渐进。模型建立之初，为快速提高模型的适用性，需要大比例地不断添加代表性模型维护样品，在建模样品积累到一定程度后，可以在添加新样品的同时逐步剔除旧的已不太适用的样品，达到有进有出的动态平衡，使预测模型始终处于良好的适用状态。

在 2019 年预测模型的基础上，采取大比例添加模型维护样品的策略，以快速改进模型适用性。为此，2020 年、2021 年持续征集了大量模型维护样品，并根据化学成分分析工作负荷制定了建模样品筛选方法。考虑到预测模型的连续性和持续有效性，具体建模样品筛选方法为：将征集的用于模型维护的样品与原建模样品归并为一组，采用 KS 序贯算法对近红外光谱进行主成分分析，选择欧氏距离最大的两个样品作为第 1 个和第 2 个代表性样品，然后计算剩余样品与前两个样品的距离，选择距离最大的样品作为第 3 个代表性样品，以此类推，计算出所有样品的代表性排序。将原建模样品全部予以保留，然后将排序靠前的新征集样品依序挑选出来，作为模型维护样品，直至达到预先确定的样品数量，具体如表 4-7 所示。可以看到，经过连续 2 年的维护，3 类样品预测模型的样品总数均已经达到 800 个左右。

在后续模型维护中，将继续维持现有年度样品添加数量。在样品总数达到 1500 个左右时，逐步进入样品有进有出的稳定模式。

表 4-7　　各类模型样品数量　　单位：个

模型类别	初烤烟叶/复烤片烟		醇化片烟		卷烟烟丝	
	征集数	筛选数	征集数	筛选数	征集数	筛选数
2018 年建模	853	400	583	330	282	282
2020 年维护	553	178	698	289	264	264
2021 年维护	1249	200	921	260	270	270
累计	2655	778	2202	879	816	816

从图 4-8~图 4-10 可以看出，随着模型的不断维护，样品近红外光谱的主成分空间分布逐渐扩大，分布均匀性得到改善，说明维护后的建模样品代表性更强。

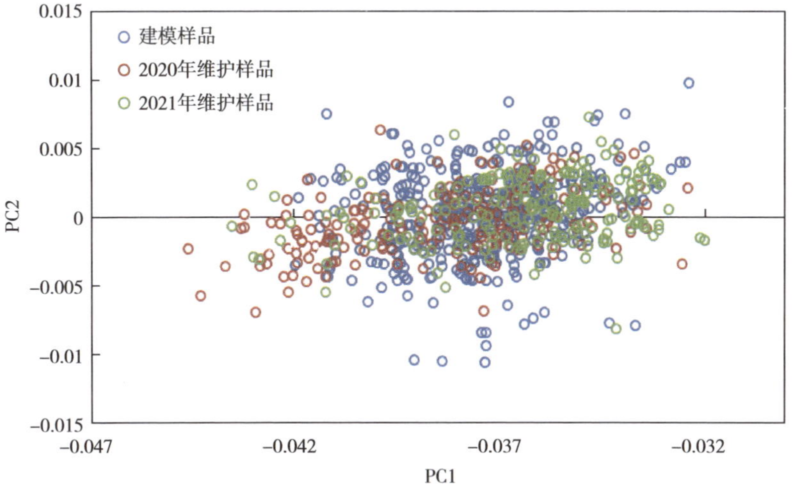

图 4-8　初烤烟叶/复烤片烟模型样品主成分分布图

目前，3 类样品预测模型的建模样品数量规模大，地域、年份、等级等各个方面代表性强。

二、预测模型维护的评价

两个年度的预测模型维护时，把所有模型维护样品与建模样品合并，采用 10 折法交叉验证模型维护效果。维护模型的构建和优化按照本章第二节方法进行，维护后预测模型（建模样品含水率 6%~8%）评价参数见附录 D。

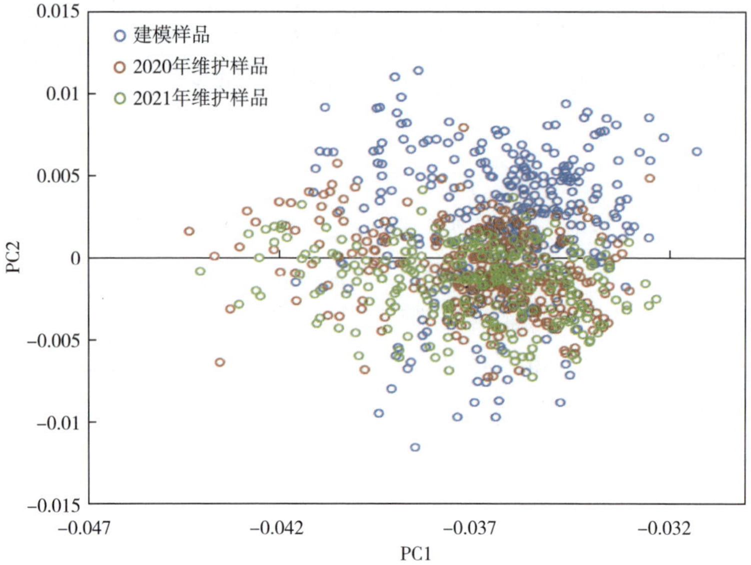

图 4-9　醇化片烟 6%~8%含水率模型样品主成分分布图

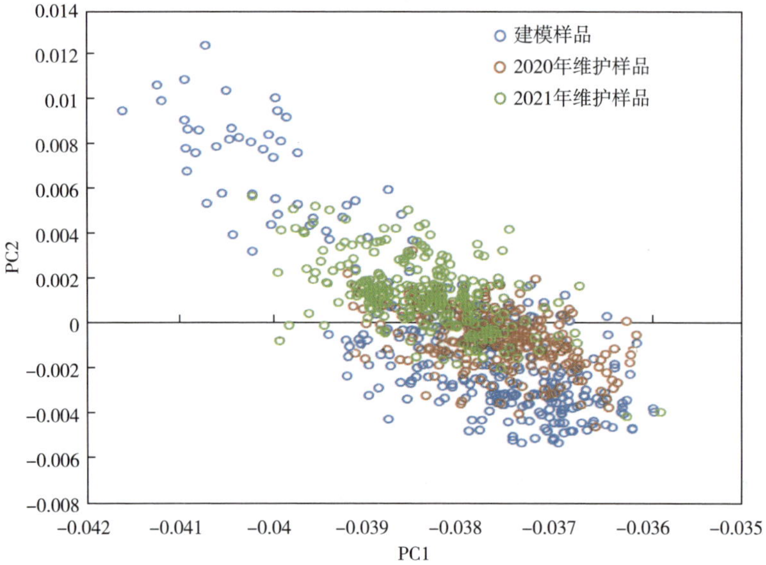

图 4-10　成品烟丝 6%~8%含水率模型样品主成分分布图

表 4-8 给出了模型维护后决定系数 R^2 的统计，按照本章第二节方法判定预测模型的优、良、中、差，至 2021 年预测模型经过连续两年维护后，热电

和布鲁克两个品牌近红外光谱仪，初烤烟叶/复烤片烟：优等模型 33 个、32 个，良等模型 18 个、20 个，中等模型 11 个、9 个，合计比例分别为 88.6% 和 87.1%；醇化片烟：优等模型 40 个、36 个，良等模型 13 个、17 个，中等模型 8 个、9 个，合计比例分别为 87.1% 和 88.6%；卷烟烟丝：优等模型 19 个、20 个，良等模型 33 个、34 个，中等模型均为 11 个，合计比例分别为 90.0% 和 92.9%。表明维护后的预测模型维持了良好的预测准确性。

表 4-8　　模型维护后决定系数（R^2）统计　　单位：个

仪器类型		热电			布鲁克		
模型年份		2019 年	2020 年	2021 年	2019 年	2020 年	2021 年
初烤烟叶/复烤片烟	≥0.9	25	34	33	28	33	32
	0.8~0.9	23	17	18	24	18	20
	0.7~0.8	13	13	11	10	13	9
	<0.7	9	6	8	8	6	9
醇化片烟	≥0.9	32	38	40	35	37	36
	0.8~0.9	26	17	13	25	18	17
	0.7~0.8	4	6	8	3	7	9
	<0.7	8	9	9	7	8	8
卷烟烟丝	≥0.9	34	25	19	45	26	20
	0.8~0.9	29	29	33	19	30	34
	0.7~0.8	4	13	11	4	11	11
	<0.7	3	3	7	2	3	5

三、预测模型维护前后的适用性比较

从 3 类建模样品的近红外光谱主成分分布图可以看出，在 2019 年建模样品的基础上经 2020 年、2021 年两次维护后，样品近红外光谱的主成分空间分布逐渐扩大、分布均匀性得到明显改善。为定量评价预测模型维护后适用性的改善程度，以醇化片烟为例进行模型维护前后预测偏差的比较研究，具体方法如下。

（1）2020 年预测模型维护前后比较　从 2020 年筛选出的 289 个模型维护

样品中，按照 KS 序贯算法选出 50 个样品作为外部验证集样品，剩余 239 个样品与 2019 年度 330 个建模样品合并作为校正集样品。以校正集样品建立预测模型，用新建立的预测模型预测验证集样品的化学成分指标。同时，以 2019 年建立的预测模型预测验证集样品。

（2）2021 年预测模型维护前后比较　从 2021 年筛选出的 260 个模型维护样品中，按照 KS 序贯算法选出 50 个样品作为外部验证集样品，剩余 210 个样品与 2019 年建模样品 330 个、2020 年模型维护样品 289 个合并作为校正集样品，以校正集样品建立预测模型，预测验证集样品。同时，以 2020 年第一次维护的预测模型预测验证集样品。以上两种比较，均计算验证集样品各化学成分指标与化学分析结果的 RMSEP。

从表 4-9 可以看出，2020 年第一次预测模型维护，在 70 个化学成分指标中，63 个化学成分指标的 RMSEP 小于或明显小于 2019 年度预测模型，6 个化学成分指标的 RMSEP 接近，说明 2020 年预测模型维护后的适用性明显改善；2021 年第二次维护预测模型，67 个化学成分指标的 RMSEP 小于或明显小于 2020 年第一次维护预测模型，3 个指标的 RMSEP 接近，说明预测模型进行第二次维护后适用性得到进一步的明显改善。

表 4-9　　验证集样品 RMSEP 对比表

序号	指标	2020 年第一次维护		2021 年第二次维护	
		2019 年模型	2020 年模型	2020 年模型	2021 年模型
1	总植物碱	0.405	0.328	0.4	0.138
2	水溶性还原糖	3.96	1.88	1.52	0.912
3	总糖	3.96	2.35	1.75	0.779
4	总氮	0.29	0.253	0.0982	0.0792
5	钾	0.273	0.232	0.201	0.128
6	氯	1.55	0.773	0.681	0.539
7	pH	0.528	0.416	0.191	0.119
8	淀粉	1.03	0.456	0.44	0.267
9	二氯甲烷提取物	0.775	0.452	0.342	0.295
10	茄尼醇	2.56	1.53	1.44	1.05
11	硫酸根	2.64	1.78	1.77	1.42

续表

序号	指标	2020 年第一次维护		2021 年第二次维护	
		2019 年模型	2020 年模型	2020 年模型	2021 年模型
12	磷酸根	0. 759	0. 668	0. 774	0. 596
13	镁	0. 118	0. 0881	0. 101	0. 0573
14	钙	0. 55	0. 406	0. 4	0. 317
15	新绿原酸	0. 432	0. 295	0. 146	0. 133
16	绿原酸	2. 25	1. 61	1. 15	0. 89
17	隐绿原酸	0. 466	0. 391	0. 198	0. 147
18	莨菪亭	0. 0996	0. 0756	0. 0697	0. 0579
19	芸香苷	2. 18	1. 68	1. 13	1. 02
20	乙二酸	1. 79	1. 6	1. 27	1. 06
21	丙二酸	0. 365	0. 321	0. 304	0. 189
22	丁二酸	0. 0618	0. 0392	0. 0477	0. 039
23	苹果酸	9. 69	8. 59	4. 55	3. 16
24	柠檬酸	1. 39	1. 02	1. 57	1
25	香草酸	0. 0185	0. 0199	0. 0236	0. 0111
26	十四酸	0. 0235	0. 0183	0. 0229	0. 0117
27	十六酸	0. 343	0. 308	0. 102	0. 12
28	亚油酸	0. 203	0. 147	0. 188	0. 162
29	油酸+亚麻酸	0. 497	0. 383	0. 305	0. 247
30	十八酸	0. 0599	0. 0564	0. 0305	0. 0338
31	二十酸	0. 017	0. 0155	0. 00809	0. 00777
32	天冬氨酸	81. 7	88. 3	107	47. 3
33	苏氨酸	32. 8	23. 6	11. 2	11
34	丝氨酸	65. 5	52. 2	63. 1	37. 8
35	天冬酰胺	575	448	254	203
36	谷氨酸	69. 3	55. 3	37. 3	27. 6
37	谷酰胺	303	187	287	161
38	甘氨酸	9. 03	7. 24	9. 16	4. 15

续表

序号	指标	2020 年第一次维护		2021 年第二次维护	
		2019 年模型	2020 年模型	2020 年模型	2021 年模型
39	丙氨酸	79.3	56.1	53.8	41.9
40	缬氨酸	64.5	50.2	68.7	35.2
41	胱氨酸	25.9	27.5	40.8	27
42	甲硫氨酸	7.57	3.77	4.7	3.83
43	异亮氨酸	8.08	5.79	5.15	3.44
44	亮氨酸	5.22	4.17	4.62	3.59
45	酪氨酸	17.3	11.9	26.2	9.61
46	苯丙氨酸	57.6	52.9	39	30.8
47	4-氨基丁酸	34.5	25.7	20	19.3
48	赖氨酸	15.7	9.08	6.65	5.17
49	组氨酸	44.3	27.8	16.2	16.1
50	色氨酸	49.6	41.1	36.5	23.7
51	精氨酸	12.6	12.7	9.95	7.67
52	脯氨酸	2120	1540	1430	725
53	Glu-An	95.4	64.7	78.3	38.9
54	Fru-Amb	1140	550	764	379
55	Fru-His	24.3	15.3	10.8	8.35
56	Fru-Pro	1540	1880	1460	1140
57	Fru-Val	72.3	67.9	48.1	38.1
58	Fru-Thr	5.68	5.64	3.43	3.02
59	Fru-Gly	7.26	5.05	4.85	3.59
60	Fru-Ala	438	395	299	274
61	Fru-Asn	854	780	749	657
62	Fru-Asp	269	279	251	229
63	Fru-Gln	452	375	445	379
64	Fru-Glu	135	130	108	100
65	Fru-Ile	13	11.6	7.81	7.61

续表

序号	指标	2020 年第一次维护		2021 年第二次维护	
		2019 年模型	2020 年模型	2020 年模型	2021 年模型
66	Fru-Leu	23. 4	16. 5	14. 7	15
67	Fru-Tyr	24. 7	23. 8	21. 4	12. 9
68	Fru-Phe	236	164	198	133
69	Fru-Trp	151	111	117	89. 7
70	新植二烯	0. 142	0. 151	0. 214	0. 205

连续 2 年的预测模型维护对比数据清晰表明，预测模型经过不断维护，预测偏差明显减小，预测模型的适用性持续、明显增强。预测模型维护应当作为一项重要的工作持续进行，直至适用性相对稳定后，再转入建模样品有进有出的成熟状态。

第五章 近红外烟草化学成分指标预测模型转移

由于光学系统和元器件的微小差异，在一台近红外光谱仪上构建的预测模型并不能直接应用到另外一台近红外光谱仪上，必须进行模型转移。预测模型转移能够避免烦琐重复的建模过程，实现预测模型利用的最大化，实现分析数据的统一可比，对大数据积累与分析挖掘具有重要意义。

一般来说，同品牌近红外光谱仪的光学系统相同、元器件相同，仪器之间的差异主要是光学系统安装上的细微差别和元器件质量波动，模型转移效果相对较好。不同品牌的近红外光谱仪，光学系统、元器件均不相同，近红外光谱差异大，难以获得满意的转移效果。鉴于此，以热电和布鲁克 2 种主流机型分别建立近红外预测模型，能够在全行业顺利进行高质量模型转移，实现全行业近红外分析数据的统一可比。

模型转移涉及若干算法，需要通过研究加以确定，模型转移需要通过评价确认达到满意的效果。对布鲁克品牌近红外光谱仪模型转移效果不好的问题，需要探究内在原因，找出完善的解决方案。

第一节　模型转移方法对比研究

预测模型转移方法可以分为 3 类，基于光谱校正、基于模型系数校正和基于预测值校正。基于光谱校正的转移方法是模型转移方法的一个大类，也是目前研究最多的一类转移方法，其技术核心是通过寻找两台仪器光谱之间的差异，建立相应的转移函数关系式。光谱校正算法很多，常见的有单波长点校正算法（Single Wavelength Standardization，SWS）、典型相关分析法（Canonical Correlation Analysis，CCA）、直接校正法（Direct Standardization，DS）、分段直接校正法（Piecewise Direct Standardization，PDS）和 ST 等。基于模型系数校正的转移方法是对在主机建立的预测模型针对子机进行校正，使校正后的模型能够用于子机光谱的预测分析，常见的校正方法包括简单校正法和正则化校正法等。基于预测值校正的转移方法是直接使用主机的预测模型对子机光谱进行预测分析，然后对分析结果进行校正以获得正确结果，斜率和偏差校正（Slope and Bias Correction，SBC）算法是这一类算法的代表。

在上述3类转移方法中，转移效果最好的是光谱校正法。这类方法需要采用一组代表性样品，通过算法建立主机光谱与子机光谱之间的函数关系，把子机光谱校正为主机光谱，以这样一种方式实现子机使用主机预测模型的目的。建立主机光谱与子机光谱之间的函数关系后，因为主机和子机的光学系统、元器件均没有发生变化，光谱之间的函数关系也不会发生改变，所以主机预测模型经维护发生变化时，不需要再次进行模型转移。也就是说，采用这种转移方式，一次转移可以持续有效。当然，如果子机光源或其他元器件因维修而发生变化时，它们之间的光谱函数关系可能会发生改变，这时就需要再次转移。光谱校正法利于网络化连接的仪器群，对于直接利用近红外光谱图进行数据分析而不使用化学成分预测模型的应用场景，这种方法也可以将子机群的光谱统一到可比基础之上，具有很大优势。

一、分段直接校正法及转移效果评价

分段直接校正法是在直接校正法的基础上发展而来的一种方法。与常见的单波长点校正类似，直接校正法认为两台仪器测得的光谱之间存在线性关系，直接校正法假设这种线性关系体现在整条光谱上，也就是说仪器A测得的光谱x_A上任意一个波长点i的吸收值$\boldsymbol{x}_{A,i}$与仪器B上测得的光谱x_B之间存在关系如式（5-1）所示：

$$\boldsymbol{x}_{A,\ i} = x_B \boldsymbol{f} \tag{5-1}$$

式中　$\boldsymbol{f}$——转换矩阵。

只要计算出转移矩阵$\boldsymbol{f}$，仪器B的光谱就可以使用式（5-1）转换成为仪器A的光谱，以此实现模型转移。一般情况下，直接校正法使用一组训练集光谱，然后采用偏最小二乘回归或主成分回归计算得到矩阵$\boldsymbol{f}$，用于光谱的转移。这种方法不仅可以校正两台仪器光谱的吸收值差异（纵向差异），还可以校正光谱峰的宽度差异（横向差异），优势十分明显。但是，该方法假设仪器A光谱的任意波长点吸收值与仪器B的整条光谱存在线性关系，这种假设在很多情况下并不存在，因此该方法必须进行改进。

许多模型转移校正的应用实例表明，2台仪器之间的线性关系往往只局限在很小区域内。在分段直接校正法中，仪器A测得光谱x_A上任意一个波长点i

的吸收值 $\boldsymbol{x}_{A,i}$ 仅与仪器 B 上测得光谱 x_B 上对应波长点 i 附近的一个小窗口内波长点的响应值相关，可按式（5-2）计算：

$$\boldsymbol{x}_{A,\ i} = \boldsymbol{x}_{B,\ i \pm k/2}\boldsymbol{f} \tag{5-2}$$

式中　x_B——波长点 i 附近的一个小窗口内的响应值；

k——窗口宽度；

$\boldsymbol{f}$——转移矩阵。

与直接校正法一样，通过指定训练集光谱，使用偏最小二乘回归或主成分回归进行计算，可以得到转移矩阵 $\boldsymbol{f}$。不断移动窗口，就可以将仪器 B 的光谱全部校正转移为仪器 A 的光谱。采用对称窗口对波长偏移不明显的光谱效果较好，采用不对称窗口对波长有偏移的光谱具有优势。由于在分段直接校正法中引入了移动窗口，因此光谱边缘的信息将被移除或者需要外推进行估算。

分段直接校正法充分考虑了光谱的局部特性和多元校正优势，具有良好的模型转移效果，获得了广泛的应用，出现了许多改进和衍生方法，如 Shenks 算法、连续分段直接校正法（Continuous Piecewise Direct Standardization，CPDS）、小波分段直接校正法（Wavelet Piecewise Direct Standardization，WPDS）等。

尽管分段直接校正法具有明显的优势，但也存在一些问题。如计算转移矩阵 $\boldsymbol{f}$ 时主成分回归或偏最小二乘回归模型中因子数的选择不当会导致过拟合，使得转移光谱出现假峰，以及不同窗口因子数的选择不同而造成转移光谱不连续等问题。

选用一组初烤烟叶样品，采用 2 台热电近红外光谱仪，探索基于 Shenks 算法的自适应分段直接校正法（Adaptive Piecewise Direct Standardization，Ada-PDS），验证近红外光谱预测模型转移应用效果。

假设一台仪器为主机，另一台仪器为子机。使用 KS 分组将样品分为训练集和预测集，定量指标为总氮含量，计算窗口宽度设为 10。图 5-1 为样品集中一个样品在 2 台光谱仪采集的光谱以及转移光谱，图 5-2 为主机、子机及子机转移光谱的主成分分布图。通过比较可以看出，子机光谱转移后与主机光谱非常相似。

预测结果是评价模型转移效果的重要指标。主机光谱、子机光谱、子机转移光谱的 RMSEP 分别是 0.0793、1.0495 和 0.0964。转移前，子机光谱与

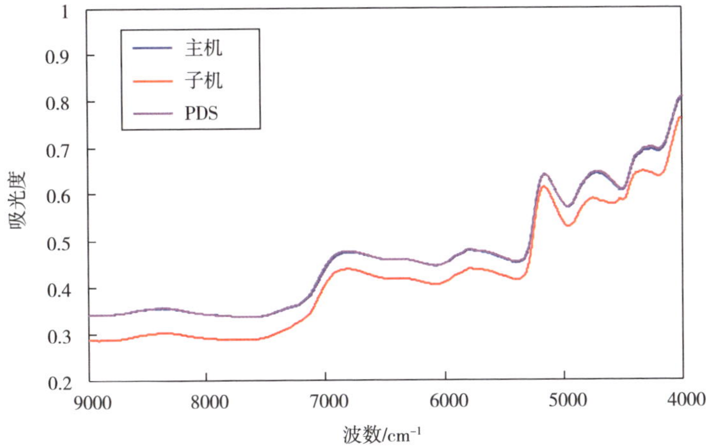

图 5-1　初烤烟叶样品主机、子机及 PDS 转移光谱

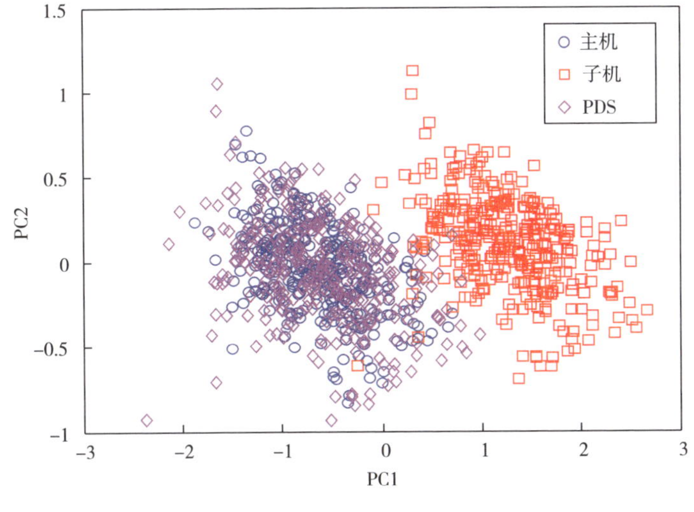

图 5-2　初烤烟叶样品主机、子机及 PDS 转移光谱主成分分布图

主机光谱预测结果的 RMSEP 比值为 1.0495/0.0793≈13.23，说明子机光谱不能直接使用主机预测模型。光谱转移后，子机转移光谱与主机光谱预测结果的 RMSEP 比值变为 0.0964/0.0793≈1.22，说明子机转移光谱预测结果与主机光谱预测结果非常接近，转移效果良好。图 5-3 是预测残差图（即预测值-化学值），子机光谱转移前的预测结果与化学分析值呈现系统性偏差，转移后预测结果与主机光谱非常接近，两值与化学分析值之间的差值在 0 的上下呈现正常的随机变化，转移效果令人满意。

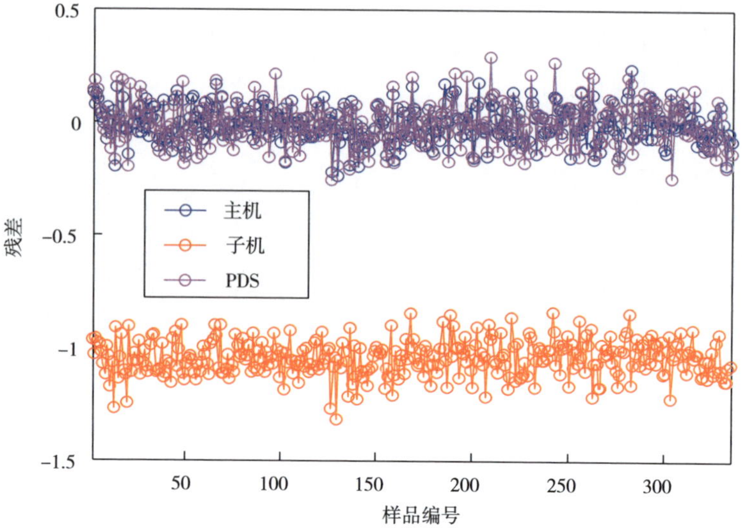

图 5-3　初烤烟叶样品主机、子机及 PDS 转移光谱总氮预测残差图

二、光谱空间变换法及转移效果评价

光谱空间变换最早由 Chen 等于 2011 年提出。对于仪器 A 和 B 上测量得到的光谱 X_A 和 X_B，可以将它们首尾拼接在一起，得到组合光谱矩阵 $\boldsymbol{X}$：

$$\boldsymbol{X} = [X_A\ X_B] \tag{5-3}$$

对 $\boldsymbol{X}$ 进行主成分分析，可以得到：

$$\boldsymbol{X} = \boldsymbol{T}[\boldsymbol{P}'_A,\ \boldsymbol{P}'_B] + E \tag{5-4}$$

式中　$\boldsymbol{T}$——光谱得分矩阵；

$\boldsymbol{P}'_A$，$\boldsymbol{P}'_B$——载荷矩阵子矩阵；

E——光谱噪声。

此外，根据朗伯-比尔定律，$\boldsymbol{X}$ 可按式（5-5）计算：

$$\boldsymbol{X} = \boldsymbol{C}[\boldsymbol{S}'_A,\ \boldsymbol{S}'_B] + E \tag{5-5}$$

式中　$\boldsymbol{C}$——样品中化学成分的浓度矩阵；

$\boldsymbol{S}'_A$，$\boldsymbol{S}'_B$——样品在仪器 A 和 B 上对应的纯光谱矩阵。

通过比较式（5-4）和式（5-5）可以发现，2 台仪器之间的差异主要体现为纯光谱之间的差异，如果校正了纯光谱之间的差异，就可以实现模型转移，相当于校正载荷矩阵 $\boldsymbol{P}'_A$ 和 $\boldsymbol{P}'_B$ 之间的差异，即：

$$X_A - X_B = \boldsymbol{T}(\boldsymbol{P}'_A - \boldsymbol{P}'_B) = X_B(\boldsymbol{P}'_B)^{-1}(\boldsymbol{P}'_A - \boldsymbol{P}'_B) \tag{5-6}$$

整理式（5-6），得式（5-7）：

$$X_A = X_B + X_B(\boldsymbol{P}'_B)^{-1}(\boldsymbol{P}'_A - \boldsymbol{P}'_B) \tag{5-7}$$

通过式（5-7）的计算，仪器 B 的光谱就被转移成为仪器 A 的光谱。与分段直接校正法相比，光谱空间变换法避免了复杂的窗口大小选取和光谱边缘问题。同时，光谱空间变换法中主成分数确定也相对简单，仅需考察组合光谱矩阵 $\boldsymbol{X}$ 奇异值分解所得奇异值的大小，便可确定主成分数。因此，光谱空间变换法在一定程度上回避了分段直接校正法中因子数难以确定的问题。

为考察光谱空间变换法在烟叶近红外光谱模型转移中的应用效果，选用上述相同样品集进行考察，光谱空间变换法因子数取 1。

图 5-4～图 5-6 分别为转移前后的光谱比较、主成分分布比较及预测残差比较。主机光谱、子机光谱、子机转移光谱预测结果的 RMSEP 分别为 0.0793、1.0495 和 0.0843。转移前，子机光谱与主机光谱预测结果的 RMSEP 比值为 1.0495/0.0793≈13.23，转移后变为 0.0843/0.0793≈1.06，转移光谱的预测结果与主机光谱的预测结果非常接近。

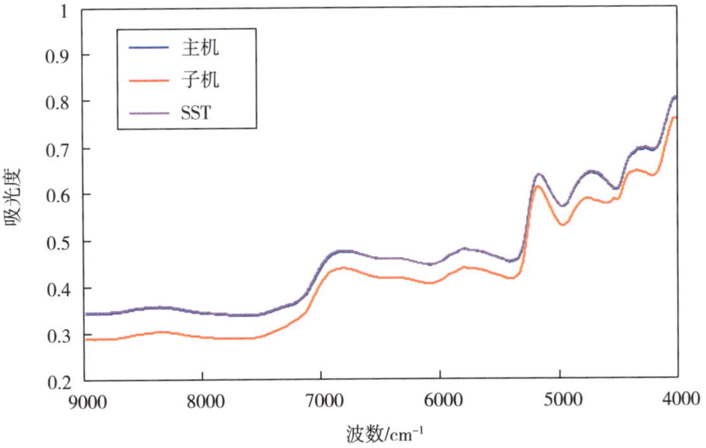

图 5-4　初烤烟叶样品主机、子机及 SST 转换光谱

对比转移光谱预测结果与主机光谱预测结果的 RMSEP 比值，分段直接校正法为 1.22，光谱空间变换法为 1.06，光谱空间变换法结果略优于分段直接校正法。因此，模型转移优选光谱空间变换法。

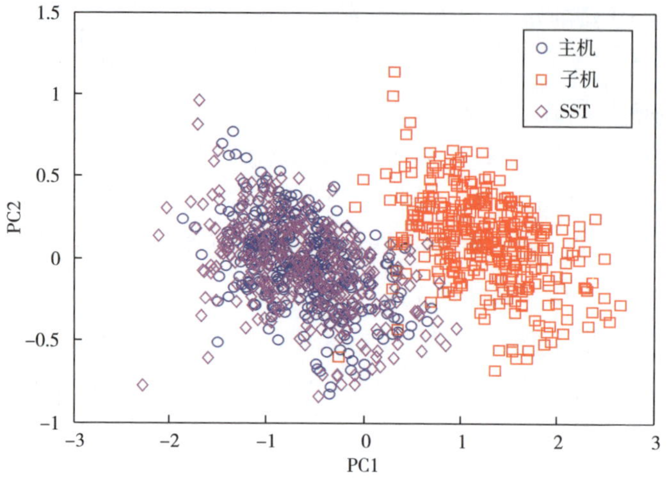

图 5-5 初烤烟叶样品主机、子机及 SST 转移光谱主成分分布图

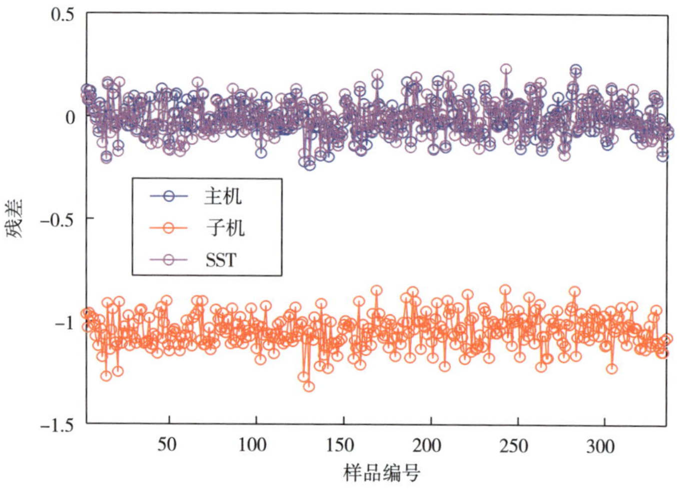

图 5-6 初烤烟叶样品主机、子机及 SST 转移光谱总氮预测残差图

第二节 光谱波数不一致光谱转移研究

在进行近红外预测模型转移研究的过程中，观察到一个现象，热电品牌近红外光谱仪的模型转移效果较好，布鲁克品牌的转移效果普遍较差。

通过仔细分析查找 2 个品牌光谱仪的差异，从表 5-1 发现，考察的 3 台热电品牌近红外光谱仪，数据点总数、每个数据点对应波数（即波长）、最大波数、最小波数均相同；3 台布鲁克 1 代近红外光谱仪，数据点总数相同，但每个数据点对应的波数不能一一对应，最大波数、最小波数均不同；3 台布鲁克 2 代近红外光谱仪，数据点总数不同，每个数据点对应的波数不能一一对应，最大波数、最小波数均不同。

表 5-1　　两种品牌近红外光谱仪的光谱波数比较

光谱仪		数据点总数/cm^{-1}	最大波数/cm^{-1}	最小波数/cm^{-1}
热电	仪器 1	1557	10001.0	3999.64
	仪器 2	1557	10001.0	3999.64
	仪器 3	1557	10001.0	3999.64
布鲁克 1 代	仪器 4	1555	9993.26	3999.62
	仪器 5	1555	9993.80	3999.84
	仪器 6	1555	9994.04	3999.93
布鲁克 2 代	仪器 7	1459	9992.86	3999.61
	仪器 8	1456	9994.29	3997.71
	仪器 9	1500	9996.00	4000.00

由此推断，布鲁克品牌光谱仪之间的模型转移效果普遍较差，主要原因为近红外光谱仪之间数据点总数、每个数据点对应波数、最大波数、最小波数 4 个方面的差异。

针对布鲁克品牌近红外光谱仪存在的问题，通过插值的方法将这些差异全部调整一致，也就是将光谱的横坐标调整变换一致，然后再进行光谱空间变换法转移调整纵坐标，能够将主机与子机的光谱差异全部调整一致，最终获得良好的模型转移效果。

在考虑具体的插值方法时，结合第四章第二节建立近红外烟草化学成分指标预测模型过程，对近红外光谱的平滑处理采用 SG 平滑方法。SG 平滑的原理是将光谱分为很多个小段，在每小段光谱中采用多项式函数进行近似值的拟合，然后用拟合计算出的每个波长点对应的光谱吸收代替原始光谱，从而达到平滑光谱吸收值的目的。

通过 SG 平滑，可以拟合获得连续波长下的漫反射光吸收值，但之前只利用了拟合出的漫反射光吸收值（即纵坐标）而没有使用拟合出的波长值（即横坐标）。目前，可以使用 SG 拟合出的连续光谱，将子机光谱转移成与主机光谱横坐标完全一致的光谱。为此，研究人员提出了集光谱平滑与波长校正于一体的 SG-Insert 插值法。

SG-Insert 插值法首先采用 SG 对原始光谱进行平滑求导，即先选择窗口宽度（需要平滑的点数），然后选择多项式函数的阶数，再对拟合的平滑多项式函数进行求导，计算出需要波长插值的对应光谱吸收。SG-Insert 插值法把波长插值融合到数据预处理过程中，既保留了原始光谱的变化趋势，又将子机光谱横坐标平滑插到主机光谱，具有相同的波长点。在横坐标对齐后，再进行模型转移、预测烟草化学成分含量。

SG 平滑求导是一种卷积滑动窗口的加权平均算法，设滤波窗口宽度为 $w=2i+1$，窗口内数据点为 $P(x)$，x 的取值为 $[-i, \cdots, 0, \cdots, i]$，对于窗口内的数据，构造一个 n 阶多项式进行拟合，得到 $f(x)$ 表达式（5-8）：

$$f(x) = c_{n0} + c_{n1}x + c_{n2}x^2 + \cdots + c_{nn}x^n = \sum_{k=0}^{n} c_{nk}x^k \quad (5\text{-}8)$$

式中 $[c_{n0}, c_{n1}, \cdots, c_{nn}]^T$——多项式的待定系数。

经过最小二乘拟合，得到残差 E 表达式（5-9）：

$$E = \sum_{x=-i}^{i} [f(x) - P(x)]^2 = \sum_{x=-i}^{i} \left[\sum_{k=0}^{n} c_{nk}x^k - P(x)\right]^2 \quad (5\text{-}9)$$

为使残差 E 趋于最小，将式（5-9）中各项系数导数 E_z 设为 0，$z=(0, 1, 2, 3\cdots n)$，得到式（5-10）：

$$E_z = \frac{\partial E}{\partial c_{nz}} = 2\sum_{x=-i}^{i} \left[\sum_{k=0}^{n} c_{nk}x^k - P(x)\right] x^z = 0 \quad (5\text{-}10)$$

化简得到式（5-11）：

$$\sum_{k=0}^{n} c_{nk} \sum_{x=-i}^{i} x^{k+z} = \sum_{x=-i}^{i} P(x)\, x^z \quad (5\text{-}11)$$

当滑动窗口大小与平滑阶数固定，如需求导，将式（5-11）做相应阶数的导数，将待拟合窗口 $[P(-i), \cdots, P(0), \cdots, P(i)]$ 内数据代入，可求得多项式待定系数 $[c_{n0}, c_{n1}, \cdots, c_{nn}]^T$。如图 5-7 所示，为便于展示，设平滑窗口 $w=5$，每次求解窗口内第 $w/2=3$ 个位置的平滑多项式（如空心圆点为窗口中心点，求得距离其最近的红色插值），随着卷积核窗口以步长为 1 向右平移，平滑多项式求得下一个窗口中心点位置的平滑后数值。本章将已知光谱波长点的对应数值 x_i 与最邻近待预测波长点对应数值 x_j 进行等比例缩放得到比例系数 $m = x_i/x_j$，根据已知波长点值的位置 y_i，求得待预测波长点的相

对位置 $y_j = y_i \cdot m$，将 y_j 代入到平滑多项式 $F(x)$ 中求解，得到待预测波长点的数据值。经过卷积核窗口的滑动，最终得到平滑插值后的光谱数据列表 $[F(y_0), F(y_1), \cdots, F(y_n)]$。

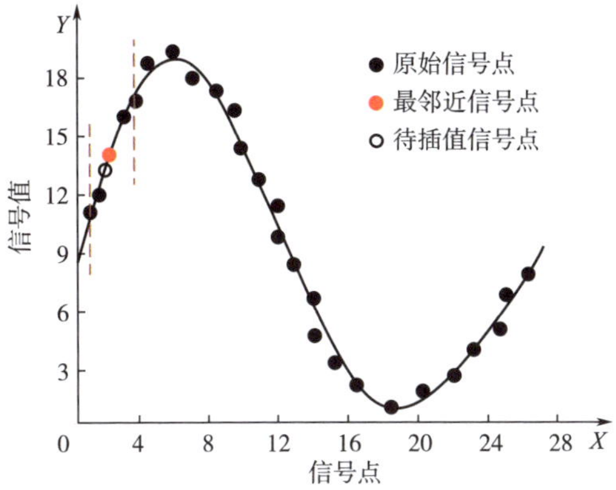

图 5-7　平滑插值（SG-Insert）原理图（$w = 5$）

图 5-8 是仪器 8 光谱采用 SG-Insert 平滑插值后的光谱图。插值前，光谱波数是 9994.29~3997.71cm^{-1}，共计 1456 个数据点。平滑插值后，光谱波数调整为与主机一致的 9993.88~3999.86cm^{-1}，1555 个数据点、每个数据点对应的波数也与主机完全对齐。从 5290~5200cm^{-1}波段的放大图可以清晰看出，插值前后光谱吸收曲线完全重合，未因差值而发生变化。

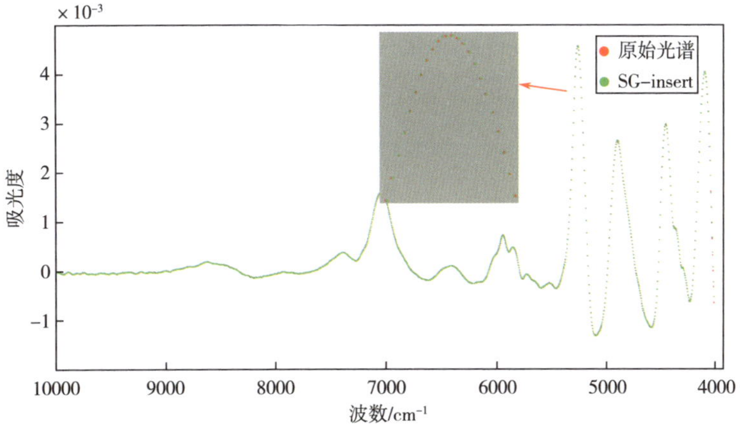

图 5-8　SG-Insert 插值前后光谱图

第三节　近红外预测模型转移及评价

在前文研究的基础上，对行业近红外光谱仪用户开展化学成分指标预测模型的转移，模型转移按品牌进行，即热电和布鲁克 2 种品牌。

预测模型转移采用带标转移。在 2019 年预测模型建立之后，采用 KS 序贯法对 3 类建模样品分别进行代表性排序，按照排序结果取一半建模样品作为模型转移样品。初烤烟叶/复烤片烟模型转移样品 200 个，醇化片烟模型转移样品 165 个，卷烟烟丝模型转移样品 141 个。

根据用户使用需求转移相应模型。烟草工业企业一般需要初烤烟叶/复烤片烟、醇化片烟和卷烟烟丝全部 3 类样品预测模型，复烤企业和烟叶研究单位一般只需要初烤烟叶/复烤片烟预测模型。为规范行业用户的近红外光谱采集、保证模型转移效果，采用到场转移的方式，在检查实验室环境、近红外光谱仪正常后，安装本研究开发的烟草近红外数据库系统客户端，对用户工作人员进行半天到 1 天的使用培训，确保近红外分析工作严格按照《烟草及烟草制品近红外光谱采集规范》的规定执行。

采集模型转移样品的近红外光谱后，采用研究建立的预测模型转移算法，建立主机与子机之间的函数关系，结果按照子机光谱仪入网编号存储在烟草近红外数据库系统。日常近红外分析时，烟草近红外数据库系统根据样品编码中的仪器识别码段调用相应转移模型，预测出的化学成分指标结果由网络传送至相应的客户端。

向热电品牌近红外光谱仪转移了 57 套预测模型，向布鲁克品牌近红外光谱仪转移了 61 套预测模型。二者合计，截至目前本研究共向行业 49 台近红外光谱仪转移 118 套预测模型。RMSEP 是衡量预测模型预测结果准确性的常用指标，因此可以用子机与主机的 RMSEP 比值指示预测模型的转移效果，比值越小，说明预测模型的转移效果越好，结果如表 5-2 所示。可以看出，热电品牌大部分化学成分指标的 RMSEP 比值小于 1.5；采用 SG-Insert 插值法对布鲁克（2 代）插值后，预测模型转移效果与热电品牌类似；布鲁克（1 代）稍差于热电品牌，说明布鲁克（1 代）的误差较大。

表 5-2　　子机与主机的 RMSEP 比值

序号	指标	热电	布鲁克（1代）	布鲁克（2代）
1	总植物碱	1.13	1.21	1.53
2	水溶性还原糖	1.19	1.27	1.89
3	总糖	0.79	0.87	1.82
4	总氮	0.99	1.04	1.38
5	钾	2.00	1.42	1.22
6	氯	0.17	0.16	1.28
7	pH	0.98	1.60	1.93
8	淀粉	1.24	2.59	2.33
9	二氯甲烷提取物	0.94	1.19	1.03
10	茄尼醇	1.22	1.09	1.00
11	硫酸根	1.42	1.38	1.32
12	磷酸根	0.95	1.04	0.96
13	镁	0.94	1.95	1.21
14	钙	0.76	0.84	1.22
15	新绿原酸	1.13	1.55	1.13
16	绿原酸	1.46	1.67	1.17
17	隐绿原酸	1.09	1.54	1.47
18	莨菪亭	1.05	1.36	1.25
19	芸香苷	1.27	1.60	1.26
20	乙二酸	0.51	0.71	1.02
21	丙二酸	1.23	1.30	1.15
22	丁二酸	1.07	1.52	1.21
23	苹果酸	0.68	0.76	1.00
24	柠檬酸	1.13	1.56	1.08
25	香草酸	0.89	1.12	1.00
26	十四酸	1.10	1.34	1.17
27	十六酸	0.74	0.85	1.16

续表

序号	指标	热电	布鲁克（1代）	布鲁克（2代）
28	亚油酸	1.03	1.28	1.15
29	油酸+亚麻酸	1.23	1.37	1.15
30	十八酸	0.75	0.89	1.05
31	二十酸	0.79	0.95	1.02
32	天冬氨酸	1.56	1.79	1.29
33	苏氨酸	1.32	1.58	1.08
34	丝氨酸	1.17	1.36	1.19
35	天冬酰胺	1.68	1.62	1.41
36	谷氨酸	1.49	1.49	1.01
37	谷酰胺	1.65	1.69	1.07
38	甘氨酸	1.42	1.10	1.32
39	丙氨酸	1.21	1.49	1.47
40	缬氨酸	1.21	1.38	1.24
41	胱氨酸	1.31	2.00	1.32
42	甲硫氨酸	0.95	1.09	1.12
43	异亮氨酸	1.09	1.10	0.93
44	亮氨酸	1.10	1.38	1.03
45	酪氨酸	1.17	1.39	1.24
46	苯丙氨酸	1.34	1.49	1.38
47	4-氨基丁酸	1.03	1.49	1.40
48	赖氨酸	1.40	1.77	1.49
49	组氨酸	1.46	1.92	1.45
50	色氨酸	1.13	1.64	1.39
51	精氨酸	0.94	1.11	1.07
52	脯氨酸	1.28	1.15	1.11
53	Glu-An	1.23	1.37	1.51
54	Fru-Amb	0.89	0.88	1.15

续表

序号	指标	热电	布鲁克（1代）	布鲁克（2代）
55	Fru-His	1.23	1.38	1.38
56	Fru-Pro	0.77	0.86	1.08
57	Fru-Val	0.95	1.08	0.93
58	Fru-Thr	1.09	1.42	1.17
59	Fru-Gly	0.83	1.05	1.02
60	Fru-Ala	0.91	0.95	1.00
61	Fru-Asn	0.87	1.08	1.12
62	Fru-Asp	0.86	1.05	0.94
63	Fru-Gln	1.16	1.36	1.07
64	Fru-Glu	1.09	1.58	1.12
65	Fru-Ile	1.01	1.21	0.96
66	Fru-Leu	0.88	1.06	0.92
67	Fru-Tyr	1.12	1.46	0.98
68	Fru-Phe	1.24	1.48	1.15
69	Fru-Trp	1.15	1.75	1.02
70	新植二烯	1.06	1.70	1.04
	<1	24	11	7
	1~1.5	42	39	57
	1.5~2.0	4	19	5
	>2.0	0	1	1

第六章
烟草近红外数据库系统平台建立

为了构建烟草近红外数据库，建立了烟草行业近红外数据库系统。烟草近红外数据库系统的建立，可以实现：①对各个子机的预测模型进行有效的管理，及时把年度维护模型转移至各个用户，从而把研究建立的3种样品类型的烟草化学成分指标和烟气常规指标共计843个预测模型的效力充分发挥出来，更好地服务于行业工农业生产和科研活动；②采用统一的样品编码规则规范数据格式，实现近红外光谱在线采集与实时传输、近红外光谱质量监控、化学成分指标结果回传、数据分发管理，满足各个用户直接的分析需求和行业科研大数据的积累需求；③将行业众多近红外光谱仪用户产生的大量烟草和烟草制品近红外分析数据积累并管理起来，更好地服务于行业用户；④与其他子系统平台进行数据交互，使烟草行业各个科研大数据子系统的数据连为一体，促进烟草的数字化研究。

第一节　烟草近红外数据分析编码规则制订

在充分掌握烟草行业编码规则、其他行业相关编码规则和各中烟公司近红外分析编码规则的基础上，确定近红外分析样品编码所涵盖要素，如样品身份信息（样品类型、烟叶年份、产地、品种、等级、模块等）、光谱采集信息（采集单位、采集时间、采集流水号）、仪器信息（仪器型号、归属信息代号）、近红外预测模型基础信息（标样信息、模型适用范围）等，然后设置各要素的数字编码。在满足各单位必要的保密需求上，形成统一的烟草及烟草制品近红外分析编码规则。

一、相关编码规则调研

收集行业有关烟叶编码、卷烟代码的相关标准和卷烟工业企业样品编码规则，掌握行业近红外分析编码要求及现状，相关情况如下。

1. 行业相关编码标准

共收集国家和行业相关编码标准 8 项，主要如下。

（1）GB/T 2260—2000《中华人民共和国行政区划代码（含第 1 号修改单）》。

（2）YC/T 210. 1—2006《烟叶代码 第 1 部分：烟叶分类与代码》。

（3）YC/T 210. 3—2006《烟叶代码 第 3 部分：烟草品种代码》。

（4）YC/T 210. 4—2006《烟叶代码 第 4 部分：烟叶部位代码》。

（5）YC/T 210. 6—2006《烟叶代码 第 6 部分：烟叶等级代码》。

（6）YC/T 190—2005《烟草行业组织机构代码编制规则》。

（7）YC/T 200—2006《卷烟名称编制规则》。

（8）YC/T 414—2011《烟用标准样品编码规则》。

这些编码规则为全面识别烟叶产地、品种、部位、等级以及卷烟信息提供了重要依据，可以作为近红外分析样品编码的重要组成部分。

2. 行业企业近红外样品编码规则

调研行业部分卷烟工业公司（8 家）和复烤企业（18 家）近红外编码规则。通过分析梳理发现，各单位原料编码要求差异较大，普遍采用阿拉伯数字或字母作为要素代码，个别企业采用汉字代码，涉及的要素也不尽相同，主要包括：年份、产地、品种、部位、等级、烟叶形态、烟叶类型、光谱采集单位、光谱采集时间、流水号等，复烤片烟和醇化片烟还包括复烤模块编码信息，卷烟烟丝编码采用特殊标记代码。此外，各中烟公司的代码设计长度存在较大差异。

二、编码的制订

通过梳理行业相关样品代码规则和各卷烟工业企业的近红外分析样品代码编制要求，拟定近红外分析样品编码要素、编制原则和编码码段依据，初步拟定了初烤烟叶、复烤片烟、醇化片烟、成品烟丝、烘后叶丝、掺兑三丝、质量控制样品和科研样品的编码规则。

1. 近红外分析样品编码要素

目前近红外分析样品主要包括：初烤烟叶、复烤片烟、醇化片烟、成品烟丝、烘后叶丝、掺兑三丝、科研样品和质量控制样品 8 大类。针对不同类型样品，确定编码要素，此外，还应包括质量控制样品、建模样品的编码信息等。

2. 编码原则

根据行业相关标准和各中烟公司编码实际，以及编码所涉及的要素，制定了行业近红外分析编码原则。

（1）与行业相关标准代码一致的原则，如品种应采用 YC/T 210. 3—2006《烟叶代码 第 3 部分：烟草品种代码》进行编码，新品种采用“000”代码。

（2）统一采用阿拉伯数字编码。

（3）对于各单位需要保密的信息，预留码段由其自行编码，保证其信息不泄露。

（4）编码的唯一性。

3. 各要素编码码段及依据

根据上述编码要素和编制原则，拟定近红外分析样品编码，如表 6-1 所示。

表 6-1　近红外分析样品编码

序号	要素	初烤烟叶	复烤片烟	醇化片烟	成品烟丝、烘后叶丝和纯叶组配方	掺兑三丝	科研样品	质量控制样品
1	样品类型	2	2	2	2	2	2	2
2	种植年份	4	4	4	—	—	—	—
3	生产日期/制备年份	—	—	—	8	8	—	4
4	烟叶品种	3	—	—	—	—	—	—
5	烟叶等级	2	—	—	—	—	—	—
6	烟叶产地	6	—	—	—	—	—	—
7	复烤模块	—	5	5	—	—	—	—
8	企业编码	5	5	5	5	5	—	—
9	仓库编码	—	—	3	—	—	—	—
10	生产厂家/制作人员	—	—	—	2	2		—
11	卷烟条条码	—	—	—	6	—	—	—
12	样品编号	—	—	—	—	2	4	2
13	仪器编码	3	3	3	3	3	3	3
14	采集时间	14	14	14	14	14	14	14
	合计	39	33	36	40	36	23	25

（1）样品类型 采用2位阿拉伯数字，第一位标识：“1”烟草近红外预测模型测试样品、“2”为科研样品、“3”为质量控制样品、“4”为校正用样品；第二位标识：“0”初烤烟叶、“1”复烤片烟、“2”醇化片烟、“3”成品烟丝、“4”烘后叶丝、“5”纯叶组配方、“6”再造烟叶烟丝、“7”膨胀烟丝、“8”梗丝。

（2）种植年份 采用4位数字，如2019。

（3）生产日期 采用生产年月日，如20190910。

（4）烟叶品种 采用YC/T 210.3—2006《烟叶代码 第3部分：烟草品种代码》的编码要求，如红花大金元代码为“101”。

（5）烟叶等级 采用YC/T 210.6—2006《烟叶代码 第6部分：烟叶等级代码》的编码要求，如中橘一代码为“001”。

（6）烟叶产地 依据GB/T 2260—2007《中华人民共和国行政区划代码（含第1号修改单）》，按照烟叶种植区域进行编码，具体到县。如河南省平顶山市宝丰县所产烟叶，其编码为“410421”。

（7）复烤模块 由各单位自行制订。

（8）企业编码 第一位为识别码，卷烟工业企业代码为“1”，商业公司代码为“2”；然后依据GB/T 2260—2007《中华人民共和国行政区划代码（含第1号修改单）》，按照企业所处的行政区域进行编码。如“云南中烟工业有限责任公司”编码为“15300”，“红塔烟草（集团）有限责任公司”编码为“15304”，“贵阳市烟草公司”编码为“25201”，“遵义市烟草公司”编码为“25203”。

（9）仓库编码 由卷烟工业企业自行编码，应包含仓库所在地及楼层（垛位）信息。

（10）生产厂家/制作人员 生产厂家指成品烟丝和烘后叶丝的具体生产厂家，由各卷烟工业企业对所属的卷烟厂进行2位阿拉伯数字编码；制作人员指纯叶组配方样品制备人员，由各卷烟工业企业制订2位阿拉伯数字编码。

（11）卷烟条条码 成品烟丝、烘后叶丝和纯叶组配方样品对应的卷烟条条码的最后6位阿拉伯数字。

（12）样品编号 由各卷烟工业企业自行制订2位阿拉伯数字。

（13）仪器编码 每台近红外分析仪的唯一性编码，入网时由烟草近红外数据库系统统一指定。

（14）采集时间　近红外光谱采集时间。如 2018 年 3 月 1 日 9 点 18 分 21 秒采集近红外光谱，编码为“20180301091821”。

按照上述要求，制定《烟草及烟草制品近红外分析编码规则》，具体见附录 B。

第二节　烟草近红外数据库系统软件开发

一、总体目标

1. 技术目标

烟草近红外数据库系统开发，实现如下目标：①实现近红外光谱数据直接采集，根据制定的样品编码规则，实现样品编码自动生成，并采用质量控制样品监测仪器工作状态是否正常；②实现离线建立的主机预测模型的导入，并在平台中进行模型传递，以便建立初烤烟叶（含复烤片烟）、醇化片烟和卷烟烟丝的化学成分近红外定量预测模型和烟气常规指标（焦油、烟碱、一氧化碳）近红外定量预测模型，实现行业近红外化学成分数据统一可比；③调用上述预测模型样品的化学成分含量，建立样品的近红外光谱、烟草化学成分数据库；④制定系统权限管控措施，实现模型、样品、光谱和化学指标等数据的查询、管理、统计、可视化展示以及对外系统接口权限管控。

2. 技术内容

（1）光谱直采　实现与烟草行业常用热电和布鲁克近红外仪器的连接，实现仪器的注册与管理，自动设置光谱采集参数（起始波数、结束波数、分辨率、扫描次数），实现背景光谱扫描、样品光谱扫描，并根据相关系数和欧式距离判断样品光谱重现性是否合格。

（2）生成样品编码　可平行采集 10 种类型样品（初烤烟叶、复烤片烟、醇化片烟、成品烟丝、烘后叶丝、纯叶组配方、再造烟叶烟丝、膨胀烟丝、梗丝和科研样品）的光谱，并根据《烟草及烟草制品近红外分析编码规则》和用户输入的样品属性（如类型、年份、产地、品种、等级、部位等），实现样品编码自动生成。

（3）光谱标准化　将采集的近红外光谱进行预处理，形成格式统一的光谱数据（分辨率：$8cm^{-1}$，波段范围：$4000 \sim 10000cm^{-1}$，间距：$2cm^{-1}$），增强各仪器间光谱可比性。

（4）质量控制样品　参照《烟草及烟草制品近红外分析质量控制样品要求与应用》，采用质量控制样品监控仪器工作是否正常，确保近红外光谱采集质量稳定可靠，可进行质量控制样品的创建、初始化光谱扫描与化学指标预测、初始化计算（计算各化学指标预测均值与方差）、质量控制样品的查询和管理，以及质量控制样品趋势图绘制和异常状态识别（一个或多个化学指标预测值超出 2 倍标准偏差，或连续 7 个预测值单调上升或下降，或连续 10 个预测值落在 2 倍标准偏差之内但居于中心线的同一侧，则最后一次检测视为异常）。

（5）导入主机模型　实现离线主机模型和维护后模型的导入、查询和管理；离线主机模型主要记录建模的一系列预处理算法名称和参数及建模算法名称和参数，导入云平台后，云平台根据这些记录自动进行相关预处理和模型计算（云平台常用预处理算法和建模算法），并保存到数据库中。

（6）进行模型传递　可导入和管理模型传递样品，可创建、分发、查询和管理模型传递任务，检测人员登录系统后可收到模型传递任务，并扫描相应模型传递样品的光谱，扫描任务完成后，模型转移研究人员线下进行模型转移计算，并保存模型转移参数及结果文件。管理员将模型转移参数及结果文件上传到服务器，服务器根据上传的转移系数以及对应的主机模型创建能用于化学成分预测的最终预测模型，并保存于服务器中。平台能够对子机模型进行查询、查看、确认和管理。

（7）化学成分预测　样品光谱采集完成后，系统自动调用用户选定的预测模型，对样品的化学指标进行预测计算，最终形成近红外光谱库、烟草化学成分预测数据库。

（8）数据分析　实现烟草近红外数据多维度、多角度的应用分析（即化学成分在全国植烟地图和八大香型产区地图上的二维可视化展现）；实现用户在线使用平台后行为数据的分析（即不同企业或用户对平台的贡献度）。

（9）用户注册与权限　系统能实现用户的注册，并设定为 5 种用户权限等级（平台管理员、企业数据管理员、分析检测人员、普通用户和审计管理员），系统严格按照如下权限规则进行功能开放和权限检查，确保数据安全。

①平台管理员：负责平台系统的管理工作，包括企业数据管理和普通用户注册及管理、仪器管理、主机模型及子机模型创建和维护工作等。

②企业数据管理员：负责查看、导出与本企业相关的数据。

③分析检测人员：负责日常样品的检测，样品光谱和化学指标预测结果

查询、查看、导出，质量控制样品创建及初始化，模型传递任务中执行样品光谱采集工作等。

④普通用户：仅可查看全国和八大产区烟叶化学指标地理分布图。

⑤审计管理员：仅可查看系统审计日志。

（10）光谱查询和下载　系统可以对样品检测光谱、质量控制样品光谱、模型传递样品光谱进行查询、查看和打包下载。

二、系统总体架构

1. 总体逻辑架构

基于系统建设目标与建设内容，同时综合 IT 相关技术的特点，烟草近红外数据库系统平台采用 C/S（Client/Server）+B/S（Browser/Server）混合架构，其中 Client 端（客户端）为数据采集人员提供光谱数据采集、化学成分预测与数据资产管理服务，Browser 端（网页端）为子企业数据管理员和平台管理员提供光谱数据、模型数据、化学组分等数据资产管理服务。Server 端（服务器端）实现数据的统一存储、管理、控制与共享。

烟草近红外数据库系统平台的系统逻辑结构如图 6-1 所示，近红外数据库系统平台可分为 Client 端应用软件、Browser 端、Server 端 3 个部分。

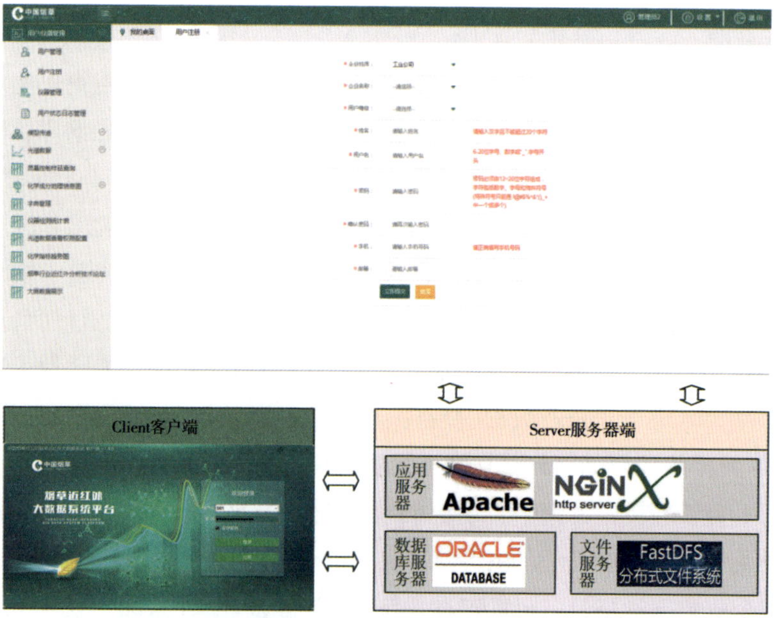

图 6-1　系统逻辑结构图

（1）Client 端应用软件　主要实现仪器设备的注册、连接测试、光谱数据采集、样品属性及光谱数据上传至服务器、服务器返回预测结果展示以及采集过程的质量监控。

（2）Browser 端　主要实现烟草近红外数据库的管理，包括仪器设备、检测样本、检测光谱和检测结果等相关内容的查询、统计、分析以及模型传递任务创建分发和子机模型的导入。

（3）server 端　可分为以下 3 部分。

①应用服务器。应用服务器端接收 Client 端的请求，实现部分业务逻辑的处理，以及对 Client 端传来的样品光谱进行模型预测，计算并返回 Client 端各化学成分的预测值；实现系统内用户或企业检测结果数据的分发、共享以及对第三方系统的数据输出及权限管控。

②数据库服务器。数据库服务器为关系型数据库系统，主要实现系统中结构化数据表信息的存储和管理，支撑整个系统内不同用户、不同客户端之间的结构化数据的共享。

③文件服务器。文件服务器的定位与数据库服务器定位类似，主要实现系统中光谱等非结构化文件数据的存储和管理。

2. 系统整体设计思路

系统整体设计思路和 Client 端功能架构如图 6-2 和图 6-3 所示。

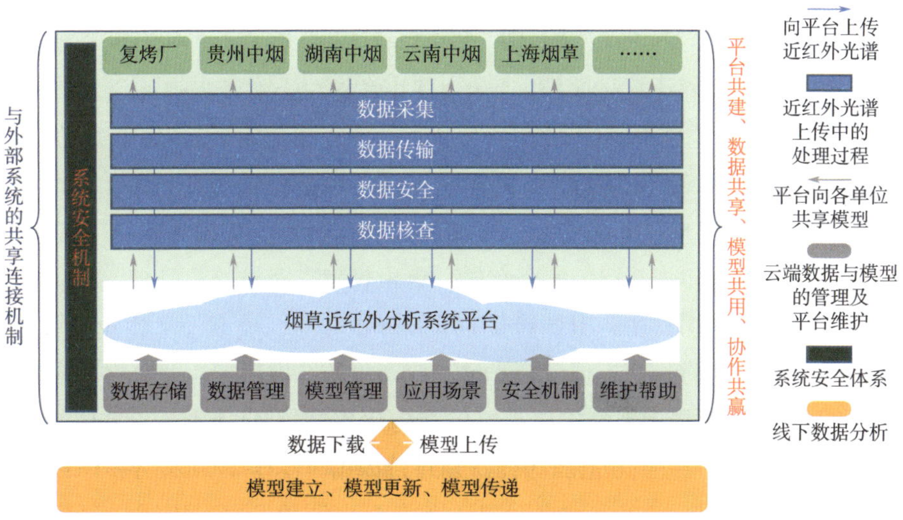

图 6-2　系统整体设计思路

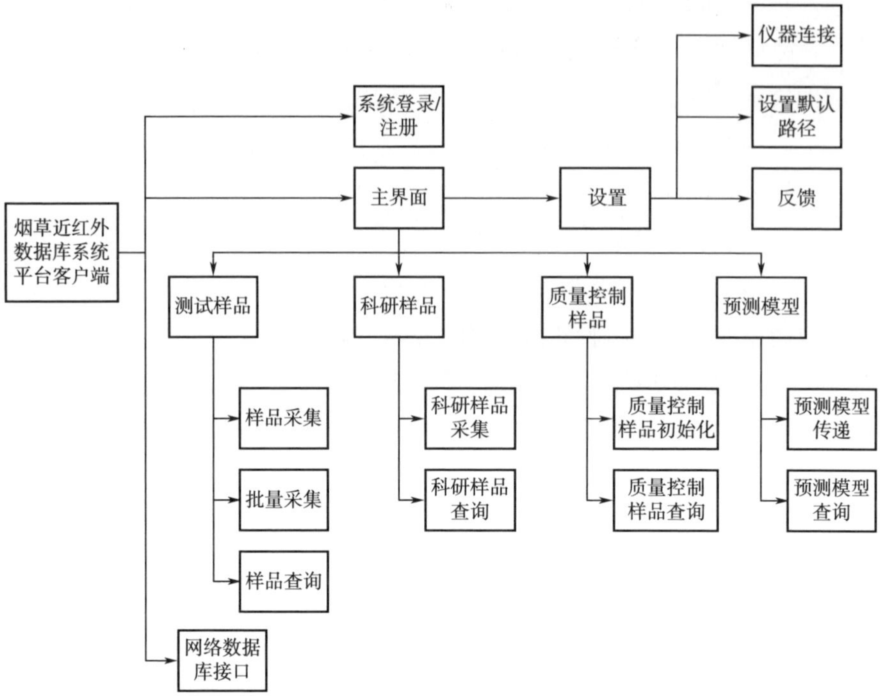

图 6-3　Client 端功能架构图

3. 系统技术架构

基于系统建设目标，烟草近红外数据库系统平台采用 C/S（Client/Server）+B/S（Browser/Server）混合结构。Client 端基于 C#. NET 技术调用近红外仪器公司提供的基于 COM 组件的仪器操控接口，实现近红外仪器的光谱数据采集。基于 WPF 技术开发用户界面，为数据采集人员提供光谱数据显示、查询与管理服务。Browser 端为数据管理员和平台管理员提供用户管理、仪器管理，主机模型、子机模型、光谱数据与化学组分数据查询、下载和管理服务。Server 端实现数据的安全存储、集中管理、对外接口管理，Server 端基于 Java 虚拟机和 Tomcat 服务器接收客户端的请求，实现业务逻辑的处理。基于 FastDFS 文件存储服务器实现光谱、模型等非结构化文件数据的存储和管理。基于 Oracle 数据库系统实现系统中结构化数据信息的存储和管理。基于 MyBatis 技术实现关系型数据表与 Java 对象的映射。基于 Java 调用已有 C++算法库的方式，实现近红外光谱预处理、预测模型调用、模型传递及化学成分预测功能。基于标准的 Web Service 协议与数据采集客户端及对外系统进行安全通信。烟草近红外数据库系统平台的最终技术架构如图 6-4 所示。

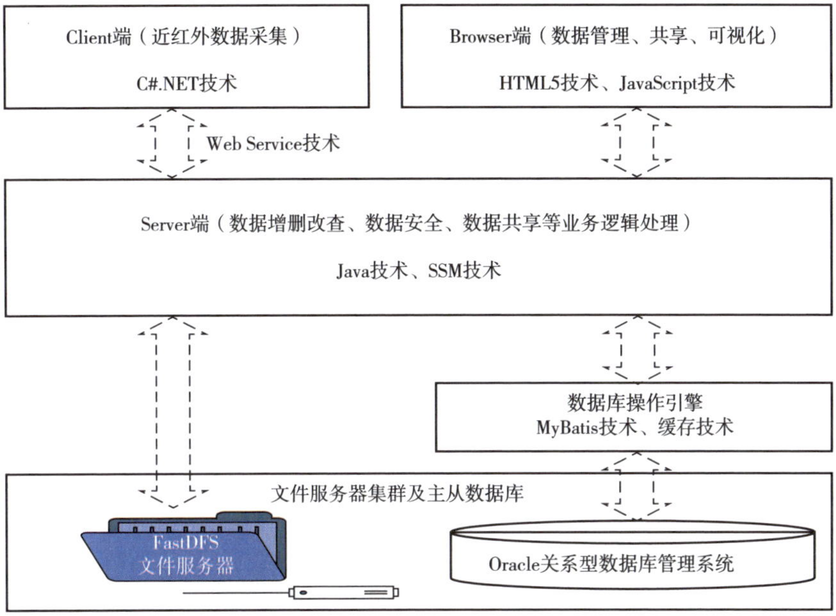

图 6-4 系统技术架构

各种技术在近红外数据库系统平台中的具体作用如下所示。

(1) C#. NET 技术 使用 C#. NET 调用近红外仪器公司提供的基于 COM 协议的仪器管控接口，实现近红外仪器的管控与近红外数据采集。

(2) HTML5 技术、JavaScript 技术 使用 HTML5 技术、JavaScript 技术，实现 Browser 端的数据管理操作与数据可视化，实现 Browser 端用户与系统间的人机交互。

(3) Java 技术、SSM 技术 使用基于 Java 技术的 SSM 框架，实现服务器端的 MVC (Model、Viewer、Controller) 模式，实现服务器端的模块化管理，提高烟草近红外数据库系统平台的灵活性和可扩展性。

(4) MyBatis 技术 使用 MyBatis 技术，实现关系型数据表与 Java 对象的映射，促进 Web 端业务逻辑处理，与数据存储间的松耦合，提高烟草近红外数据库系统平台的灵活性和可扩展性。

(5) FastDFS 文件服务器 使用 FastDFS 文件服务器对预测模型文件及近红外光谱文件等进行存储和管理，功能包括：文件存储、文件同步、文件访问（文件上传、文件下载）等，解决大容量存储和负载均衡的问题。它充分考虑了冗余备份、负载均衡、线性扩容等机制，并注重高可用、高性能等指标，使用 FastDFS 技术很容易搭建一套针对近红外的高性能的文件服务器集群提供文件上传、下载等服务。

（6）Oracle 技术　使用 Oracle 关系型数据库管理系统实现近红外数据的存储管理，并使用 Oracle 关系型数据库提供的数据库安全管理工具、索引管理工具，提高近红外数据的安全性和读写效率。

4. 系统设计原则

该平台是全行业性的系统，在设计时遵循以下原则。

（1）标准性原则　系统遵循软件行业相关行业标准及信息化建设项目相关标准与规范。

（2）先进性和成熟性原则　在技术选择上，充分考虑技术先进性和成熟性之间的平衡，一方面保证整体信息体系的先进性，另一方面有效避免尖端技术给信息系统带来的不确定性和潜在风险。

（3）可靠性和稳定性原则　从系统结构、技术措施、系统管理等方面着手，确保系统运行的可靠性和稳定性，达到最大的平均无故障时间。

（4）可扩展性原则　系统架构、设计和实现有较好的可扩展能力，以满足不断增加的用户、业务变化、架构调整等扩展需求。

（5）安全性原则　在系统设计中，既要充分考虑信息资源的共享，更要注意信息资源的保护和隔离，应分别针对不同的应用和不同的网络通信环境，采取不同的措施，包括系统安全机制、数据存取的权限控制等，最终按照 GB/T 22239—2019《信息安全技术　网络安全等级保护基本要求》中软件系统层面的三级等级保护要求整改配置并完善。

（6）高效性原则　系统在性能上要满足大用户量访问和海量数据处理要求，在关键环节上保障性能，使相关业务能够快速顺畅进行。

（7）易用性原则　主要技术和产品必须具有成熟、稳定、实用的特点，页面美观、简洁，满足用户一般的操作习惯，很容易上手操作。

5. 系统通信接口设计原则

在系统内部的 Client 端与 Server 端采用 Web Service 技术进行通信。Web Service 是一个平台独立的、低耦合的、自包含的，基于可编程的 Web 的应用程序，可使用开放的 XML（标准通用标记语言下的一个子集）标准来描述、发布、发现、协调和配置这些应用程序，用于开发分布式互操作的应用程序。

本系统与外部第三方系统间的通信接口也按照 Web Service 方式进行设计与实现。

三、系统开发与运行环境

1. 系统开发环境

（1）Client 端　Client 端的开发环境如表 6-2 所示。

表 6-2　Client 端的开发环境

软件环境	操作系统	Windows 10 专业版 64 位
	开发软件	Visual Studio 2017 NET Framework 4.0
	其他软件	近红外仪器厂商提供的仪器控制软件
硬件环境	CPU	Intel® Core™ i5 及以上
	内存	≥16GB
	硬盘	剩余空间≥500GB

（2）Browser 端　Browser 端的开发环境如表 6-3 所示。

表 6-3　Browser 端的开发环境

软件环境	操作系统	Windows 10 专业版 64 位
	开发软件	谷歌浏览器 86 ECharts 5.0 Eclipse 4.8.0 jQuery 3.3.1
硬件环境	CPU	Intel® Core™ i5 及以上
	内存	≥16GB
	硬盘	剩余空间≥500GB

（3）Server 端　Server 端包括应用服务器、文件服务器和数据库服务器，Server 端的开发环境如表 6-4 所示。

表 6-4　**Server 端的开发环境**

应用服务器	软件环境	操作系统	CentOS 7.4
		开发软件	Spring 4.2.4 Spring MVC MyBatis 3.2.8 Eclipse 4.8.0 Tomcat 8.5 JDK 1.8
	硬件环境	CPU	Intel® Core™ i5 及以上
		内存	≥16GB
		硬盘	剩余空间≥200GB
文件服务器	软件环境	操作系统	CentOS 7.4
		开发软件	Oracle 11g
	硬件环境	CPU	Intel® Core™ i5 及以上
		内存	≥16GB
		硬盘	剩余空间≥200GB
数据库服务器	软件环境	操作系统	CentOS 7.4
		开发软件	—
	硬件环境	CPU	Intel® Core™ i5 及以上
		内存	≥16GB
		硬盘	剩余空间≥200GB

2. 系统运行环境

（1）Client 端　Client 端运行环境如表 6-5 所示。

表 6-5　**Client 端运行环境**

软件环境	操作系统	Windows 10 专业版 64 位
	软件	系统 Client 端软件 NET Framework 4.0
	其他软件	近红外仪器厂商提供的仪器控制软件
硬件环境（最低配置）	CPU	Intel® Core™ i3 及以上
	内存	≥4GB
	硬盘	剩余空间≥100GB

（2）Browser 端　Browser 端的开发环境如表 6-6 所示。

表 6-6　**Browser 端的开发环境**

软件环境	操作系统	Windows 10 专业版 64 位
	软件	IE11、Google、QQ、火狐等浏览器的较新版本（需支持 HTML5）
硬件环境（最低配置）	CPU	Intel® Core™ i3 及以上
	内存	≥4GB
	硬盘	剩余空间≥100GB

（3）Server 端　Server 端的开发环境如表 6-7 所示。

表 6-7　**Server 端的开发环境**

应用服务器	软件环境	操作系统	CentOS 7.4
		软件	系统服务器端网站 Tomcat 8.5 JDK 1.8
	硬件环境	CPU	Intel® Core™ i5 及以上
		内存	≥16GB
		硬盘	剩余空间≥200GB
文件服务器×3（服务器集群）	软件环境	操作系统	CentOS 7.4 FastDFS
	硬件环境	CPU	Intel® Core™ i5 及以上
		内存	≥16GB
		硬盘	剩余空间≥200GB
数据库服务器×3（主从备份）	软件环境	操作系统	CentOS 7.4 Oracle 11g
	硬件环境	CPU	Intel® Core™ i5 及以上
		内存	≥16GB
		硬盘	剩余空间≥200GB

3. 系统部署方案

系统部署方案如图 6-5 所示。

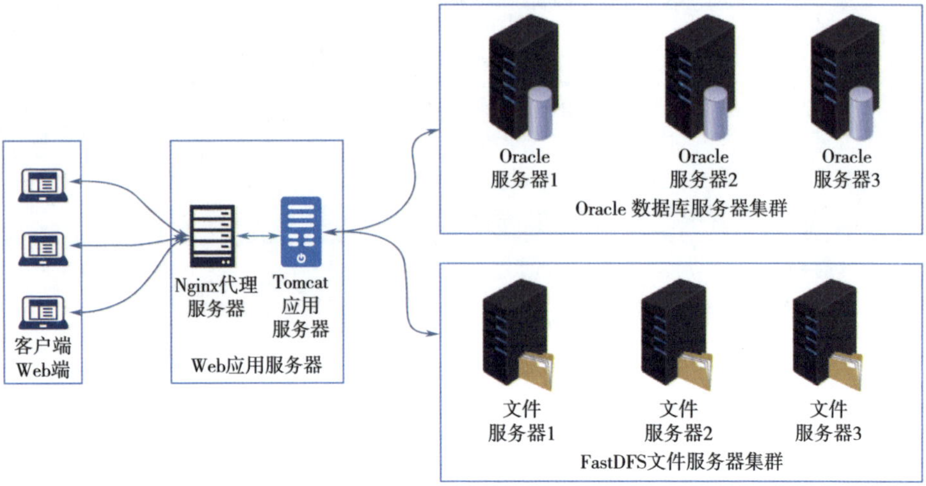

图 6-5　系统部署方案

四、系统核心功能设计

1. 主机模型构建流程

(1) 管理员（或其他由项目组负责人指定的用户）将标准样本描述信息和各组分含量信息（通过线下流动仪等方式）录入并保存到数据中心。

(2) 管理员在软件系统中将标样的主机模型光谱检测任务分发给对应的主机（线上），并将标样分发（线下，以邮寄等方式）给主机仪器数据采集人员。

(3) 主机仪器数据采集人员根据管理员下发的标样检测任务，选择相应的标样进行光谱采集，光谱核查无误后，上传到数据中心进行保存和管理。

(4) 建模人员从数据中心下载标样的主机仪器光谱，在线下构建主机模型，主机模型实验/测试无误后，将主机模型上传到服务器，服务器创建能用于化学成分预测的最终预测模型，并保存于服务器中。

(5) 主机模型构建完毕。主机模型构建的流程如图 6-6 所示。

2. 模型转移（子机模型构建）流程

(1) 管理员在软件中将标样（用于带标转移的标样）的子机模型光谱检

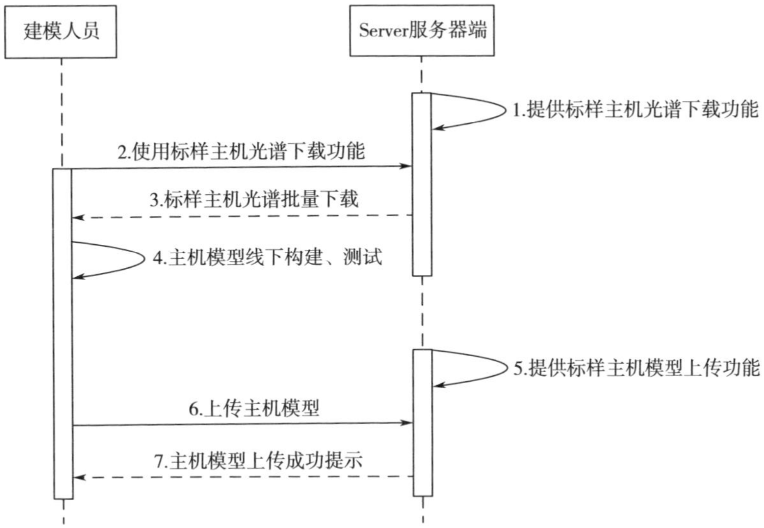

图 6-6 主机模型构建流程图

测任务分发给对应的子机（线上），并将标样分发（线下，以邮寄等方式）给子机仪器数据采集人员。

（2）子机仪器数据采集人员根据数据中心下发的标样检测任务，选择相应的标样进行光谱采集，光谱核查无误后，上传到数据中心进行保存和管理。

（3）模型转移人员（或其他由项目组负责人指定的用户）选择用于模型转移的子机标样光谱、主机模型、模型转移样本对应的主机光谱（如有需要，还需选择模型转移算法），然后模型转移人员线下进行模型转移计算，并保存模型转移参数及结果到文件。模型转移的结果将包括两个部分的内容：模型转移系数；模型转移结果评价指标和图形等。

（4）管理员将模型转移参数及结果文件上传到服务器，服务器创建能用于化学成分预测的最终预测模型，并保存于服务器中。

（5）模型转移结束。模型转移流程如图 6-7 所示。

3. 光谱采集及模型预测流程

（1）数据检测人员在 Client 端，根据编码规则录入检测样本描述信息（以原烟为例，包括产地、部位、年份）及备注，并由人工自主从适合该近红外仪器的一系列模型中选择用于该检测样本组分预测的模型，进行光谱扫描。

（2）检测样本光谱扫描结束后，Client 端将检测样本光谱及其相关描述信

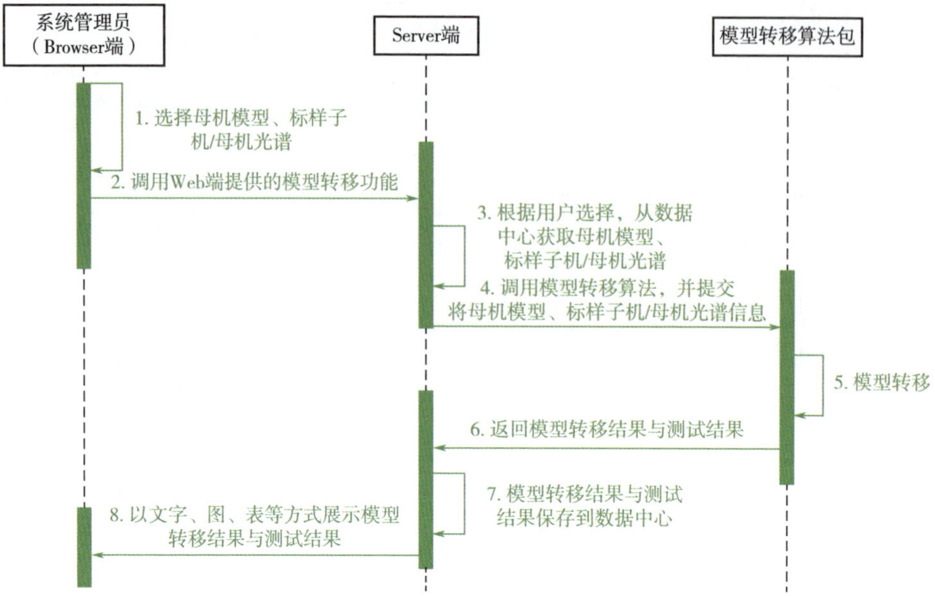

图 6-7　模型转移流程图

息（包括用户指定的模型名称、编号）上传数据中心并保存，服务器调用用户指定主机模型或子机模型对样本光谱进行预测，并将预测结果保存到数据中心，最后返回客户端展示给客户。

（3）模型预测流程结束。光谱采集及模型预测流程如图 6-8 所示。

4. 主机模型更新流程

（1）管理员上传主机模型，系统判断是否已经上传过主机模型，如果显示“是”，则表示更新主机模型，前端弹出窗口提示用户是否要更新模型，如果点击“是”，则上传新的主机模型。

（2）服务器收到新主机模型文件后，先停用现有主机模型，并新建一个主机模型，把必要的信息从老主机模型复制过来，模型版本号在老主机模型基础上加 1（DEFEND_NUM+1），PARENT_NODE 填老主机模型的 ID，然后创建好各小模型（从上传的模型压缩包中读取）。

（3）更新跟老主机模型关联的质量控制样品和质量控制图。

①停用现有的质量控制样品（MONITOR_SAMPLE）和质量控制图（MONITOR_ SAMPLE_QUALITY_CHART）。

②自动创建一个新的质量控制样品，并从老质量控制样品复制必要信息

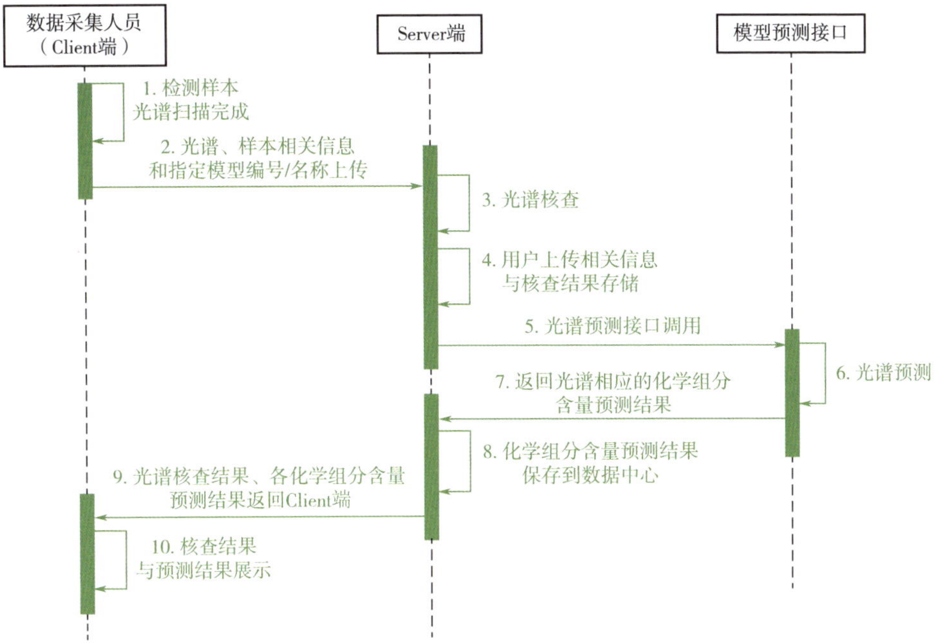

图 6-8　光谱采集及模型预测流程图

到新质量控制样品，编号加 1，然后复制老质量控制样品初始化光谱。

③根据选中的光谱用上一步创建的新主机模型进行 N 个指标计算（具体几个指标根据模型确定），并保存结果到数据库，再根据选中光谱的 N 个指标计算结果，计算每个指标的平均值、标准偏差 SD，存入质量控制图中，表示新的质量控制样品初始化完成，以后可以使用了。

（4）更新与老主机模型关联的子机模型。

①停用现有的子机模型。

②自动创建一个新的子机模型（大模型），并从老子机模型复制必要信息到新子机模型，编号加一，PARENT_NODE 填老子机模型的 ID。

③使用 MODEL_FILE 和新的主机模型，调用 C++模型传递函数，计算新的子机模型的各个小模型，计算完成后，创建各个小模型。

（5）更新跟老子机模型关联的质控样本和质控图。

①停用现有的质量控制样品和质控图。

②自动创建一个新的质量控制样品，并从老质量控制样品复制必要信息到新质量控制样品，编号加一（OFFLINE_ID +1），PARENT_NODE 填老的质

量控制样品的 ID，然后复制老质量控制样品初始化光谱。

③根据选中的光谱用上一步创建的新子机模型进行 N 个指标计算（具体几个指标根据模型确定），并保存结果到数据库，再根据用户以前选中光谱的 N 个指标计算结果，计算每个指标的平均值、标准偏差 SD，存入质量控制图中，表示新的质量控制样品初始化完成，以后可以使用了。

5. 仅更新子机模型流程

（1）用户上传子机模型，系统判断是否已经上传过子机模型，如果显示“是”，则表示更新子机模型，前端弹出窗口提示用户是否要更新模型，如果点击“是”，则上传新的子机模型。

（2）服务器收到新子机模型文件后，先停用现有子机模型（MODEL_INFO），新建一个子机模型（MODEL_INFO，新建一行大模型），把必要的信息从老子机模型复制过来，MODEL_FILE 填新上传的子机模型文件，子机模型版本号在老子机模型基础上加 1（DEFEND_NUM+1），PARENT_NODE 填老子机模型的 ID。使用新的 MODEL_FILE 和关联的主机模型，调用 C++模型传递函数，计算新的子机模型的各个小模型，计算完成后，创建各个小模型。

（3）更新跟老子机模型关联的质量控制样本和质量控制图。

①停用现有的质量控制样品和质量控制图。

②自动创建一个新的质量控制样品，并从老质量控制样品复制必要信息到新质量控制样品，编号加一，PARENT_NODE 填老质量控制样品的 ID，然后复制老质量控制样品初始化光谱。

③根据用户以前选中的光谱用上一步创建的新子机模型进行 N 个指标计算（具体几个指标根据模型确定），并保存结果到数据库，再根据选中的光谱的 N 个指标计算结果，计算每个指标的平均值、标准偏差 SD，存入质量控制图中，表示新的质量控制样品初始化完成，以后可以使用了。

五、系统核心功能操作设计

1. 登录

输入用户名与密码，点击“登录”进入客户端，如图 6-9 所示。

2. 仪器注册

在客户端登录界面，点击“注册”按钮，弹出仪器注册界面，如图 6-10 所示。

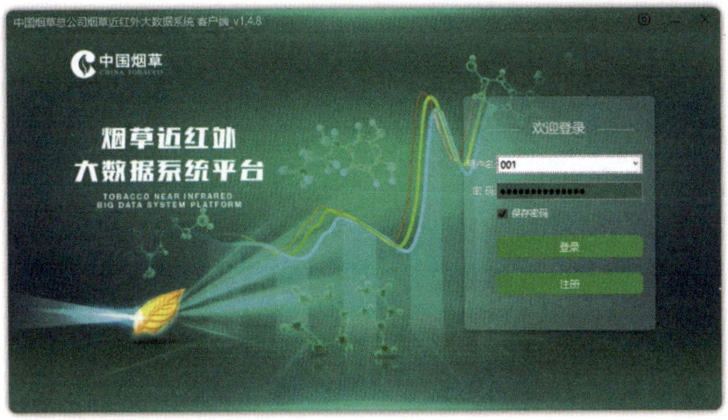

图 6-9　客户端登录界面

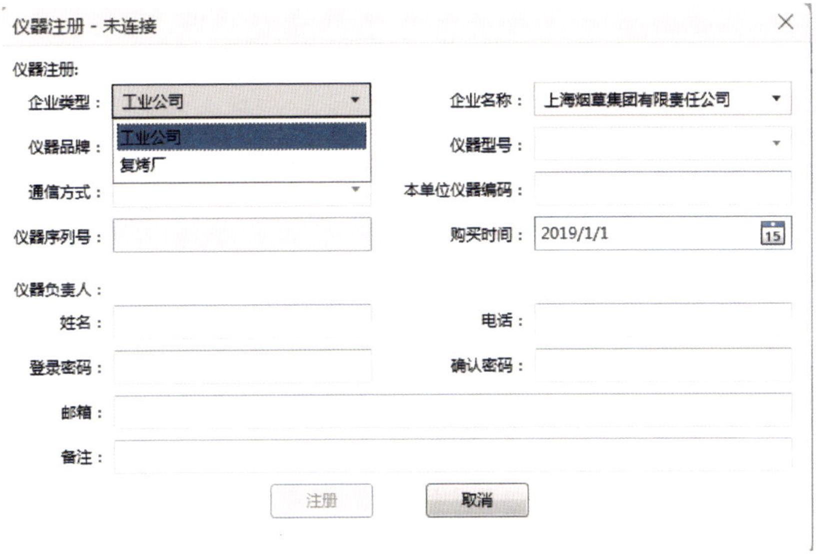

图 6-10　客户端仪器注册界面（初始界面）

注册仪器时需要注意如下几点。

（1）用户注册的时候必须连接光谱仪。当光谱仪连接之后，仪器品牌、仪器型号、通信方式、仪器序列号会自动识别后填写，如图 6-11 所示。

（2）用户选择企业类型（工业公司或复烤厂），输入企业名称、仪器负责人信息及密码等。

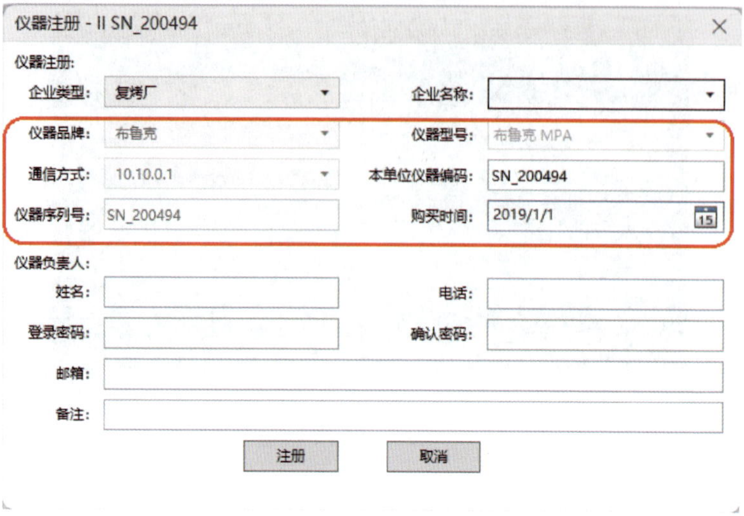

图 6-11　客户端仪器注册界面（仪器自动识别）

（3）点击“注册”按钮，即可提交注册信息，等待管理员进行审核。

3. 仪器审核

（1）管理员登录网页端进入仪器管理界面，根据搜索条件进行仪器的查询，然后可根据操作栏中功能按钮进行操作，如图 6-12 所示。

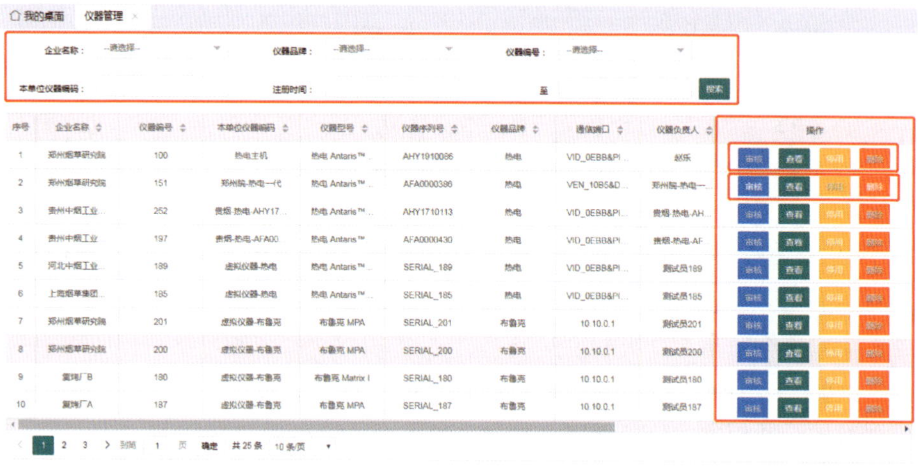

图 6-12　网页端仪器管理界面

（2）审核界面。审核是对仪器信息的核对和仪器编号的分配。仪器编号分为自动生成和手动添加，自动生成就是根据当前最大的仪器编号加 1，手动添加的仪器编号是 000～999 的数值。仪器信息经过审核后审核按钮不能再被点击。审核界面如图 6-13 所示。

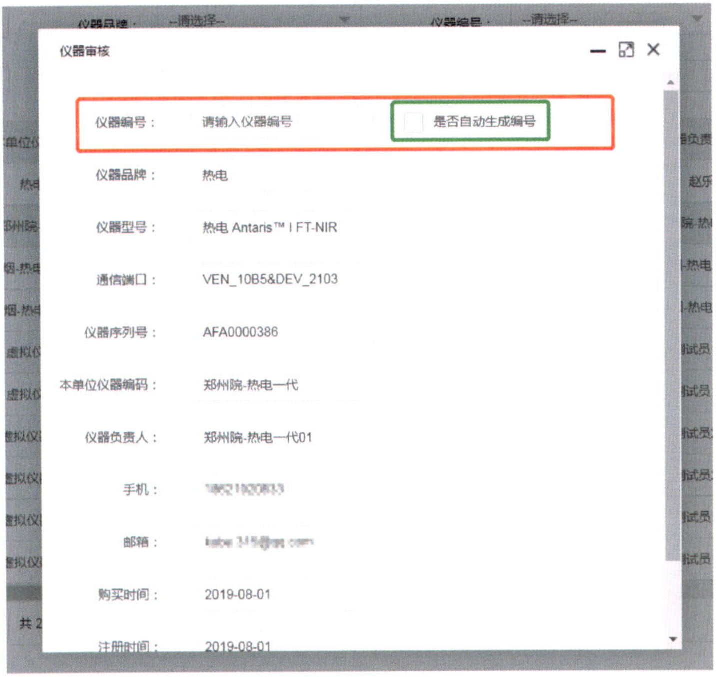

图 6-13　网页端仪器审核界面

4. 创建主机模型

（1）网页端创建主机模型任务，如图 6-14 所示。

图 6-14　网页端创建主机模型任务界面

（2）客户端采集建模样品光谱，完成任务。

（3）网页端上导入模型“主机 003 \ 6%～8%水分模型 Kobe-V1. zip”，如图 6-15 所示。

图 6-15　网页端主机模型查看界面

5. 创建主机质量控制样品

可在客户端创建质量控制样品，创建初烤烟叶质量控制样品并初始化完成，如图 6-16 所示。

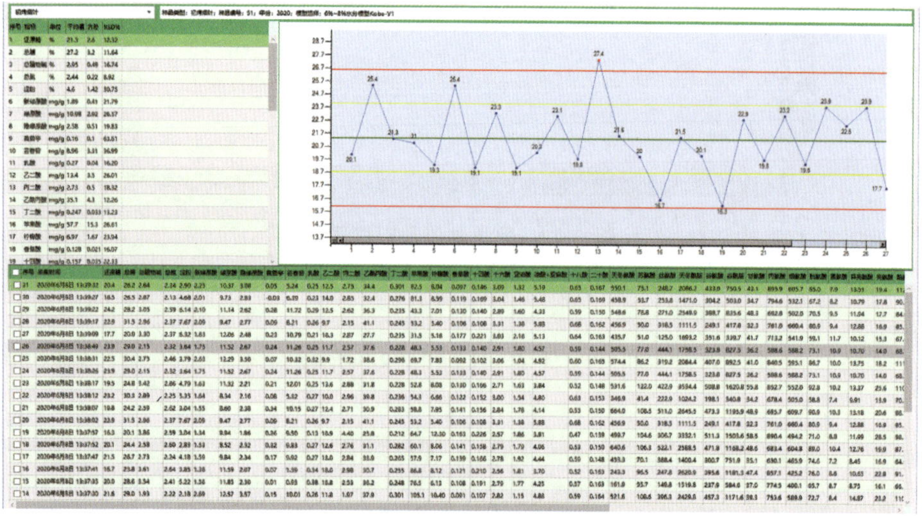

图 6-16　客户端创建主机质量控制样品界面

6. 创建子机模型

（1）在网页端创建模型传递任务

①创建参与模型传递的样品，如图 6-17 所示。

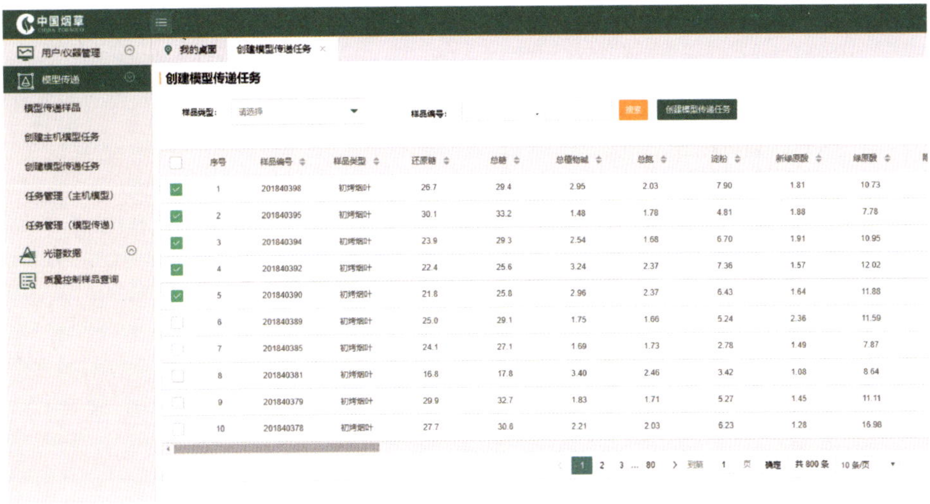

图 6-17　网页端创建模型传递任务界面

②点击“创建模型传递任务”按钮，弹出如下对话框，如图 6-18 所示。选择主机模型。

图 6-18　网页端创建模型传递任务（选择主机模型）界面

③点击“下一步”按钮，弹出如下对话框，选择需要做模型传递的子机（图 6-19）。

④在模型传递任务管理界面中发布刚创建的模型传递任务，如图 6-20 所示。

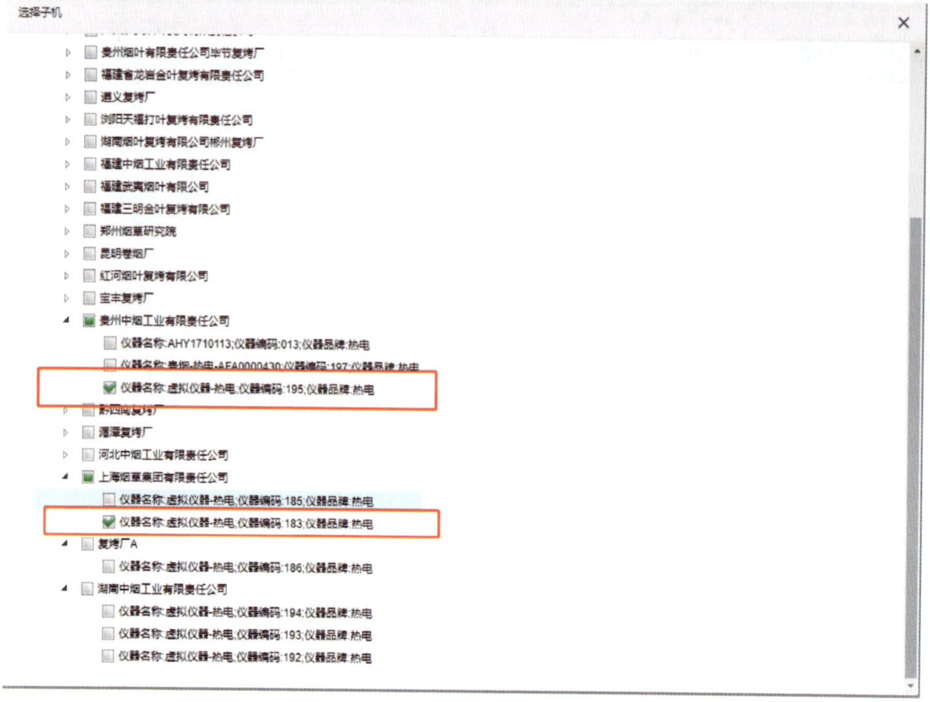

图 6-19　网页端创建模型传递任务（选择子机）界面

图 6-20　网页端查看模型传递任务管理界面

（2）在客户端执行模型传递任务中光谱扫描。在客户端登录，切换到模型传递界面，点击“获取任务”按钮，选择刚创建的模型传递任务，然后依次检测模型传递样品的光谱，检测完成后，点击底部“任务完成提交”按钮，如图 6-21 所示。

（3）网页端上下载客户端检测的所有转移样品的光谱及化学指标值，线下进行光谱转移系数计算。

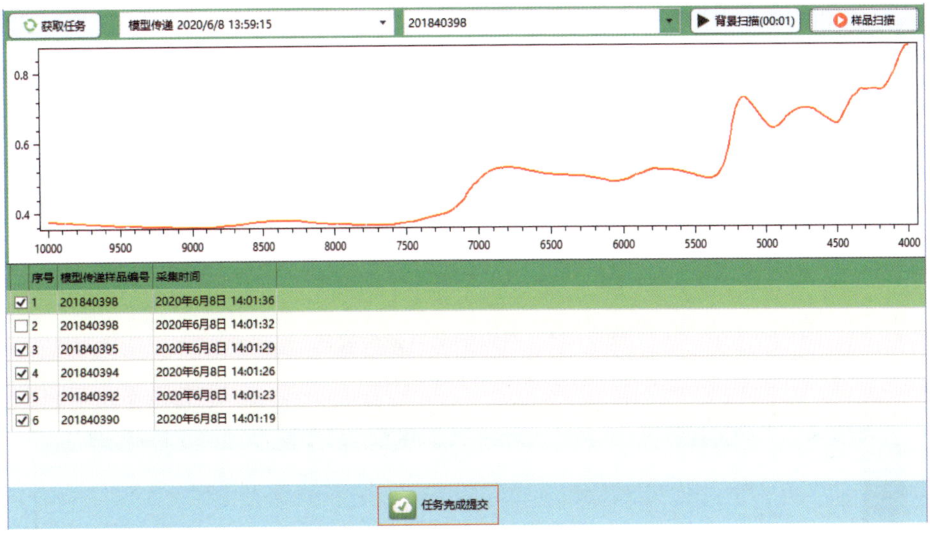

图 6-21　客户端执行模型传递（模型传递样品光谱检测）界面

（4）网页端导入子机光谱转移系数。在模型传递任务列表中，找到对应的模型传递任务，点击“上传模型”按钮，导入线下计算的光谱转移系数。服务器根据上传的转移系数以及对应的主机模型创建能用于化学成分预测的最终预测模型，并保存于服务器中，如图 6-22 所示。

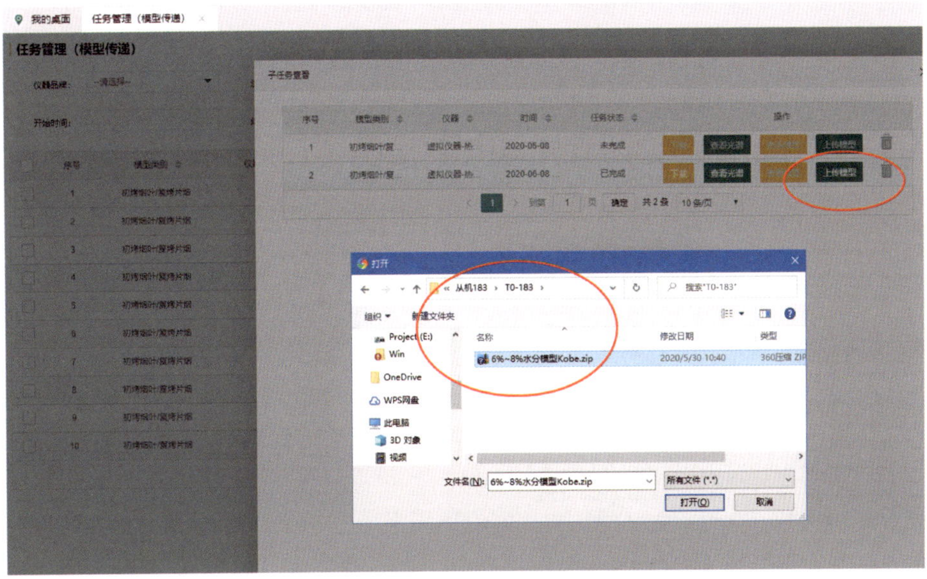

图 6-22　网页端导入子机光谱转移系数界面

平台能够对子机模型进行查询、查看、确认和管理，如图 6-23～图 6-25 所示。

图 6-23　网页端查看模型界面

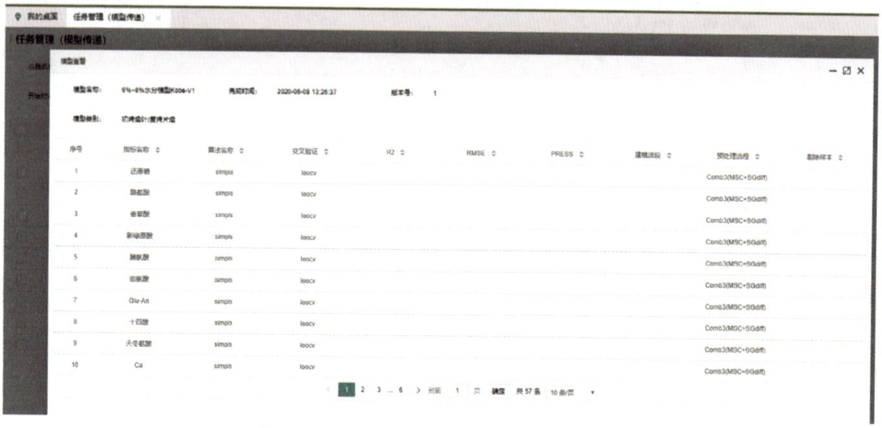

图 6-24　网页端查看子机模型界面

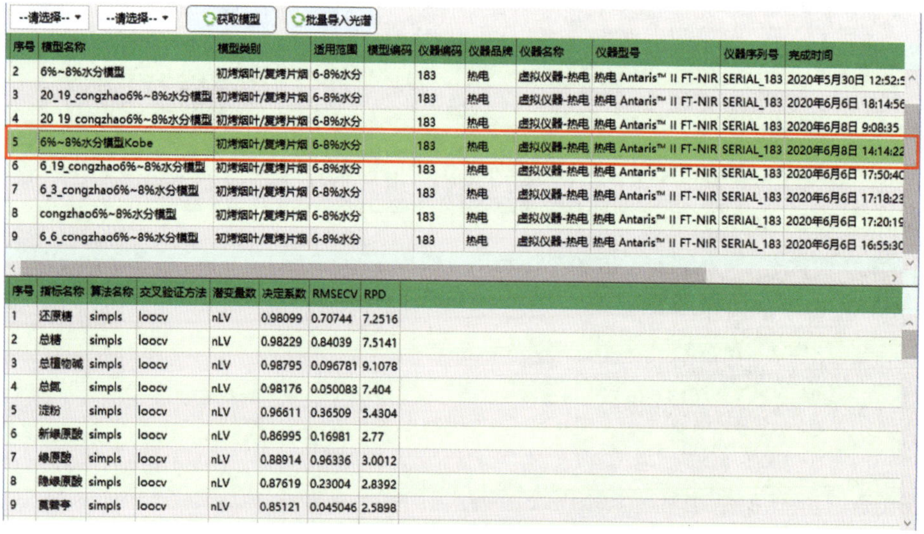

图 6-25　客户端查看模型界面

7. 创建子机质量控制样品

在客户端登录后，子机也可创建自己的质量控制样品并完成初始化，查看质量控制样品，如图 6-26 和图 6-27 所示。

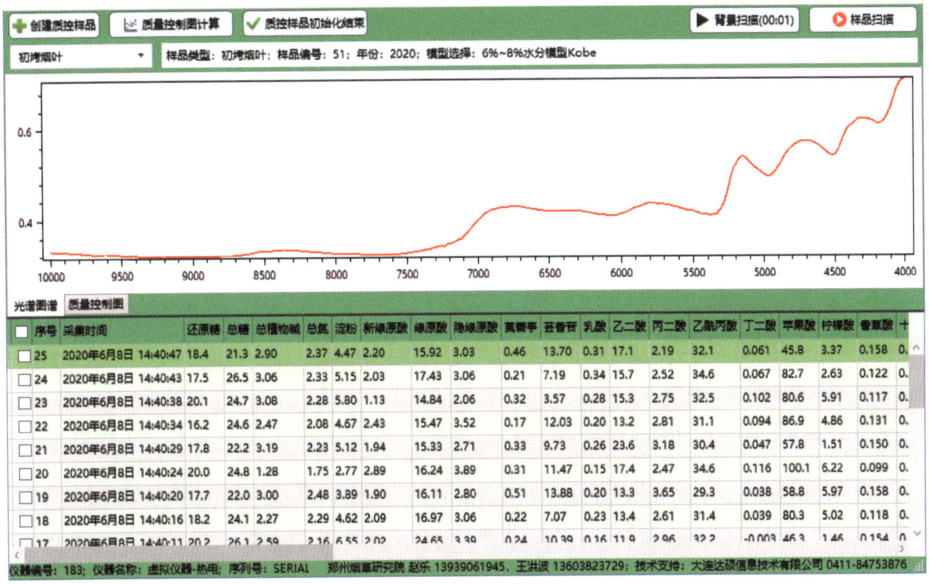

图 6-26　客户端创建子机质量控制样品界面

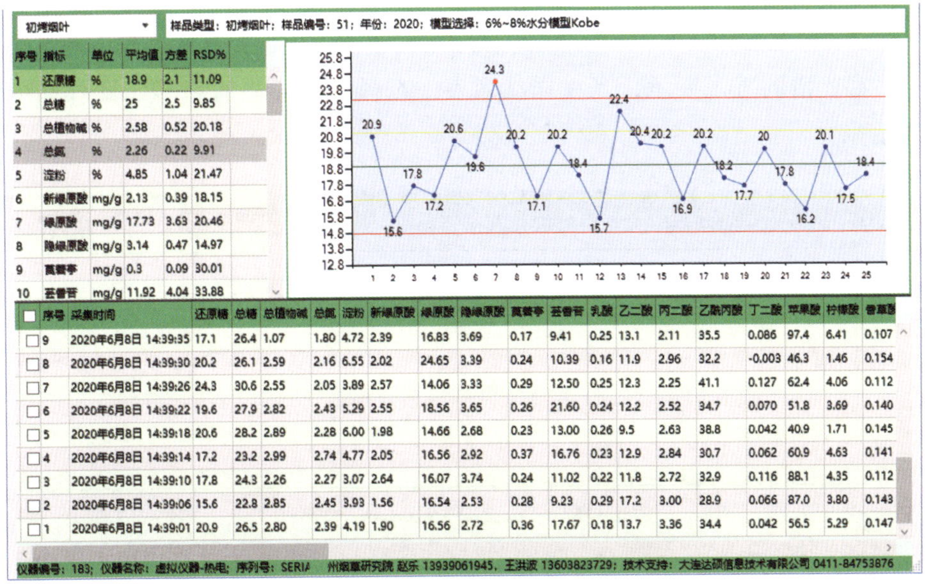

图 6-27　客户端查看子机质量控制样品界面

8. 光谱采集及模型预测

客户端样品采集界面按功能大致可以分为 3 个部分，左边是样品选择工具列表，可以选择根据编码规则制定的各种选项。右上根据需要可以切换显示光谱图、质量控制图。右下显示的是具体的光谱数据列表，如图 6-28 所示。

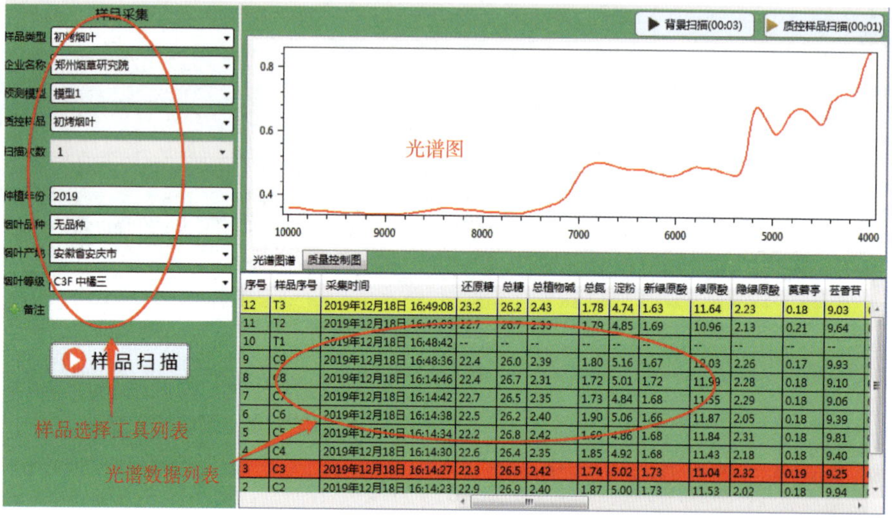

图 6-28　客户端样品采集界面

图 6-29 显示的两个按钮可以切换显示光谱图和质量控制图。光谱图是扫描样品光谱的直观展示，当在样品列表中选择一个样品时将显示此样品的光谱。

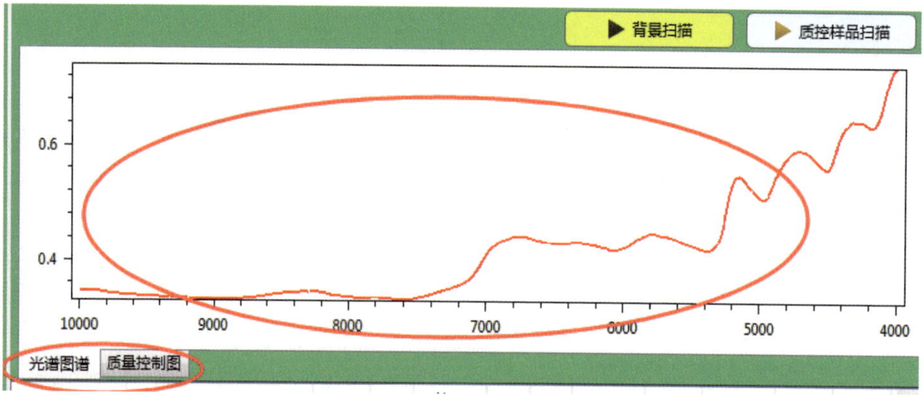

图 6-29　客户端样品采集界面（查看光谱）

“质量控制图”界面会显示两部分内容，如图 6-30 所示。图中左边是一个小的表格，显示所有的预测指标，并按照预测偏差与 SD 的比值进行排序。右侧显示的图形反映了质量控制样品的波动情况，每个点代表一个质量控制样品（程序中质量控制样品下拉列表中的选项是由质量控制样品-质量控制样品初始化产生的）。

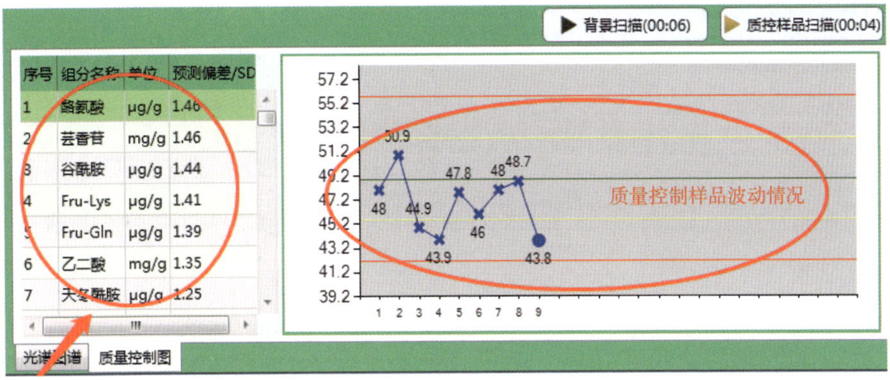

图 6-30 客户端样品采集界面（查看质量控制样品化学指标预测值及趋势图）

图 6-31 展示了质量控制样品在扫描的过程中的波动情况。作为基准的 5 条线来自于质量控制样品初始化，是质量控制样品初始化生成一个质量控制样品的时候，由所有已选择的点通过计算平均值与标准偏差得到的（绿线是平均值，黄线是一倍标准偏差，红线是二倍标准偏差）。

另外，当用鼠标选中一个采集光谱数据的时候，质量控制图显示的数据是距离此光谱最近的质量控制样品的数据。

列表中如果某个质量控制样品不符合要求，则标识为红色。这里的不符合规则包括如下 3 条：①预测偏差大于二倍标准偏差；②连续 7 次增长或减少；③连续 10 次大于或小于平均值。

光谱数据列表：第一列是序号；第二列是样品序号，其中 T 代表采集的是烟草数据，C 代表的是质量控制样品，然后是采集时间和样品对应的各种指标。在指标之后是属于该样品类型的各个选项和备注。

9. 数据管理

（1）数据基础管理　针对烟草近红外光谱数据库、烟草化学成分光谱数据库和烟气成分数据库中所有数据表的管理，包括数据加载、修改、删除、

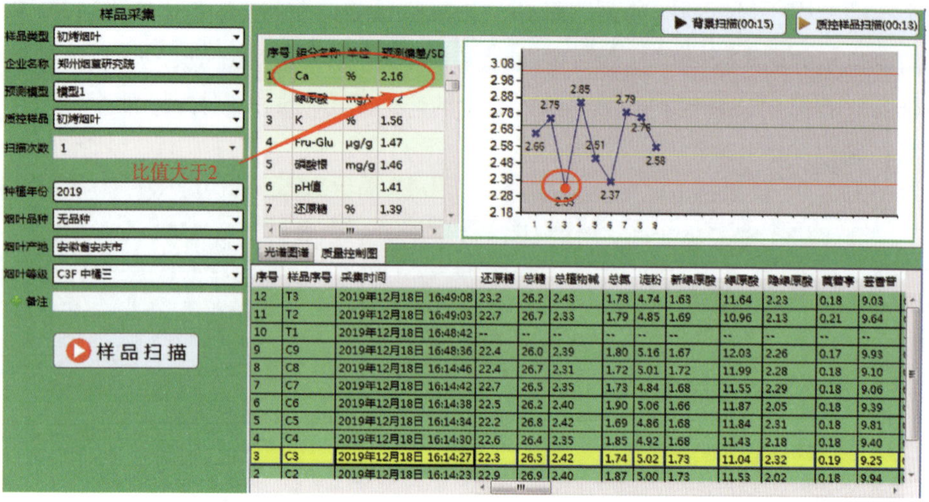

图 6-31　客户端样品采集界面（查看质量控制样品化学指标预测值及趋势图）

批量导入、数据检索和数据输出几个方面的功能。

（2）数据查询检索　通过条件查询、层次查询和自定义查询等检索功能查询、查看和打包下载样品信息和近红外光谱及预测化学成分、质量控制样品近红外光谱及预测化学成分、模型传递样品光谱等。

（3）数据统计分析　查看检测样品信息及光谱信息，生成检测样品光谱文件打包任务。详细操作如下。

①查看光谱。单击“查看光谱”按钮（标注 1），即可查看检测样品对应的光谱图（标注 2）。

②生成检测样品光谱文件打包任务 。单击表格左侧多选框（标注 1）选中需要打包的检测样品信息。单击表头左侧多选框（标注 2）可选中当前页面的全部数据。

注：这里的“选中”和“全选”只能选中当前页显示的数据，当想选择的数据不在当前页时，可通过调整页面显示条数来获取全部数据（标注 3）。

单击“打包”按钮（标注 1），弹出提示框（标注 2），点击“确认”按钮（标注 3），进入打包信息填写界面（标注 4）。

在“打包名称”输入框（标注 1）中输入打包文件名称，选择打包数据的内容（可单选）（标注 2），确定内容无误后点击“提交”按钮（标注 3），完成打包（标注 4）。打包的文件可在“下载任务”中进行查看和下载。

③下载任务：管理检测样品和科研样品的打包文件，对打包文件进行详情查看、文件线上下载和删除等操作。详细操作如下。

查看任务详情：点击“查看”按钮（标注 1），即可查看下载任务对应的任务信息（标注 2）。

下载：点击对应任务的“下载”按钮（标注 1），即可将文件下载至本地。

删除：点击“删除”按钮（标注 1），确认操作无误后点击“确定”按钮（标注 2），可以删除对应的打包文件。

④质量控制样品查询：管理质量控制样品，查看质量控制样品的预测结果及对应质量控制图等信息。详细操作如下。

查看质量控制样品预测结果：单击表格左侧单选框（标注 1）选中需要发布的任务信息。点击“预测结果”按钮（标注 1），即可在样品下方查看对应的预测结果。

查看质量控制图：单击表格左侧单选框（标注 1）选中需要发布的任务信息。点击“质量控制图”按钮（标注 1），即可在样品下方查看对应的指标列表及折线图（标注 2）。点击某一指标行（标注 1），可以将质量控制图切换至对应选中的指标（标注 2）。

查看监测历史数据：单击表格左侧单选框（标注 1）选中需要发布的任务信息。点击“监测历史数据”按钮（标注 1），即可在样品下方查看对应的监测。

a. 查看详情。在监测历史数据列表中通过点击“查看详情”（标注 1），可查看对应指标信息及其质量控制图（标注 2）的相关数据。点击某一指标行（标注 1），可以将质量控制图切换至对应选中的指标（标注 2）。

b. 关联样品。在监测历史数据列表中通过点击“关联样品”（标注 1），可查看对应指标信息及其质量控制图（标注 2）的相关数据。

c. 关联样品光谱。在监测历史数据的关联样品信息中，点击“查看光谱”（标注 1），可查看对应指标的光谱图（标注 2）。

⑤其他。

六、烟草近红外数据库设计

1. 数据库环境说明

（1）数据库版本　Oracle 11g。

（2）数据库系统　CentOS 7.4。

（3）数据库表设计工具　PowerDesigner。

2. 数据库的命名规则

（1）遵循行业规范　当有相关国家、行业强制性数据结构标准规范存在时，用于存储某业务数据的业务表在命名时，原则上应该遵从标准规定，同时，其表中相关字段的中文名称（即数据项名称）、数据类型、数据长度也应遵从标准规范。如国家土壤科学数据中心的样品分析精密度应该按照其规范要求 Aamp_Analysis_Precision 命名。在数据类型方面，小数类型应设置为 Decimal，禁止使用 Float 和 Double。如果存储的数据范围超过 Decimal 的范围，建议将数据拆成整数和小数分开存储。

（2）字符范围原则　只能使用英文字母 A～Z、a～z，下划线、数字 0～9 进行命名，首位字符必须是英文字母。如 USER_NAME，USER_INFO，level3_name。

（3）分段命名原则　数据库的所有对象（包括数据库、表空间、表、字段、触发器、视图、索引、主键、外键、约束条件、默认、存储过程、函数等）的名称既要准确描述出该对象的内容，又要简短。对象名可分割成若干个语义单元，各语义单元之间以“_”分割。语义单元的长度最好在 8 个字符以内（可使用缩写）。语义单元个数最好在 4 个以内。

命名时多个单词间要求采用下划线分隔，禁止使用单个英文单词或其缩写进行命名。其中，Oracle 和 MySQL 表、字段的命名均需采用分段命名方式，如 XXX_XXX_XXX，但不限于三段式方式。同时要求 Oracle 中所有命名使用大写字母，MySQL 中所有命名使用小写字母。如，Oracle 中 USER_ NAME，MySQL 中 user_name。

（4）勿用保留词　数据库对象命名不能单独直接使用数据库保留关键字，如 desc、range、match、delayed 等，请参考数据库官方保留词。但在分段命名时可以使用，如：关键字 USER 不能用于表名、列名等，但是分段命名 USER_ NAME 可以用于列名，分段命名 USER_INFO 也可以用于表名。

（5）简单命名原则　命名尽可能简单，避免太长的命名，尽量使用缩写形式，但是缩写也要求能够表达命名的含义。相关数据库对象具体长度限制如表 6-8 所示。

表 6-8　数据库对象具体长度限制

数据库对象	名称长度限制/字符
数据库	8
表/视图/存储过程/函数	30
字段	30
索引/主键/外键	18
约束条件/默认	18

（6）富有含义原则　数据库对象命名通常用能表示其内容或者含义的英文单词或其缩写表示，也可用其中文名称各字词的拼音首字母或者拼音简写方式表示。如，USER_NAME，USER_DESCRIPTION，yong_hu_xing_ming。

（7）同义性原则　要求相同的英文单词、英文缩写或拼音首字母所代表的字段为同一含义，禁止一词两义。如字段名 TELEPHONE 在 A 表中表示固定电话号码，在 B 表中就不应该用于表示移动电话号码。

（8）命名方式一致原则　对象名的每个语义单元应该使用明确含义的单词或者汉语拼音，如果单词或汉语拼音太长，可以使用缩写，但必须保证在系统中缩写是统一的，而且必须在设计文档中集中说明缩写与其所代表单词或拼音的对照关系。如应该使用 USER_INFO，而不是 USER_XINXI。

（9）数据库对象命名规范

①表。数据库表名首先必须遵守数据库对象命名原则。

数据库表名由前缀和表名组成，一个项目的数据表前缀应该统一，可以是软件/项目的代码或简称，但不能与其他软件或项目冲突。如 DW_T_：数据仓库层相关表；DM_T_：数据集市层相关表。

②视图。数据库视图名首先必须遵守数据库对象命名原则。

数据库视图名由前缀和视图名组成，前缀方式同表的前缀方式。如，DW_V_：数据仓库层相关视图；DM_V_：数据集市层相关视图。

③主键。主键必须显示指定主键名，不允许使用默认主键名。

主键名应该在表名前面加“PK_”组成，其他命名规范与表名相同，如果长度超过了 18 字符，可以将表名适当缩写。

④外键。外键必须显示指定外键名，不允许使用默认外键名。

外键名应该由“FK_”加项目代码、子表名和主表名组成，其他命名规范与表名相同，如果长度超过了 18 字符，可以将表名适当缩写。

⑤字段。数据库表中的字段名首先必须遵守数据库对象命名原则。

表中的字段代码跟中文名吻合，英文单词之间用“_”连接。对于较长的英文单词使用缩写。

⑥索引。索引名应该由“IDX_”加表名或表名简称再加字段名组成，如果长度超过了 18 字符，可以适当减少一些字符。如 IDX_DC_DM_CODE。

⑦存储过程。存储过程的名称统一以 PROC_作为前缀，命名规范为：PROC_<项目/软件/模块简称>_<存储过程标识>。

⑧函数。存储过程的名称统一以 PROC_作为前缀，命名规范为：FUNC_<项目/软件/模块简称>_<存储过程标识>。

3. 数据库表名汇总

数据库表名汇总如表 6-9 所示。

表 6-9　　数据库表名汇总

表名	功能说明
ALGORITHM_INFO	算法表，用于各种算法
AUTHORITY	权限表，存储系统权限信息
BACH_INFO	批次表，用于客户端快速导入样品基本信息
CODE_RULE	编码规则表，用于存储编码规则内容
CODERULE_ORDER	字典顺序表，用于显示对应样本信息排序
DICT	数据字典表，来描述数据字典信息
FEED_BACK	反馈信息表，存储客户端反馈的信息内容
INSTRUMENT_INFO	仪器信息表，用于描述仪器信息
ITREPORT	仪器自检结果表，用于描述仪器自检信息
MODEL_INFO	模型信息表，用于描述模型信息
MODEL_SAMPLE	建模样品表，用于描述建模样品信息
MODEL_SAMPLE_SCAN	建模样品扫描光谱信息表，存储建模样品扫描信息
MODEL_SPECTRUM	模型光谱表，用于描述模型和光谱之间的关联
MONITOR_CREATE_SPECTRUM	质量控制光谱和质量控制图关联表

续表

表名	功能说明
MONITOR_SAMPLE	质量控制样品表，存储质量控制样品信息
MONITOR_SAMPLE_QUALITY_CHART	质量控制图表，根据质量控制样品扫描信息来绘制质量控制图
MONITOR_SAMPLE_SCAN	质量控制样本光谱表，用于存储质量控制样品光谱信息
NUMBER_RULE	指标信息规则表，存储表述指标信息表
OPERATE_LOGINFO	操作日志记录表，用于记录用户所有操作记录信息
ROLE_INFO	角色信息表，用于记录系统操作人员的角色信息
ROLE_AUTHORITY	角色权限表，用于记录角色和对应权限的关联信息
SAMPLE	实际检测样品信息表，用于记录检测样品信息
SAMPLE_SCAN	实际检测样品光谱表，用于存储样品光谱信息
SAMPLE_BATCH	样品批次表，记录检测样品和批次之间的关联信息
SAMPLE_DICT	样品数据字典表，描述字典信息数据
SAMPLE_TYPE	样品数据类型表，描述样品类型数据信息
SPECTRUM	光谱信息表，记录所有光谱信息数据
TABLE_FIELD_INFO	所有表格字段信息表
TABLE_LIST	表格信息表
TASK_DOWNLOAD	光谱下载打包信息表，用于描述光谱打包信息
TASK_INFO	建模任务表，存储建模样品任务信息
TASK_MODELSAMPLE	建模任务建模样品表，用于记录关联任务和建模样品信息
TASK_MODELSAMPLE_SACN	建模任务光谱表，用于记录关联任务和建模光谱的信息
TASK_MONITOR	下载任务和质量控制样品关联表，任务与质量控制样品关联
TASK_SAMPLE	下载任务和检测样品关联表，任务与检测样品关联
USER_INFO	用户信息表
USER_ROLE	用户和角色关联表，用于描述用户和角色之间的关联关系

七、客户端与服务器端核心通信接口设计

客户端与服务器端采用 Web Service 技术进行通信。以客户端与服务器端核心通信接口的设计为例。

1. 客户端登录模块

功能描述：客户端软件通过输入远程服务器发布的网址来连接服务器，连接成功后通过在界面输入相应的仪器编码和对应仪器联系人注册时输入的密码来进行登录校验。如果用户名、密码正确则登录成功进入主界面，如果失败则提示登录失败信息描述。

方法：Instrumentinfo getInstrumentinfoBycond（String Instrument，String Password）。

方法信息描述：通过输入的用户名和密码进行校验。

输入项：输入参数 Instrunum 为字符串类型，是客户端输入的仪器编号，如 100。输入参数 Password 为字符串类型，是客户端输入的密码。

返回项：返回是一个仪器的实体类型，用过判断 Instrumentinfo 实体类是否为空来验证登录状态。

2. 仪器信息注册模块

功能描述：仪器管理人员将每台仪器注册到系统中，用户会把仪器信息和用户自己的信息添加好上传到服务器，系统管理人员会根据输入的条件进行审核，审核通过后会以短信或邮件的方式通知仪器管理人员。

方法：void insertInstrumentinfoAndUserInfo（Instrumentinfo instru，UserInfo user，byte［］configuration，String extName）throws Exception。

方法信息描述：将填好的注册信息和仪器配置文件上传到服务器中。

输入项：仪器信息、仪器管理人员信息、上传配置文件、文件名。

3. 客户端信息初始化模块

功能描述：客户端登录成功后会跳转初始化界面，通过服务器端来获取数据字典等一系列初始化信息。

方法：List<SampleDict>getAllSampleDict（）。

方法信息描述：获取数据字典信息，用于显示数据字典的内容。

返回项：返回数据字典给客户端。

方法：List<Coderule>getAllCoderule（）。

方法信息描述：获取样品编码信息，用于调整客户端填写的属性框。

返回项：返回样品编码信息给客户端。

方法：List<Sampletype>getAllSampletype（）。

方法信息描述：获取样品类型信息，用于调整关联编码和样品属性。

返回项：返回样品类型信息给客户端。

方法：List<CoderuleOrder>getCodeRuleOrder（）。

方法信息描述：获取样品属性类型的顺序。

返回项：返回样品属性类型的顺序信息。

方法：List<NumberRule>getNumberRule（）。

方法信息描述：获取检测指标信息。

返回项：返回指标详细信息。

方法：List<Instrumentinfo>getAllInstrumentinfo（）。

方法信息描述：获取所有仪器信息，用于仪器连接客户端校验。

返回项：返回系统中的仪器信息。

方法：List<Modelinfo>getAllModelinfoByInstrumenID（Integer id）。

方法信息描述：获取当前仪器关联的全部模型信息，用于显示下拉框的模型信息。

输入项：当前仪器的主键值。

返回项：返回所有的模型信息。

方法：List<Monitorsample>getMonitorSampleByInitFinshed（Integer instrument_id）。

方法信息描述：客户端获取系统中已经初始化完毕的质量控制样品信息，用于采集界面的下拉框功能。

输入项：当前的仪器主键信息。

返回项：返回关联仪器的质量控制样品信息。

方法：MonitorSampleQualityChart getMonitorSampleQualityChartByMonitorId（Integer id）。

方法信息描述：客户端获取系统中已经初始化完毕的质量控制样品信息所计算出的质量控制图信息，用于计算方差和均值。

输入项：当前质量控制样品的主键信息。

返回项：返回关联对应质量控制样品的质量控制图信息。

4. 客户端预测模型模块

功能描述：预测模型模块主要是针对获取服务器端发布的建模任务，通过客户端获取的任务进行扫描光谱来辅助完成相应的建模任务，还有就是查看已经完成的任务信息。

方法：List<TaskInfo>getTaskInfoByInstruID（Integer ins_id）。

方法信息描述：根据仪器来获取已经发布的任务。

输入项：当前仪器的主键值。

返回项：获取所有的任务信息。

方法：Integer InsertBackgroundScan（Spectrum spectrum，byte [ ] bytes，String extName，String file_name，Instrumentinfo instru）throws Exception。

方法信息描述：扫描背景光谱并且将光谱信息存储到数据库中。

输入项：当前扫描的光谱、光谱文件、文件名称以及扫描的仪器信息。

方法：Modelsamplescan insertModelSampleScan（Modelsamplescan modelsamplescan，Spectrum spectrum，Integer task_id，byte [ ] bytes，String extName，String file_name，Instrumentinfo instru）throws Exception。

方法信息描述：将扫描生成的光谱信息、光谱数据、光谱文件存入数据库中并且将生成的光谱和任务做好相应的关联关系，光谱和样品做好关联关系。

返回项：返回含有主键和系统信息的建模样品扫描光谱信息。

方法：boolean updateFinishTaskInfo（Integer ta_id，Instrumentinfo instru）。

方法信息描述：客户端提交任务同时更新当前任务状态，服务器同时会将关联的任务信息做打包处理并且上传到服务器中。

输入项：当前任务主键值，当前操作仪器信息。

返回项：返回任务提交状态成功为 true 否则返回 false。

5. 客户端质量控制样品模块

方法：List < Monitorsample > insertMonitorSample（Monitorsample monitorsample）。

方法信息描述：建立质量控制样品信息但未初始化。

输入项：新建立的质量控制样品信息。

返回项：返回所有当前仪器未初始化的质量控制样品信息。

方法：Monitorsamplescan insertMonitorsamplescan（Monitorsamplescan monitorsamplescan，Spectrum spectrum，byte [ ] bytes，String extName，String file_name，Instrumentinfo instru）throws Exception。

方法信息描述：将质量控制样品扫描信息存储到数据库中并且关联质量控制样品和光谱数据。

输入项：质量控制样品扫描的光谱信息、扫描光谱数据、光谱文件、文件名扩展名、文件名字、仪器信息。

返回项：返回完整的质量控制样品光谱信息。

方法：void insertMonitorSampleQualityChart（Monitorsample monitorsample, MonitorSampleQualityChart monitorsamplequalitychart, Integer [ ] ids, Instrumentinfo instru）。

方法信息描述：将计算的质量控制图信息存储到数据库内，把创建的质量控制样品设置为初始化完毕并且将检测指标保存到质量控制样品中。

输入项：当前质量控制样品信息，计算后的质量控制图信息，参与计算的质量控制样品光谱信息和当前仪器的信息。

方法：List<Monitorsamplescan>getMonitorSampleQualityChartByMonitor SampleId（Integer monitorsampleid）。

方法信息描述：查看已经初始化完毕的质量控制样品光谱信息。

输入项：当前质量控制样品主键信息。

返回项：当前仪器所有初始化完毕的质量控制样品光谱信息集合。

6. 客户端测试样品采集模块

功能描述：该模块分为样品采集、批量采集、样品查询功能，样品采集主要针对实际样品的采集以及穿插测试质量控制样品来判断仪器的健康状态。批量采集主要是以模板导入的方式来快速填写样品信息内容以提高检测效率。样品查询可以查询系统中检测的实际样品光谱信息和穿插的质量控制样品光谱信息。

方法：List<Monitorsample>getMonitorSampleByInitFinshed（Integer instrument_id）。

方法信息描述：客户端获取系统中已经初始化完毕的质量控制样品信息，用于采集界面的下拉框功能。

输入项：当前的仪器主键信息。

返回项：返回关联仪器的质量控制样品信息。

方法：Integer InsertBackgroundScan（Spectrum spectrum, byte [ ] bytes, String extName, String file_name, Instrumentinfo instru）throws Exception。

方法信息描述：扫描背景光谱并且将光谱信息存储到数据库中。

输入项：当前扫描的光谱、光谱文件、文件名称以及扫描的仪器信息。

方法：SampleScan insertSampleScan（Sample sample，SampleScan SampleScan，Spectrum spectrum，byte [ ] bytes，String extName，String file_name，Instrumentinfo instru）throws Exception。

方法信息描述：检测实际样品把扫描的检测样品光谱信息和文件等相关信息存储到数据库中。

输入项：当前扫描实际样品的光谱、光谱文件、文件名称以及扫描的仪器信息。

返回项：返回扫描后的检测样品光谱信息。

方法：SampleScan insertSecondSampleScan（SampleScan SampleScan，Spectrum spectrum，byte [ ] bytes，String extName，String file_name，Instrumentinfo instru）throws Exception。

方法信息描述：检测实际样品把第二次扫描的检测样品光谱信息和文件等相关信息存储到数据库中。

输入项：当前扫描实际样品的光谱、光谱文件、文件名称以及扫描的仪器信息。

返回项：返回扫描后的检测样品光谱信息。

方法：SampleScan insertAverageSampleScan（SampleScan samplescan，Integer [ ] samplescanids，Spectrum spectrum，byte [ ] bytes，String extName，String file_name，Instrumentinfo instru）throws Exception。

方法信息描述：检测实际样品把多次扫描后计算的平均检测样品光谱信息和文件等相关信息存储到数据库中。

输入项：计算的平均光谱信息、光谱文件、文件名称以及扫描的仪器信息。

返回项：返回扫描后的检测样品光谱信息。

方法：Monitorsamplescan insertMonitorsamplescan（Monitorsamplescan monitorsamplescan，Spectrum spectrum，byte [ ] bytes，String extName，String file_name，Instrumentinfo instru）throws Exception。

方法信息描述：采集端穿插扫描质量控制样品信息来检测当前仪器的健康状态。

输入项：当前扫描质量控制样品的光谱、光谱文件、文件名称以及扫描的仪器信息。

返回项：返回质量控制样品扫描的光谱信息。

方法：updateMonitorsampleScanDeviation（Monitorsamplescan monitor）throws Exception。

方法信息描述：上传质量控制样品的标准偏差和偏移量值，并且关联仪器信息。

输入项：当前的质量控制样品光谱信息。

方法：updateBatchInfoCompleteById（Instrumentinfo instru，Integer id）。

方法信息描述：客户端更新完成批次。

输入项：当前的仪器主键信息、当前批次的主键值。

方法：BatchInfo insertSampleBatch（String bachname，Instrumentinfo instru，List<Sample> list）。

方法信息描述：导入批次信息和批次关联的检测样品。

输入项：当前批次的名字、仪器信息、导入检测样品信息。

返回项：返回批次信息。

方法：List<BatchInfo>getAllBatchInfo（）。

方法信息描述：客户端获取所有未完成的批次信息。

输入项：当前批次的名字、仪器信息、导入检测样品信息。

返回项：返回批次信息。

方法：List<Modelinfo>getAllModelinfoByInstrumenID（Integer id）。

方法信息描述：客户端查询样品扫描信息选择模型下拉框。

输入项：当前操作仪器主键信息。

返回项：返回和当前仪器相关联的模型信息。

第三节　烟草近红外数据库系统数据安全保证措施

一、系统安全保障体系

为保障本系统整体数据信息安全，制定如图 6-32 所示的整体系统安全保障体系。

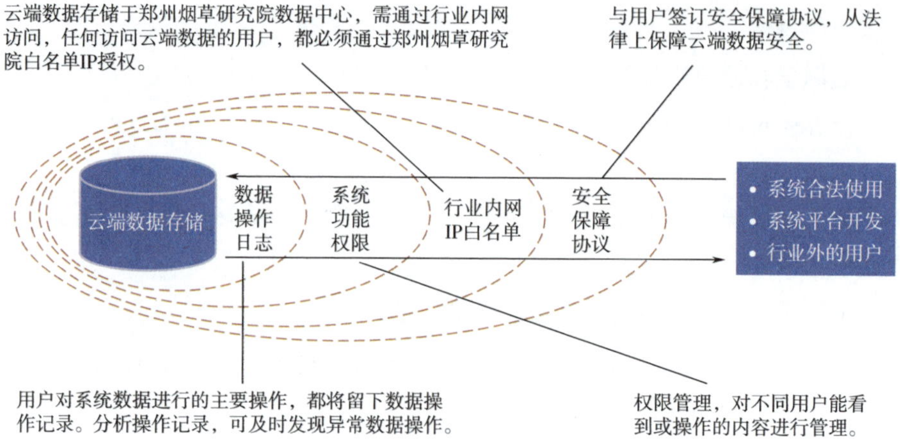

图 6-32　系统安全保障体系架构图

二、系统安全保证措施

（一）网络安全

1. 结构安全

（1）服务器存储空间和 CPU 计算能力保证系统的业务处理能力具备冗余空间，满足业务高峰期需要，系统已通过专业第三方测试单位的压力测试。

（2）保证网络各个部分的带宽满足业务高峰期需要，已通过专业第三方测试单位的压力测试。

（3）在业务终端与业务服务器之间进行路由控制，建立安全的访问路径。

（4）数据中心已根据各部门的工作职能、重要性和所涉及信息的重要程度等因素，划分不同的子网或网段，并按照方便管理和控制的原则为各子网、网段分配地址段。

（5）重要网段与其他网段之间采取可靠的技术隔离手段。

2. 访问控制

（1）在网络边界部署访问控制设备，启用访问控制功能，普通人无法访问，有权限的人也须通过堡垒机进行访问。

（2）对进出网络的信息内容进行过滤，实现对应用层超文本传输协议（HTTP）、超文本传输安全协议（HTTPS）命令级的控制。

（3）在会话处于非活跃状态一定时间或会话结束后终止网络连接，超过 30min 自动断开。

（4）按用户和系统之间的允许访问规则，决定允许或拒绝用户对受控系统进行资源访问，控制粒度为单个用户。

3. 安全审计

（1）对网络系统中的网络设备运行状况、网络流量、用户行为等进行日志记录。

（2）审计记录包括事件的日期和时间、用户、事件类型、事件是否成功及其他与审计相关的信息。

（3）能够根据记录数据进行分析，导出成审计报表。

（4）对审计记录进行保护，不能进行删除、修改或覆盖等。

4. 边界完整性检查

（1）能够对非授权设备私自联到内部网络的行为进行检查，准确定位，并对其进行有效阻断。

（2）能够对内部网络用户私自联到外部网络的行为进行检查，准确定位，并对其进行有效阻断。

5. 入侵防范

（1）在网络边界处监视以下攻击行为：端口扫描、强力攻击、木马后门攻击、拒绝服务攻击、缓冲区溢出攻击、IP 碎片攻击和网络蠕虫攻击等。

（2）当检测到攻击行为时，记录了攻击源 IP、攻击类型、攻击目的、攻击时间，在发生严重入侵事件时报警，并拉黑其 IP，阻止继续攻击。

6. 恶意代码防范

（1）在网络边界处对恶意代码进行检测和清除。

（2）应维护恶意代码库的升级和检测系统的更新。

7. 网络设备防护

（1）对登录网络设备的用户进行身份鉴别。

（2）对网络设备的管理员登录地址进行限制，且只能通过堡垒机登录。

（3）网络设备用户的标识应是唯一的。

（4）主要网络设备应对同一用户选择两种组合的鉴别技术来进行身份鉴别。

（5）身份鉴别信息的口令应有复杂度，且要求大小写字母和符号组合，至少 12 位，并且 30 天要求更换。

（6）登录失败，则无法进行其他操作。

（7）当对网络设备进行远程管理时，采取 SSL 加密传输，防止鉴别信息在网络传输过程中被窃听。

（8）实现设备特权用户的权限分离，每个用户具有特定权限，且只分配必需的权限。

（二）主机安全

1. 身份鉴别

（1）对登录操作系统和数据库系统的用户进行了身份标识和鉴别。

（2）操作系统和数据库系统管理用户口令应要求大小写字母和符号组合，至少 12 位，并且 30 天要求更换。

（3）登录失败，则无法进行其他操作。

（4）当对服务器进行远程管理时，采取 SSL 加密传输，防止鉴别信息在网络传输过程中被窃听。

（5）为操作系统和数据库系统的不同用户分配不同的用户名，确保用户名具有唯一性。

（6）采用两种组合的鉴别技术对管理用户进行身份鉴别。

2. 访问控制

（1）启用访问控制功能，依据安全策略控制用户对资源的访问。

（2）根据管理用户的角色分配权限，实现管理用户的权限分离，仅授予管理用户所需的最小权限。

（3）实现操作系统和数据库系统特权用户的权限分离，仅授予用户所需的最小权限。

（4）严格限制默认账户的访问权限，重命名系统默认账户，修改这些账户的默认口令。

（5）及时删除多余的、过期的账户，避免共享账户的存在。

（6）依据安全策略严格控制用户对有敏感标记重要信息资源的操作，无权用户无法对敏感信息进行访问、修改和删除。

3. 安全审计

（1）审计范围覆盖到服务器和重要客户端上的每个操作系统用户和数据库用户。

（2）审计内容包括重要用户行为、系统资源的异常使用和重要系统命令的使用等系统内重要的安全相关事件。

（3）审计记录包括事件的日期、时间、类型、主体标识、客体标识和结果等。

（4）能够根据记录数据进行分析，并生成审计报表。

（5）保护审计进程不会受到未预期的中断。

（6）保护审计记录不会受到未预期的删除、修改或覆盖等。

4. 剩余信息保护

（1）采用格式化内存和硬盘相应空间的方式，保证操作系统和数据库系统用户的鉴别信息所在的存储空间被释放或再分配给其他用户前得到完全清除，无论这些信息是存放在硬盘上还是在内存中。

（2）采用格式化内存和硬盘相应空间的方式，确保系统内的文件、目录和数据库记录等资源所在的存储空间被释放或重新分配给其他用户前得到完全清除。

5. 入侵防范

（1）能够检测到对重要服务器进行入侵的行为，能够记录入侵的源 IP、攻击的类型、攻击的目的、攻击的时间，并在发生严重入侵事件时阻止其 IP 的访问，并报警。

（2）能够对重要程序的完整性进行检测，计算其 MD5 值，并可以在检测到完整性受到破坏后的重备份中恢复。

（3）操作系统遵循最小安装的原则，仅安装需要的组件和应用程序，并通过设置升级服务器等方式保持系统补丁及时得到更新。

6. 恶意代码防范

（1）安装防恶意代码软件，并及时更新防恶意代码软件版本和恶意代码库。

（2）主机防恶意代码产品具有与网络防恶意代码产品不同的恶意代码库。

（3）支持防恶意代码的统一管理。

7. 资源控制

（1）通过设定终端接入方式、网络地址范围等条件限制终端登录。

（2）根据安全策略设置登录终端的操作超时锁定，目前为 5min。

（3）对重要服务器进行监视，包括监视服务器的 CPU、硬盘、内存、网络等资源的使用情况。

（4）限制单个用户对系统资源的最大或最小使用限度。

（三）应用安全

1. 身份鉴别

（1）提供专用的登录控制模块对登录用户进行身份标识和鉴别。

（2）应提供用户身份标识唯一和鉴别信息复杂度检查功能，保证应用系统中不存在重复用户身份标识，身份鉴别信息不易被冒用，用户口令应要求大小写字母和符号的组合，至少 12 位，并且 30 天要求更换，更改密码后方能进入系统，新旧密码不能重复。

（3）如果登录失败，则无权进行其他操作，5min 内连续登录 3 次失败后锁定账户 30min。

（4）每个用户的密码在数据库中采用特有的种子进行 MD5 加密存储。

2. 访问控制

（1）提供访问控制功能，依据安全策略控制用户对文件、数据库等客体的访问；应用系统为 B/S、C/S 结构，客户端软件和浏览器通过应用服务器对许可信息进行浏览，不能直接对服务器文件、数据表进行操作。

（2）访问控制的覆盖范围包括与资源访问相关的主体、客体及它们之间的操作；应用系统为管理员等设置不同的用户名，并针对用户不同的级别设置了相应的权限。

（3）由授权主体配置访问控制策略，应用系统不存在默认账户，新用户注册需要提交申请，经管理员批准后，由管理员开通并赋予业务所需的最小权限。

（4）授予不同账户为完成各自承担任务所需的最小权限，并在它们之间形成相互制约的关系。

3. 安全审计

（1）提供覆盖到每个用户的安全审计功能，对应用系统重要安全事件进行审计。

（2）系统保证无法单独中断审计进程，无法删除、修改或覆盖审计记录。

（3）审计记录的内容包括事件的日期、时间、发起者信息、类型、操作数据表及 ID，以及描述和结果等。

（4）提供对审计记录数据进行统计、查询、分析及生成审计报表的功能。

4. 剩余信息保护

（1）采用格式化内存和硬盘相应空间的方式，保证用户鉴别信息所在的存储空间被释放或再分配给其他用户前得到完全清除，无论这些信息是存放在硬盘上还是在内存中。

（2）采用格式化内存和硬盘相应空间的方式，保证系统内的文件、目录和数据库记录等资源所在的存储空间被释放或重新分配给其他用户前得到完全清除。

5. 通信完整性

应采用密码技术保证用户密码传输的保密性，通过 HTTPS 保证通信过程中数据的保密性，系统采用校验码技术保证通信过程中数据的完整性。

6. 通信保密性

（1）在通信双方建立连接之前，应用系统利用密码技术进行会话初始化验证。

（2）系统通过 HTTPS 对通信过程中的整个报文或会话过程进行加密。

7. 软件容错

（1）软件提供数据有效性检验功能，保证通过人机接口输入或通过通信接口输入的数据格式或长度符合系统设定要求。如用户名仅能输入数字、字母，无法输入其他类型的数据；对用户的所有可能产生结构化查询语言（SQL）注入的输入进行核查和过滤。

（2）该应用系统采用热备方式部署，在故障发生时，能快速恢复应用系统。

8. 资源控制

（1）系统设置当应用系统的通信双方中的一方在 30min 内未作任何响应，另一方应能够自动结束会话。浏览器进程关闭、操作超时、用户在其他地方登录、会话自动结束，系统设置连接超时 20s。

（2）对系统的最大并发会话连接数进行限制。

（3）系统能够对单个账户的多重并发会话进行限制，单个用户无法同时在异地登录。

（4）系统能够对一个时间段内可能的并发会话连接数进行限制。

（5）系统能够对一个访问账户或一个请求进程占用的资源分配最大限额和最小限额。

（四）数据安全及备份恢复

1. 数据完整性

（1）系统能够检测到系统管理数据、鉴别信息和重要业务数据在传输过程中完整性受到破坏，并在检测到完整性错误时采取重传的方式解决。

（2）系统能够检测到系统管理数据、鉴别信息和重要业务数据在存储过程中完整性受到破坏，并在检测到完整性错误时采用备份信息的方式进行恢复。

2. 数据保密性

（1）系统采用加密方式实现系统管理数据、鉴别信息和重要业务数据传输保密性。

（2）系统采用加密或其他保护措施实现系统管理数据、鉴别信息存储保密性。

3. 备份和恢复

（1）系统提供本地数据备份与恢复功能，完全数据备份每天一次，备份介质场外存放。

（2）提供异地数据备份功能，利用通信网络将关键数据定时批量传送至备用场地。

（3）采用一主多备的技术部署应用、数据库和文件服务器，避免关键节点存在单点故障。

三、系统安全管理办法

为进一步加强烟草近红外数据库系统平台用户账号、权限、预测模型和样品光谱及化学指标预测数据的规范化管理，确保信息系统安全、有序、稳定运行，防范应用风险，特制定如下安全保证制度。

1. 总则

（1）烟草近红外数据库系统平台中的用户和权限管理由郑州烟草研究院负责，系统须设定系统管理员负责用户和权限管理的具体操作。

（2）信息系统用户和权限管理的基本原则

①用户、权限和密码初始化设置由系统管理员全面负责。

②用户、权限和密码管理必须按照要求进行分配管理。

③用户、权限和密码管理采用实名制管理模式。

④严禁一人多账号登记注册。

2. 管理职责

（1）最高系统管理员负责行业内其他企业的数据管理员账号的注册、仪器注册的审核和仪器编号的分配、用户的停用和恢复、用户的密码重置。

（2）企业数据管理员负责本企业所有检测仪器的数据查看、管理、下载，以及各复烤厂为该企业检测的样品数据的查看、管理和下载。

（3）用户须严格管理自己用户名和密码，遵守保密性原则，除获得授权或另有规定外，不能将收集的个人信息向任何第三方泄露或公开。系统内所有用户信息均必须采用真实信息。

3. 用户管理

（1）用户申请和创建

①企业数据管理员由最高系统管理员统一分配，将创建的用户名、密码告知申请人本人，并要求申请人及时变更密码。

②样品检测用户随仪器注册一起注册，提交注册后，由最高系统管理员统一审核，并分配3位仪器编号，以后该用户就用3位仪器编号和注册密码进行登录。

③最高系统管理员将《用户账号申请和变更表》存档管理。

（2）账号审计工作由信息系统管理部门的负责人负责，并应定期向其领导进行汇报，由信息系统管理部门负责人定期和不定期检查。

（3）应急管理用户及企业数据管理员账户信息泄露遗失时，应立刻通知最高系统管理员。最高系统管理员在查明情况前，应暂停该用户的使用权限，并同时对该账户所报数据进行核查，待确认没有造成对报告数据的破坏后，通过修改密码，恢复该账户的系统权限。

（4）使用本系统应严格执行国家有关法律、法规，遵守公司的规章制度，确保国家秘密和企业利益安全。

四、系统应急预案办法

为妥善应对和处置系统信息安全突发事件、确保系统的运行安全和数据安全，结合实际情况，特制定了相应的应急预案办法，详情见附录E。

第四节 烟草近红外数据库系统平台测试

本系统按照GB/T 22239—2019《信息安全技术 网络安全等级保护基本要求》中软件系统层面的三级等级保护要求整改配置完善，并委托第三方权威测评机构进行详细测试，最终通过三级测试，确保系统数据安全可靠。

一、功能测试

第三方功能测试结果如图6-33所示。

	对该软件执行功能性测试，测试结果如下： 针对该软件本次执行的功能性测试，依据《烟草近红外大数据系统（客户端）操作手册》《烟草近红外大数据系统（Web 端）操作手册》《烟草近红外大数据系统功能性测试点》，共检测功能点 133 项，本次测试该 133 项功能点基本满足《烟草近红外大数据系统（客户端）操作手册》《烟草近红外大数据系统（Web 端）操作手册》要求。
结论	■通过　　　　□不通过

图 6-33　第三方功能测试结果

二、性能测试

针对本次测试“检测样品查询”性能效率测试点，使用 Jmeter V4.0 进行测试，测试结果显示，测试过程中模拟 200 用户线程数，平均响应时间为 0.672s，系统应用服务器均稳定运行；在测试过程中，测试请求未出现异常响应，系统对于压力的响应以及运行的稳定性表现良好。

针对本次测试“质量控制样品查询”性能效率测试点，使用 Jmeter V4.0 进行测试，测试结果显示，测试过程中模拟 200 用户线程数，平均响应时间为 0.616s，系统应用服务器均稳定运行；在测试过程中，测试请求未出现异常响应，系统对于压力的响应以及运行的稳定性表现良好。

针对本次测试“科研样品查询”性能效率测试点，使用 Jmeter V4.0 进行测试，测试结果显示，测试过程中模拟 200 用户线程数，平均响应时间为 0.699s，系统应用服务器均稳定运行；在测试过程中，测试请求未出现异常响应，系统对于压力的响应以及运行的稳定性表现良好。

200 线程“检测样品查询”的聚合报告截图如图 6-34 所示。

Label	# Samples	Average	Median	90% Line	99% Line	95% Line
检测样品查询	83362	672	549	1061	1526	2024
总体	83362	672	549	1061	1526	2024

Label	Error/%	Throughput/s	Received KB/s	Sent KB/s
检测样品查询	0	276.8	10568.05	202.16
总体	0	276.8	10568.05	202.16

并发用户数与事务执行情况				
并发线程数	事务平均响应时间/s	90%事务响应时间/s	Throughput/s	Error/%
200	0.672	1.061	276.8	0

图 6-34　“检测样品查询”的聚合报告

200 线程“质量控制样品查询”的聚合报告截图如图 6-35 所示。

Label	# Samples	Average	Median	90% Line	99% Line	95% Line
质量控制样品查询	90974	616	557	819	1265	1712
Total	90974	616	557	819	1265	1712

Label	Error/%	Throughput/s	Received KB/s	Sent KB/s
质量控制样品查询	0	299.8	10430.72	230.45
Total	0	299.8	10430.72	230.45

并发用户数与事务执行情况				
并发线程数	事务平均响应时间/s	90%事务响应时间/s	Throughput/s	Error/%
200	0.616	0.819	299.8	0

图 6-35　“质量控制样品查询”的聚合报告

三、安全测试

系统安全测试结果（表 6-10）表明：烟草近红外大数据系统平台在测试结果中存在一定的风险，但综合全局考虑不会导致信息系统面临高等级安全风险。被测试信息系统总体安全保护状况基本达到要求，但还存在个别问题，希望系统责任单位在安全建设整改中继续完善。

表 6-10　系统安全测试结果

测试对象/关联资产	危急	高危	中危	低危	信息
烟草近红外大数据系统平台	0	0	0	5	0
合计	0	0	0	5	0

四、代码审计

通过本次代码审计活动，调查人员发现甲方给出的烟草近红外大数据系统平台系统源代码底层平台采用了较为成熟的用户管理、权限控制、信息加密及访问控制技术，代码的编写基本符合编码规范的要求，综合全局考虑不会导致信息系统面临高等级安全风险。

第七章
烟草近红外数据库建设及管理

基于烟草近红外数据库系统平台，建设烟草近红外数据库，形成样品种类涵盖全、化学成分指标多、预测结果准确的烟草近红外光谱、烟草近红外化学成分和烟气近红外化学成分等烟草近红外数据库，支撑烟草行业卷烟产品数字化设计与维护、卷烟烟叶质量风格评价、烟叶醇化进程表征和复烤片烟质量稳定性等工作，并对烟草近红外数据库的用户/仪器管理、模型传递、光谱数据、质量控制样品查询等功能管理进行介绍，以期读者较为完整深入地了解数据库的使用。

第一节　烟草近红外数据库内容

一、烟草近红外光谱数据库

烟草近红外光谱数据库包括初烤/复烤样品近红外光谱数据库、醇化样品近红外光谱数据库和卷烟烟丝近红外光谱数据库。

初烤样品近红外光谱数据库基础数据包含：①由 2 位样品类型编码、4 位烟叶种植年份编码、3 位烟叶品种编码、6 位烟叶产地编码、2 位烟叶等级编码、5 位企业名称编码、3 位仪器编码和 14 位采集时间编码组合而成的 39 位数字编码；②谱图信息。

复烤样品近红外光谱数据库基础数据包含：①由 2 位样品类型编码、4 位烟叶种植年份编码、5 位复烤模块编码、5 位企业名称编码、3 位仪器编码和 14 位采集时间编码组合而成的 33 位数字编码；②谱图信息。

醇化样品近红外光谱数据库基础数据包含：①由 2 位样品类型编码、4 位烟叶种植年份编码、5 位复烤模块编码、5 位企业名称编码、3 位醇化仓库编码、3 位仪器编码和 14 位采集时间编码组合而成的 36 位数字编码；②谱图信息。

卷烟烟丝近红外光谱数据库基础数据包含：①由 2 位样品类型编码、8

位生产日期编码、5 位工业公司编码、2 位生产厂家编码、6 位卷烟条条码编码、3 位仪器编码和 14 位采集时间编码组合的 40 位数字编码；②谱图信息。

二、烟草近红外化学成分数据库

烟草近红外化学成分数据库包括初烤/复烤样品近红外化学成分数据库、醇化样品近红外化学成分数据库和卷烟烟丝近红外化学成分数据库。

初烤样品近红外化学成分数据库基础数据（图 7-1）包含：①企业名称；②烟叶种植年份、烟叶品种、烟叶产地和烟叶等级等样品基本信息数据；③近红外分析所采用的预测模型；④光谱采集仪器用户名；⑤用户自行备注的样品属性等；⑥光谱采集时间；⑦样品编码；⑧70 种化学成分数据。

序号	样品类别	样品类型	仪器	采集时间	样品编码	种植年份	企业名称	烟叶等级	烟叶品种
185	T	初烤烟叶	麒麟复烤...	20221004...	10202230...	2022	福建中烟...	B2F 上橘二	云烟87
186	T	初烤烟叶	麒麟复烤...	20221004...	10202230...	2022	福建中烟...	C4F 中橘四	云烟87
187	T	初烤烟叶	麒麟复烤...	20221004...	10202230...	2022	福建中烟...	C3F 中橘三	云烟87
188	T	初烤烟叶	麒麟复烤...	20221004...	10202236...	2022	福建中烟...	C2F 中橘二	云烟100
189	T	初烤烟叶	麒麟复烤...	20221004...	10202236...	2022	福建中烟...	C2F 中橘二	云烟100
190	T	初烤烟叶	麒麟复烤...	20221004...	10202236...	2022	福建中烟...	C2F 中橘二	云烟100
191	T	初烤烟叶	麒麟复烤...	20221004...	10202230...	2022	福建中烟...	C2F 中橘二	云烟87
192	T	初烤烟叶	麒麟复烤...	20221004...	10202230...	2022	福建中烟...	C2F 中橘二	云烟87

序号	烟叶产地	备注	备注2	备注3	模型名称	总植物碱...	还原糖%	总糖%	总氮%
185	云南省普...	初烟	2022.10.4	FCY630	6%~8%水...	3.14	24.6	35.5	2.20
186	云南省普...	初烟	2022.10.4	FCY631	6%~8%水...	2.05	10.0	14.3	3.00
187	云南省曲...	初烟	2022.10.4	FCY632	6%~8%水...	2.97	13.6	24.5	3.00
188	云南省曲...	初烟	2022.10.4	FCY633	6%~8%水...	2.01	24.1	37.7	1.69
189	云南省曲...	初烟	2022.10.4	FCY634	6%~8%水...	2.73	20.6	33.9	2.20
190	云南省曲...	初烟	2022.10.4	FCY635	6%~8%水...	2.52	22.5	35.6	2.05
191	云南省曲...	初烟	2022.10.4	FCY636	6%~8%水...	2.42	18.4	27.6	2.58
192	云南省曲...	初烟	2022.10.4	FCY637	6%~8%水...	2.15	22.7	35.8	2.13

图 7-1 初烤样品近红外化学成分数据库基础数据示例

复烤样品近红外化学成分数据库基础数据（图 7-2）包含：①企业名称；②烟叶种植年份；③复烤模块；④近红外分析所采用的预测模型；⑤光谱采集仪器用户名；⑥用户自行备注的样品属性等；⑦光谱采集时间；⑧样品编

码；⑨70 种化学成分数据。

序号	样品类别	样品类型	仪器	采集时间	样品编码	种植年份	企业名称	复烤模块	备注
41	T	复烤片烟	福建省龙...	20221008...	11202210...	2022	福建中烟...	10009	新烟片烟-...
42	T	复烤片烟	福建省龙...	20221008...	11202210...	2022	福建中烟...	10009	新烟片烟-...
43	T	复烤片烟	福建省龙...	20221008...	11202210...	2022	福建中烟...	10009	新烟片烟-...
44	T	复烤片烟	福建省龙...	20221008...	11202210...	2022	福建中烟...	10009	新烟片烟-...
45	T	复烤片烟	福建省龙...	20221008...	11202210...	2022	福建中烟...	10009	新烟片烟-...
46	T	复烤片烟	福建省龙...	20221008...	11202210...	2022	福建中烟...	10009	新烟片烟-...
47	T	复烤片烟	福建省龙...	20221008...	11202210...	2022	福建中烟...	10009	新烟片烟-...
48	T	复烤片烟	福建省龙...	20221008...	11202210...	2022	福建中烟...	10009	新烟片烟-...

序号	备注2	备注3	模型名称	总植物碱...	还原糖%	总糖%	总氮%	K%	氯%
41	1070		10%~12%...	1.89	28.6	37.0	1.78	2.43	0.34
42	1040		10%~12%...	1.93	26.5	35.1	1.76	2.63	0.37
43	1040		10%~12%...	1.90	26.7	35.2	1.75	2.67	0.36
44	1040		10%~12%...	1.91	26.6	35.2	1.75	2.65	0.36
45	0980		10%~12%...	1.93	26.4	35.0	1.80	2.52	0.27
46	0980		10%~12%...	1.95	26.8	35.1	1.80	2.54	0.31
47	0980		10%~12%...	1.94	26.6	35.1	1.80	2.53	0.29
48	1280		10%~12%...	1.87	28.4	37.6	1.75	2.45	0.25

图 7-2　复烤样品近红外化学成分数据库基础数据示例

醇化样品近红外化学成分数据库基础数据（图 7-3）包含：①企业名称；②烟叶种植年份；③复烤模块；④仓库编码；⑤近红外分析所采用的预测模型；⑥光谱采集仪器用户名；⑦用户自行备注的样品属性等；⑧光谱采集时间；⑨样品编码；⑩70 种化学成分数据。

序号	样品类别	样品类型	仪器	采集时间	样品编码	种植年份	企业名称	复烤模块	仓库编码
601	T	醇化片烟	河北中烟...	20230116...	12200020...	2000	河北中烟...	20233	003
602	T	醇化片烟	河北中烟...	20230116...	12200020...	2000	河北中烟...	20233	003
603	T	醇化片烟	河北中烟...	20230116...	12200020...	2000	河北中烟...	20233	003
604	T	醇化片烟	河北中烟...	20230116...	12200020...	2000	河北中烟...	20233	003
605	T	醇化片烟	河北中烟...	20230116...	12200020...	2000	河北中烟...	20233	003
606	T	醇化片烟	河北中烟...	20230116...	12200020...	2000	河北中烟...	20233	003
607	T	醇化片烟	河北中烟...	20230116...	12200020...	2000	河北中烟...	20233	003
608	T	醇化片烟	河北中烟...	20230116...	12200020...	2000	河北中烟...	20233	003

序号	备注	备注2	备注3	模型名称	总植物碱...	还原糖%	总糖%	总氮%	K%
801	W037	11-15贵州...		6%~8%水...	2.44	13.6	16.9	2.27	1.89
802	W037	11-15贵州...		6%~8%水...	2.48	13.9	17.1	2.27	1.98
803	W037	11-15贵州...		6%~8%水...	2.46	13.7	17.0	2.27	1.93
804	W038	河南	MK	6%~8%水...	2.27	17.9	21.4	2.11	1.90
805	W038	河南	MK	6%~8%水...	2.24	18.0	21.7	2.10	1.88
806	W038	河南	MK	6%~8%水...	2.26	17.9	21.6	2.11	1.89
807	W039	河南许昌	MK	6%~8%水...	3.10	11.3	12.8	2.77	1.48
808	W039	河南许昌	MK	6%~8%水...	3.12	11.3	12.7	2.76	1.37

图 7-3　醇化样品近红外化学成分数据库基础数据示例

卷烟烟丝近红外化学成分数据库基础数据（图 7-4）包含：①工业公司；②卷烟生产日期；③卷烟条条码；④制作人员；⑤近红外分析所采用的预测模型；⑥光谱采集仪器用户名；⑦用户自行备注的样品属性等；⑧光谱采集时间；⑨样品编码；⑩70 种化学成分数据。

序号	样品类别	样品类型	仪器	采集时间	样品编码	生产日期	卷烟条条...	工业公司	制作人员
227	T	成品烟丝	甘肃烟草...	20230207...	13202208...	20220830	065566	甘肃烟草...	01
228	T	成品烟丝	甘肃烟草...	20230207...	13202208...	20220830	065566	甘肃烟草...	01
229	T	成品烟丝	甘肃烟草...	20230207...	13202208...	20220823	065566	甘肃烟草...	01
230	T	成品烟丝	甘肃烟草...	20230207...	13202208...	20220823	065566	甘肃烟草...	01
231	T	成品烟丝	甘肃烟草...	20230207...	13202208...	20220823	065566	甘肃烟草...	01
232	T	成品烟丝	甘肃烟草...	20230207...	13202208...	20220816	065566	甘肃烟草...	01
233	T	成品烟丝	甘肃烟草...	20230207...	13202208...	20220816	065566	甘肃烟草...	01
234	T	成品烟丝	甘肃烟草...	20230207...	13202208...	20220816	065566	甘肃烟草...	01

序号	备注	备注2	备注3	模型名称	总植物碱...	还原糖%	总糖%	总氮%	K%
227	YJP2208029	1220802912		10-12%水...	1.62	20.9	25.1	1.88	2.81
228	YJP2208029	1220802912		10-12%水...	1.63	20.9	25.2	1.89	2.84
229	YJP2208023	1220802312		10-12%水...	1.56	19.8	23.7	1.89	2.94
230	YJP2208023	1220802312		10-12%水...	1.55	19.9	23.7	1.89	2.92
231	YJP2208023	1220802312		10-12%水...	1.57	19.7	23.6	1.89	2.97
232	YJP2208017	1220801712		10-12%水...	1.54	20.0	23.7	1.88	2.79
233	YJP2208017	1220801712		10-12%水...	1.53	20.0	23.6	1.88	2.80
234	YJP2208017	1220801712		10-12%水...	1.55	20.1	23.7	1.89	2.78

图 7-4　卷烟烟丝近红外化学成分数据库基础数据示例

三、烟气近红外化学成分数据库

烟气近红外化学成分数据库基础数据（图 7-5）包含：①企业名称；②生产日期；③用户自行备注的样品属性等；④制作人员；⑤光谱采集时间；⑥2 位样品类型编码、8 位生产日期编码、5 位工业公司编码、2 位生产厂家编码、2 位样品编号、3 位仪器编码和 14 位采集时间编码组合的 36 位数字样品编码；⑦3 种烟气化学成分数据。

序号	样品类别	样品类型	仪器	采集时间	样品编码	生产日期	工业公司	制作人员	备注
21	T	膨胀烟丝	山东中烟...	20230330...	17202302...	20230225	山东中烟...	01	
22	T	膨胀烟丝	山东中烟...	20230330...	17202302...	20230225	山东中烟...	01	
23	T	膨胀烟丝	山东中烟...	20230330...	17202302...	20230225	山东中烟...	01	
24	T	膨胀烟丝	山东中烟...	20230330...	17202302...	20230224	山东中烟...	01	
25	T	膨胀烟丝	山东中烟...	20230330...	17202302...	20230224	山东中烟...	01	
26	T	膨胀烟丝	山东中烟...	20230330...	17202302...	20230224	山东中烟...	01	
27	T	膨胀烟丝	山东中烟...	20230330...	17202302...	20230206	山东中烟...	01	2
28	T	膨胀烟丝	山东中烟...	20230330...	17202302...	20230206	山东中烟...	01	2

序号	备注2	备注3	模型名称	总植物碱...	还原糖%	烟碱 mg/g 烟丝	一氧化碳 mg/g 烟丝
21				24.2		2.10	13.7
22				24.2		2.20	13.9
23				21.2		1.65	12.5
24				21.7		1.63	12.8
25				20.5		1.65	12.5
26				19.6		1.58	12.8
27				24.5		2.13	13.6
28				24.3		2.16	13.7

图 7-5　卷烟烟气近红外化学成分数据库基础数据示例

第二节　烟草近红外数据库建设

一、烟草在线近红外数据上传

将第六章所述烟草近红外数据库系统客户端采集烟草样品或批量采集烟草样品形成的光谱和化学成分数据分别自动上传到网页端相应的数据库。

（一）烟草样品近红外分析

登录近红外数据库系统客户端。选取测试样品后，界面按功能分为 3 个部分，如图 7-6 所示。

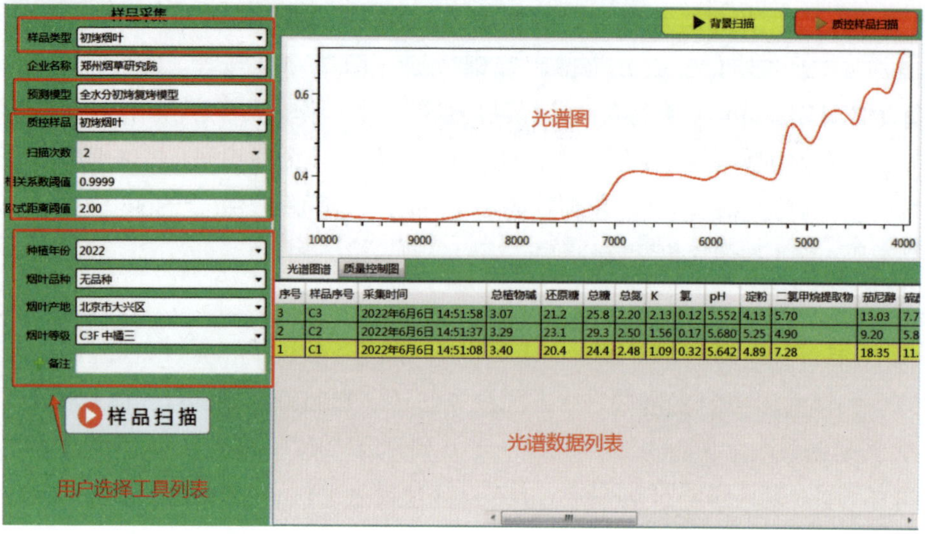

图 7-6　烟草样品近红外光谱采集界面（初烤样品）

图示左侧为用户选择工具列表，通过直接输入或下拉列表选择确定样品类型、预测模型、质控样品、近红外采集参数（扫描次数、相关系数阈值、欧式距离阈值）和编码规则规定的选项内容（种植年份、烟叶品种、烟叶产地、烟叶等级）。点击图中“样品扫描”按钮，然后右侧上方根据需要切换显示样品光谱图和质量控制图，样品或质控样品预测的化学成分数据显示在图右侧下方。

扫描结束后，样品或质控样光谱和化学成分数据同时上传至烟草近红外数据库系统中的烟草近红外光谱和化学成分数据库。

具体操作步骤以初烤样品为例。

1. 样品类型选择

图 7-7 左上侧圈中列出了烟草样品所有的 9 种类型。当选定一个样品类型时，系统会自动根据选定类型的编码规则对其相应的各种选项做出调整。如选定初烤烟叶，图中左下侧则根据初烤烟叶样品编码规则规定的选项内容调整为种植年份、烟叶品种、烟叶产地、烟叶等级及备注样品信息等选项。

2. 企业名称选择

图 7-8 左上侧下拉菜单中列出企业名称，根据客户端登录的机器号相应做出调整。如果登录的是工业公司的仪器账号，系统会自动将企业名称确定为工业公司名，并禁止用户选择；如果登录的是复烤厂的仪器账号，那么用

户可以自由选择企业名称。

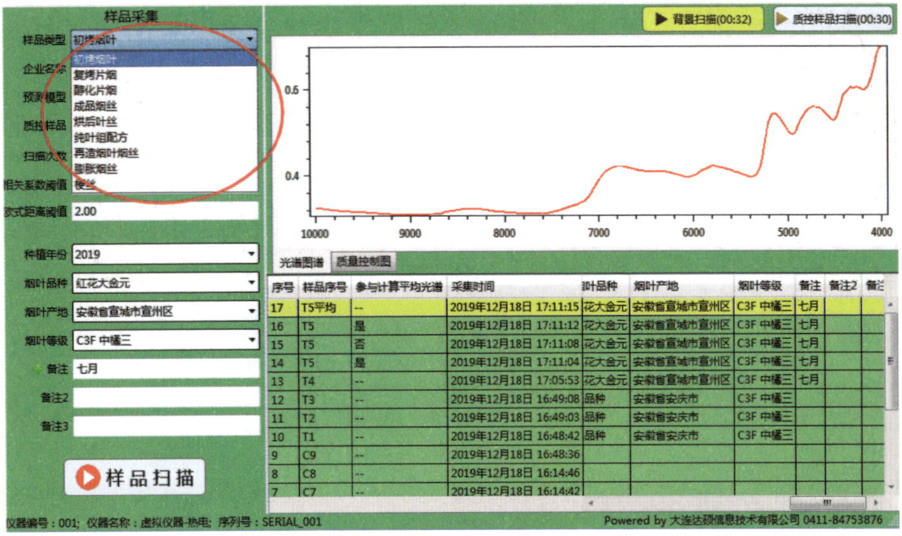

图 7-7　样品类型选择

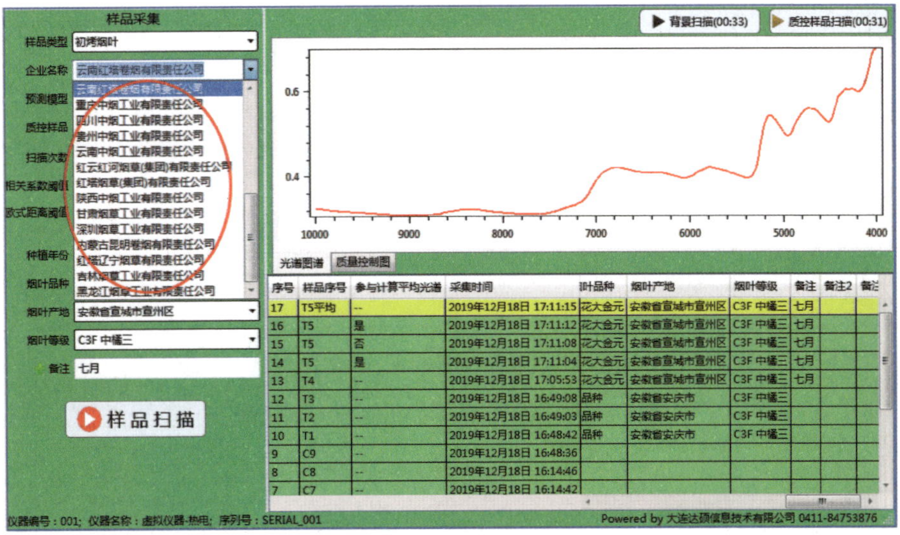

图 7-8　企业名称选择

3. 预测模型选择

预测模型规定了采集的样品将用哪个模型进行预测。图 7-9 所示下拉菜单中提供可以选择的模型，也可以选择无模型。需要注意的是，选中的预测模型不作用于质控样品，质控样品近红外采集时用的是自带的预测模型。

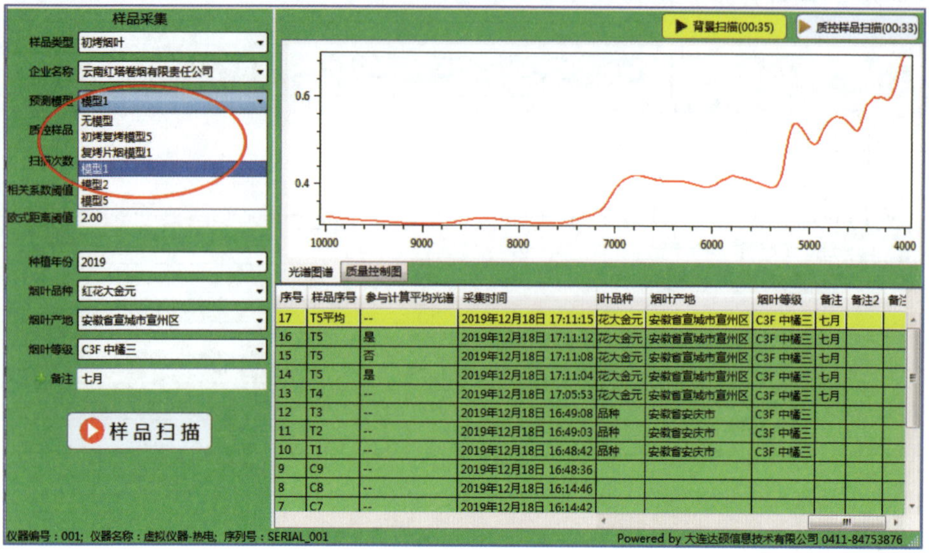

图 7-9　预测模型选择

4. 质控样品选择

选择和检测样品同类型的质控样品，当切换质控样品时，当前界面上已检测的样品将清空，且不再显示，如图 7-10 所示。用户只能通过样品查询界面查询样品。

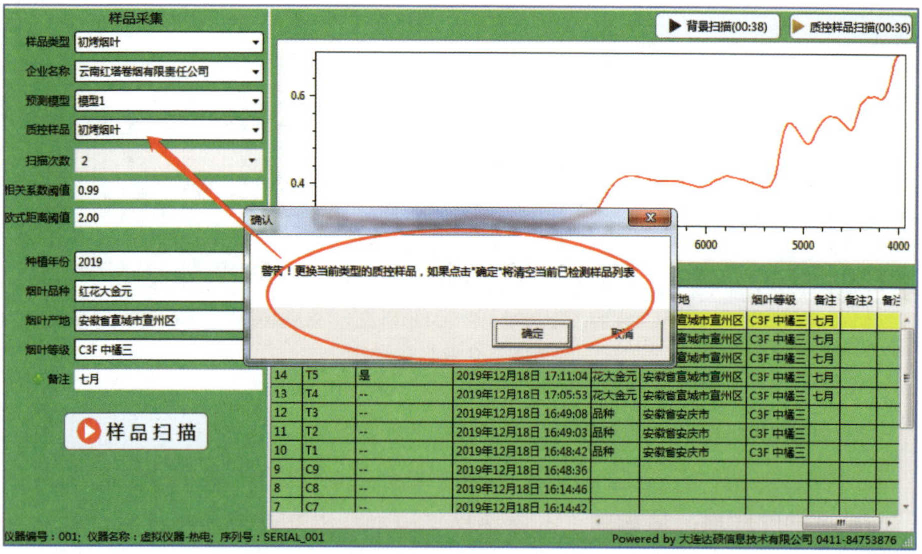

图 7-10　质控样品选择

5. 近红外采集参数规定

系统可设置的近红外采集参数为扫描次数，客户端默认的扫描次数为 1 次，也可根据需要自行做出选择。当选择扫描次数为 2 或 2 以上时，如图 7-11 所示 1 号位置会自动多出两个选择项：相关系数阈值和欧式距离阈值，用于评估同一个样品的多次采集光谱之间的欧式距离。如选择扫描次数为 2，相关系数阈值为 0.99，欧氏距离阈值则为 2.00，当采集了两条样品近红外光谱后，系统会自动计算两条光谱之间的欧式距离和相关系数，当欧式距离小于给定的阈值且相关系数大于给定的阈值时，不再要求重新测量光谱，并计算平均光谱。当欧式距离大于给定的阈值且相关系数小于给定的阈值时，要求重新测量光谱，并计算平均光谱，数据列表上会自动增加一列（图 7-11 中 2 号位置）标明样品是否参与计算平均光谱。重新测量光谱的上限是 5 次，如果样品采集光谱 5 次都无满足条件的两条光谱，则停止测量，并标明没有平均光谱。

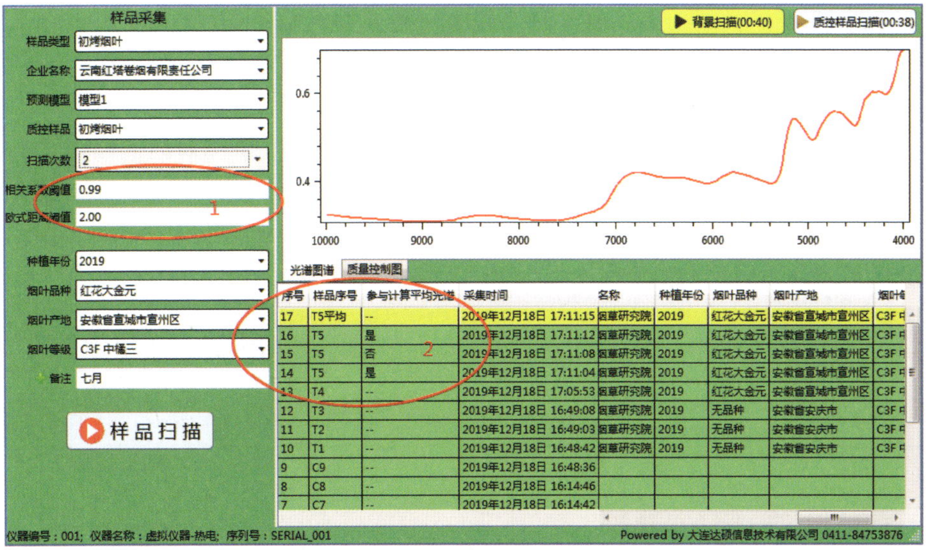

图 7-11　扫描次数设置

6. 样品信息确定

如图 7-12 所示，初烤烟叶按照编码规则规定的选项内容为种植年份、烟叶品种、烟叶产地、烟叶等级及备注等信息。可手动输入样品信息，或者通过下拉菜单选择相应信息。

如果样品信息输入错误或由于近红外采集操作方法需要删除采集的近红外光谱时，单击选中要删除的光谱，右键选择如图 7-12 所示的“删除”即可。

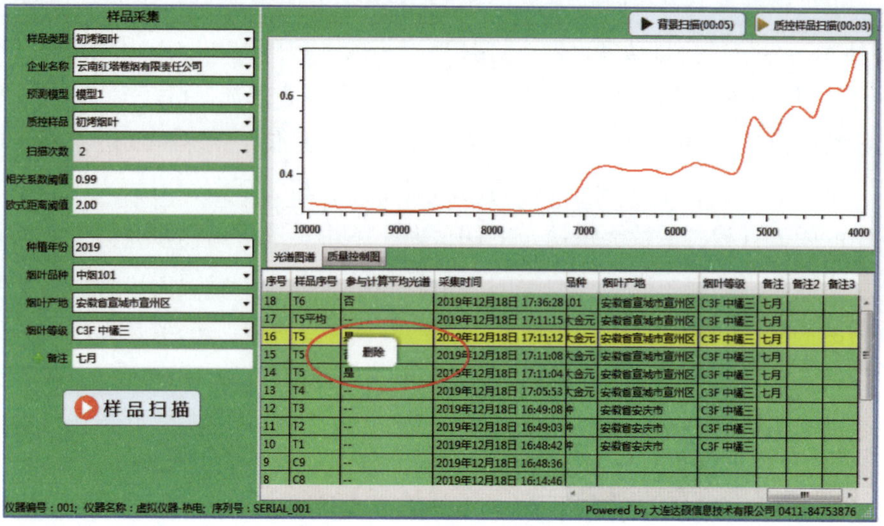

图 7-12　样品基本信息设置

7. 样品光谱采集

当所有信息完成选择以后，点击“样品扫描”按钮，弹出对话框如图 7-13 所示，准备好待测样品，点击对话框中的“开始测量”按钮。当选择扫描次数为 2 时，则迭代重复测定，再次准备好同一个待测样品，点击对话框中的“开始测量”按钮，如图 7-14 所示。

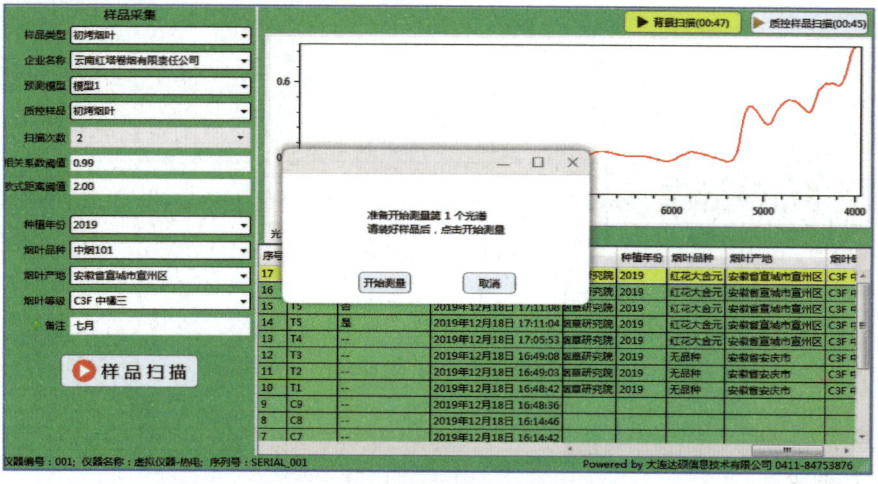

图 7-13　样品开始采集界面

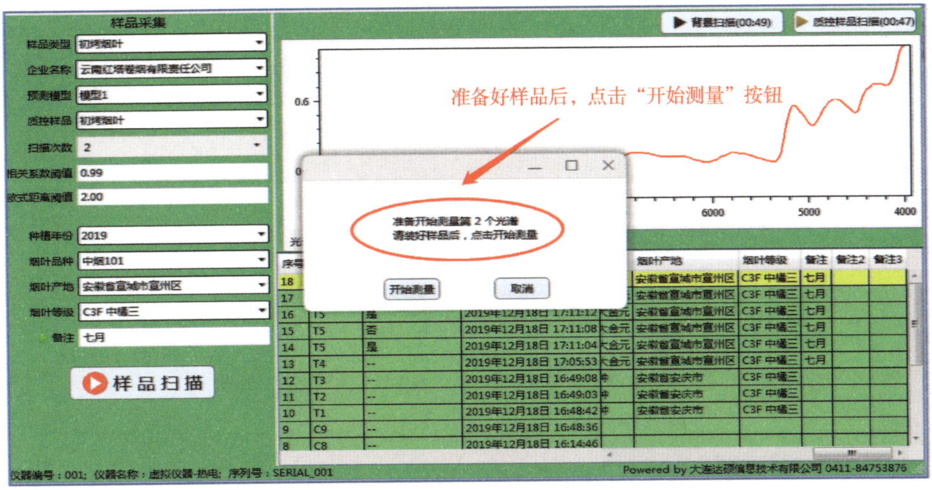

图 7-14　迭代重复测定界面

如果样品采集光谱时，所有的选项都与上一次相同，系统会给出所有信息一致的提示，如图 7-15 所示。

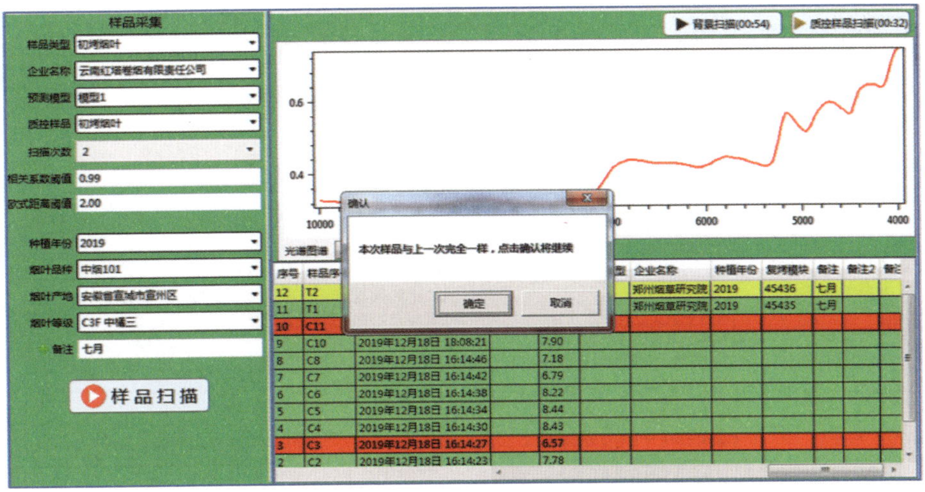

图 7-15　样品所有信息一致的提示

（二）批量烟草样品近红外分析

测试样品选取批量采集，从 Excel 表格中批量导入样品信息，然后进行近红外分析。具体操作步骤以复烤烟叶为例。

1. 样品信息导入

如图 7-16 所示，点击界面的“下载模板”，按照模板中所需样品信息格式填写（图 7-17），然后点击“导入 Excel”按钮，则系统自动将批量样品相应的信息导入近红外分析程序，建立样品批次相应的时间信息自动出现在已有批次下拉菜单中，样品列表下拉菜单中的编号为当前选中批次下所有的样品编号。

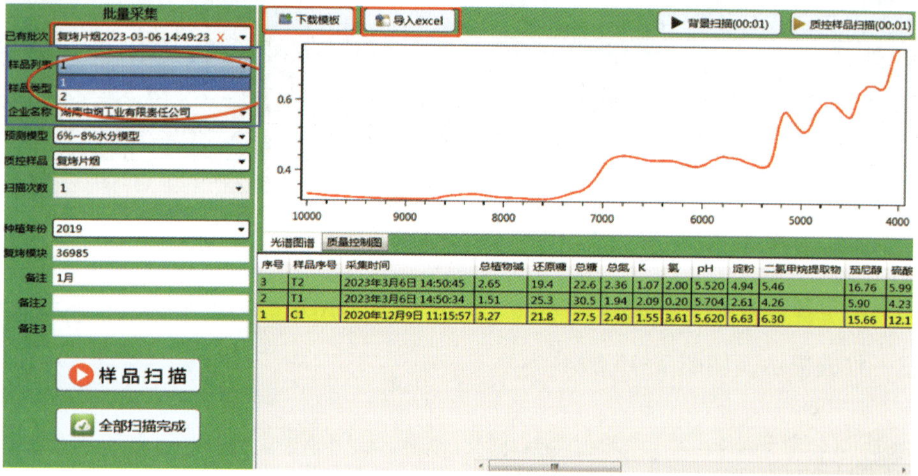

图 7-16　批量样品近红外分析样品信息导入

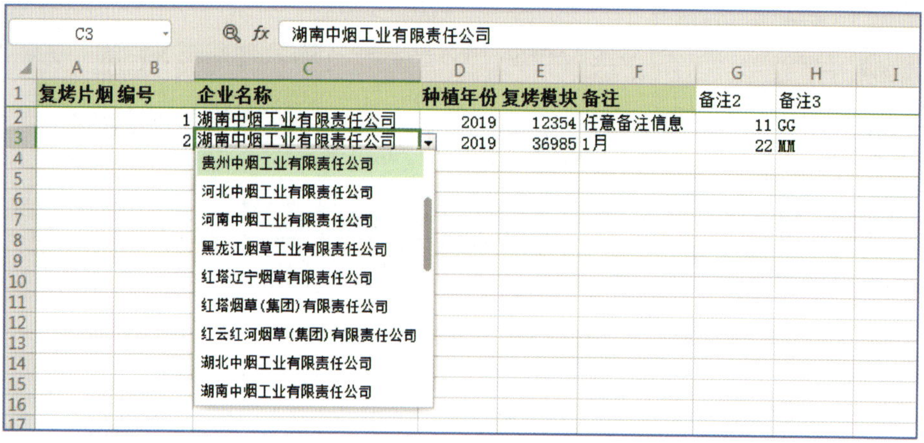

图 7-17　批量样品信息表（复烤烟叶）

2. 其他参数设置

企业名称、预测模型和质控样品的选择及近红外采集参数的规定和烟草样品近红外分析相同。

3. 批量样品近红外分析

点击“样品扫描”按钮，扫描完一个样品之后，系统自动跳转到下一个样品，如图 7-18 所示，下一个复烤烟叶样品编号等样品信息均自动跳转。当扫描完成一个批次的所有样品时，需要点击“全部扫描完成”按钮提交批次，提交之后，批次信息将不再显示在已有批次列表中。点击“全部扫描”按钮会弹出对话框显示尚未扫描的样品。提交结束之后会自动跳转到下一个批次。

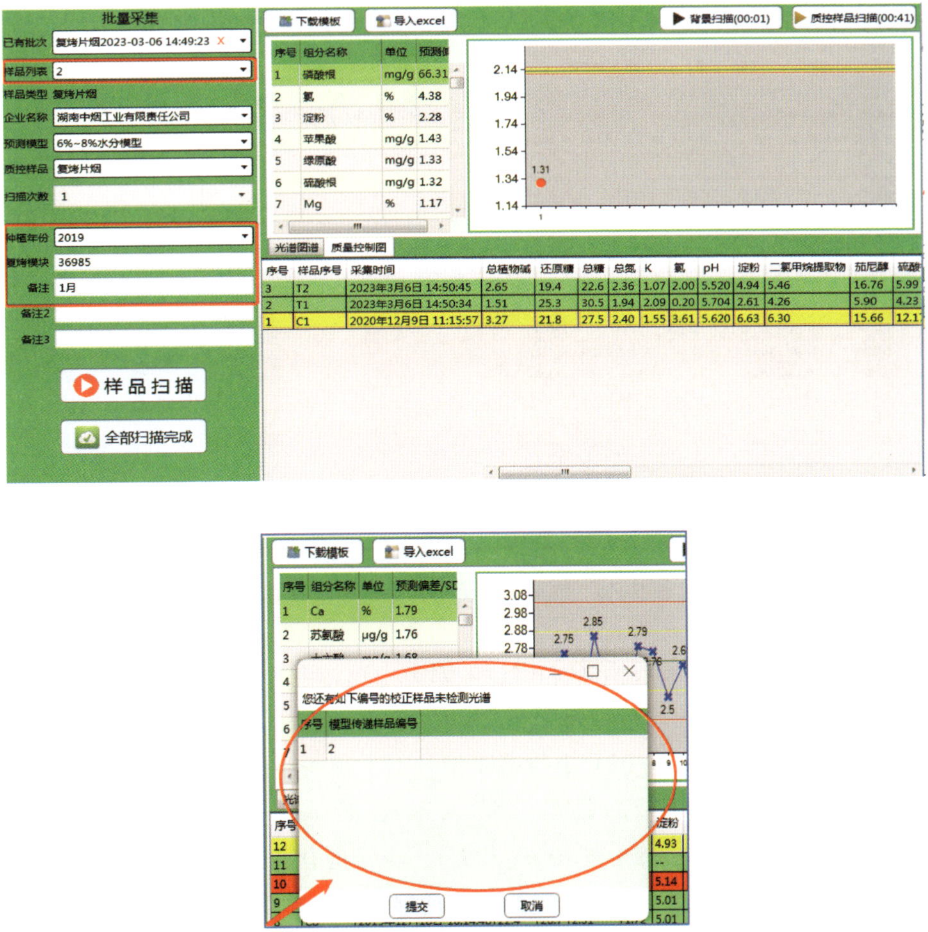

图 7-18　批量样品近红外分析

二、烟草离线近红外数据导入

采用第六章所述烟草近红外数据库系统客户端上传样品信息 Excel 文件和相应的光谱文件，光谱文件和系统自动预测的化学成分上传到网页端相应的数据库。

登录近红外数据库系统客户端。选取预测模型查看后，界面如图 7-19 所示。图中框（1）为工具选择栏，通过样品类型、水分含量和仪器编码选择待上传光谱的样品所对应的预测模型，然后再批量导入光谱，样品光谱和自动预测的化学成分同时上传至烟草近红外数据库系统的烟草近红外光谱和化学成分数据库。框（2）为选择的预测模型的相关信息；框（3）为选中的预测模型预测指标的建模信息。

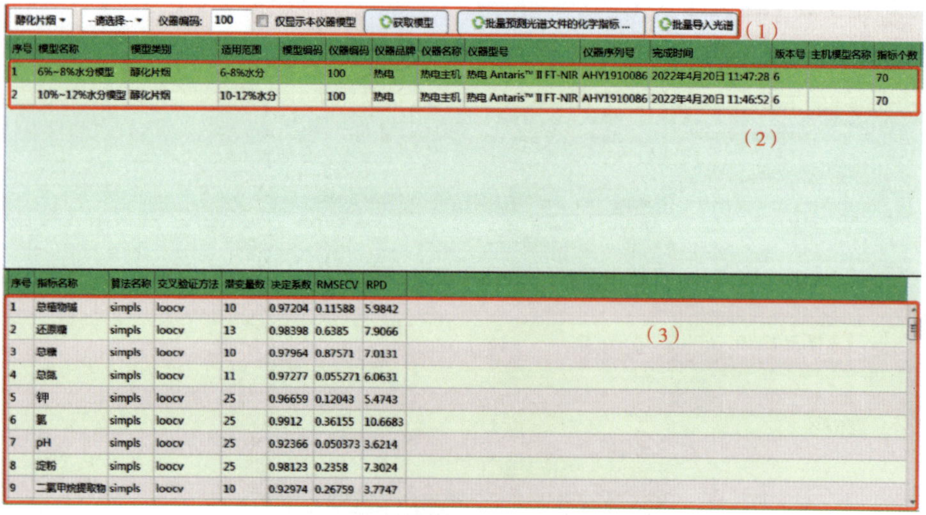

图 7-19　烟草离线近红外数据导入界面

具体操作步骤以上传一批醇化样品为例。

1. 选择预测模型

图 7-20 中左上侧框（1）下拉菜单中列出了预测模型的四种类型（初烤/复烤烟叶、醇化片烟、成品烟丝、烟气常规），框（2）下拉菜单为预测模型的两种水分范围（6%~8%和 10%~12%），选定醇化片烟的预测模型的水分含量 6%~8%。系统自动根据选定的预测模型显示其模型信息及预测指标的建模信息。

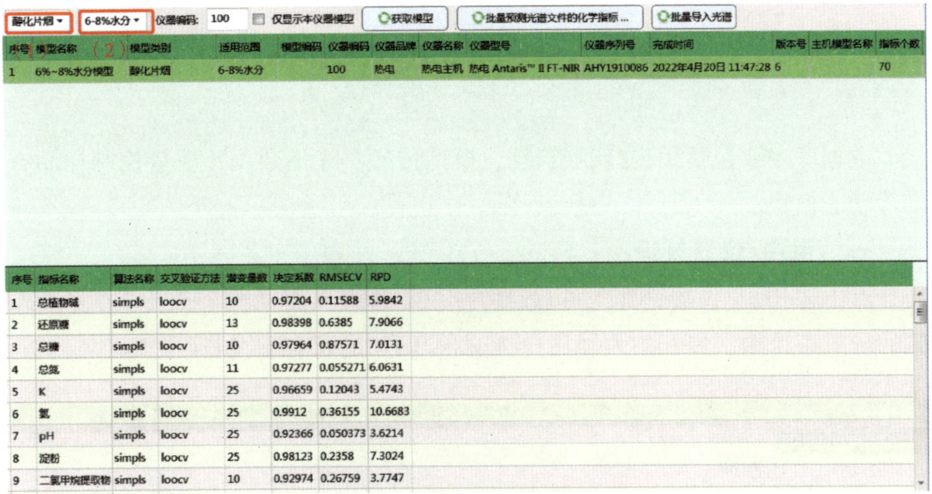

图 7-20　选择样品预测模型界面

2. 批量导入光谱

点击如图 7-21 中右上侧框的“批量导入光谱”按钮，然后在图中弹出的对话框上选择样品光谱信息 Excel 文件（根据离线导入 Excel 模板填写各样本的基本属性），以及各样品的光谱保存文件夹位置，最后点击“确定”按钮，即可导入离线光谱数据，并进行化学指标的预测。数据保存在服务器数据中心，可以在客户端和网页端查询和导出。

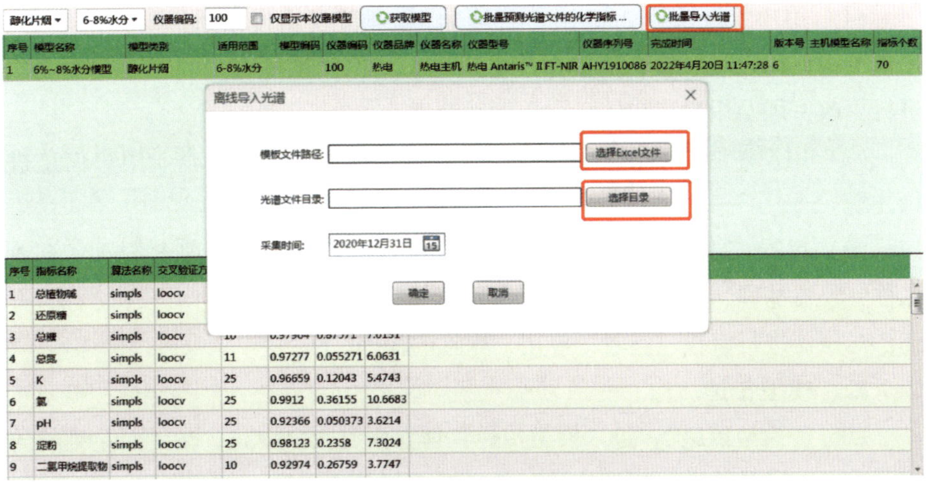

图 7-21　批量导入光谱数据界面

第三节　烟草近红外数据库管理

数据库主要包括用户/仪器管理、模型传递、光谱数据、质量控制样品查询等功能模块。

一、用户/仪器管理

点击“用户/仪器管理”，进入用户/仪器管理界面（图 7-22）。在界面左侧的导航菜单中，展开的为“用户/仪器管理”的所有下级节点。

图 7-22　用户/仪器管理界面

(1) 用户管理　点击“用户管理”，管理员根据搜索条件（企业名称、用户等级、用户名、姓名）进行搜索查询，对网页端和客户端所注册的用户进行更改密码及用户账户的启用和停用管理。

(2) 用户注册　点击“用户注册”，用户或管理员填写企业用户信息进行注册。

(3) 仪器管理　点击“仪器管理”，用户或管理员根据搜索条件（企业名称、仪器品牌、仪器编号、本单位仪器编码、注册时间段）进行仪器的查询，对仪器进行审核、查看、停用、删除的操作。

二、模型传递

点击“模型传递”，进入模型传递管理界面（图 7-23）。在界面左侧的导航菜单中，展开的为“模型传递”的所有下级节点。

(1) 模型传递样品　点击“模型传递样品”，管理员对模型传递样品进

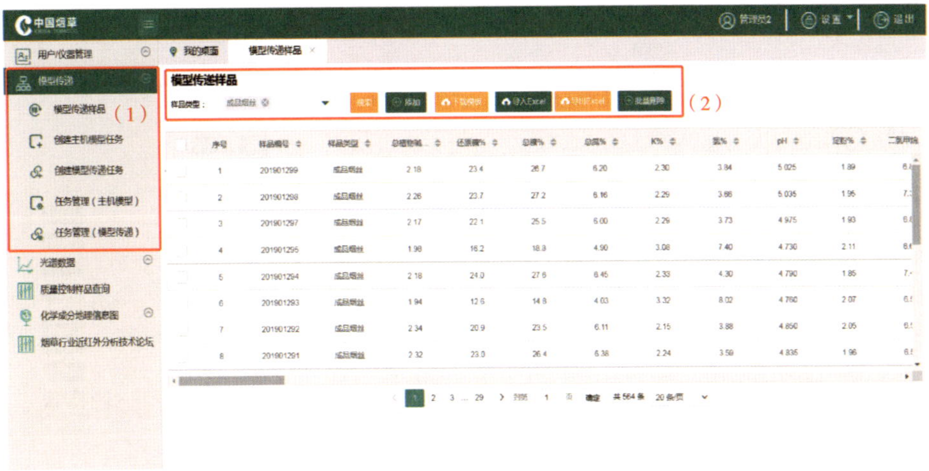

图 7-23　模型传递管理界面

行增删改查、导入 Excel、导出 Excel、下载模板等操作。

(2) 创建主机模型任务　点击“创建主机模型任务”，管理员选择“模型传递样品”功能中已上传的样品信息，根据选中样品信息及主机信息（模型类别、适用范围和仪器品牌等）创建主机模型任务。

(3) 创建模型传递任务　点击“创建模型传递任务”，管理员选择“模型传递样品”功能中已上传的样品信息，根据选中样品信息及主机信息（模型类别、适用范围和仪器品牌等）创建模型传递任务。

(4) 任务管理（主机模型）　点击“任务管理（主机模型）”，管理员进行主机模型任务发布和删除、查看和上传及下载主机模型、对多个任务进行批量发布等操作。

(5) 任务管理（模型传递）　点击“任务管理（模型传递）”，管理员进行模型传递任务发布和删除、查看和下载任务生成光谱文件、对多个任务进行批量发布等操作。

三、光谱数据

点击“光谱数据”，进入光谱数据管理界面（图 7-24）。在界面左侧的导航菜单中，展开的为“光谱数据”的所有下级节点。

(1) 检测样品查询　点击“检测样品查询”，用户或管理员可通过样品类型、企业名称、仪器、检测开始时间和结束时间查看检测样品信息及光谱信息，通过打包或全部打包下载选中的检测样品或全部检测样品的光谱文件

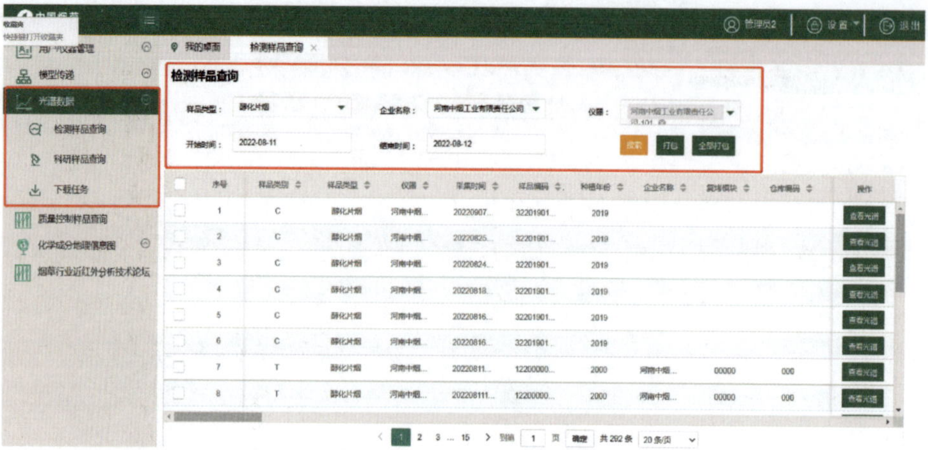

图 7-24　光谱数据管理界面

和化学成分数据。

（2）科研样品查询　点击“科研样品查询”，用户可通过样品类型、仪器、检测开始时间和结束时间查看科研样品信息及光谱信息，通过打包或全部打包下载选中的科研样品或全部科研样品的光谱文件和化学成分数据。

（3）下载任务　点击“下载任务”，用户或管理员可下载或删除“检测样品查询”和“科研样品查询”打包或全部打包的任务。

四、质量控制样品查询

点击“质量控制样品查询”，进入质量控制样品查询界面（图 7-25）。用户或管理员对质量控制样品的预测结果、质量控制图和监测历史数据关联样品的数据光谱等进行查看。

图 7-25　质量控制样品查询界面

第八章 烟草近红外数据库的应用举例

利用烟草近红外数据库积累的数据，对初烤烟叶化学成分进行统计分析，形成行业烟叶化学成分地理信息系统；从烤烟香型风格生态区和烟叶部位两个维度，对初烤烟叶的化学成分特点进行分析；挖掘化学成分与醇化时间的变化规律；通过对制丝线烟丝的连续监控，研究制订基于近红外分析的卷烟烟丝质量稳定性表征方法；为卷烟产品数字化设计提供高质量近红外数据支持，促进数字化研发的推广应用。

第一节　初烤烟叶化学成分分布

烟草近红外数据库系统收集初烤烟叶数据 24506 条（截至 2021 年 11 月 29 日），按样品等级 B2F、C3F 和 X2F 整理得到数据 15321 条，其中样品等级为 B2F 的数据为 1682 条、样品等级为 C3F 的数据 12494 条、样品等级为 X2F 的数据为 1145 条。根据初烤烟叶样品信息和近红外预测的化学成分，从生态区和部位两个维度，对初烤烟叶的化学成分特点进行分析。

一、不同生态区烟叶化学成分特点

全国烤烟烟叶香型风格区划在继承传统三大香型基础上，从感官、生态、化学和代谢 4 个维度将全国烤烟烟叶划分为 8 个生态区，分别为西南高原生态区－清甜香型（Ⅰ区）、黔桂山地生态区－蜜甜香型（Ⅱ区）、武陵秦巴生态区－醇甜香型（Ⅲ区）、黄淮平原生态区－焦甜焦香型（Ⅳ区）、南岭丘陵生态区－焦甜醇甜香型（Ⅴ区）、武夷丘陵生态区－清甜蜜甜香型（Ⅵ区）、沂蒙丘陵生态区－蜜甜焦香型（Ⅶ区）、东北平原生态区－木香蜜甜香型（Ⅷ区）等。按照该八大生态区分布选取典型地区样品进行化学成分特点分析。因Ⅱ区和Ⅲ区烤烟的风格比较接近，所以合并分析。

统计各生态区各指标均值，归一化后进行比较。

1. 常规化学指标

常规化学指标在各生态区的分布特点如图 8-1 所示。结果表明按生态区来分，Ⅰ区总糖和还原糖含量偏高；Ⅱ～Ⅲ区总糖和还原糖含量偏高，淀粉含量最高；Ⅳ区总糖和还原糖含量偏低；Ⅴ区总植物碱偏高，总糖和还原糖含量偏低，糖碱比偏低，淀粉含量最低；Ⅵ区总植物碱含量偏高；Ⅶ区各化学成分居中；Ⅷ区总植物碱低，总糖和还原糖偏高，糖碱比高，氮碱比高。

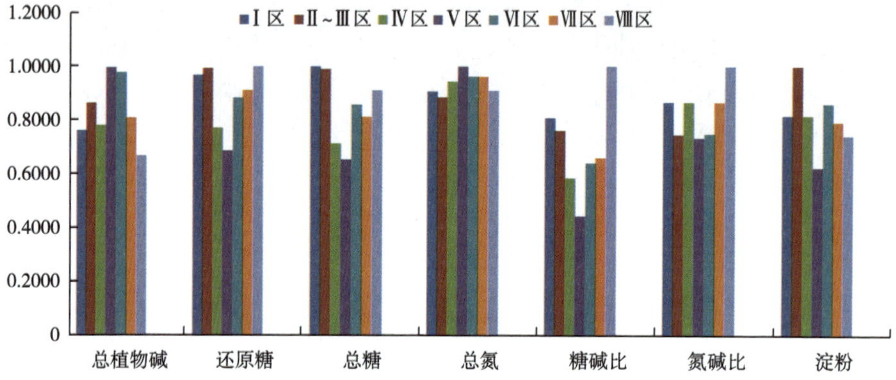

图 8-1　不同生态区常规化学指标分布特点

2. 阴离子

阴离子在各生态区的分布特点如图 8-2 所示。结果表明Ⅳ区阴离子总量、氯离子含量高；Ⅵ区阴离子总量、硫酸根和磷酸根含量高。

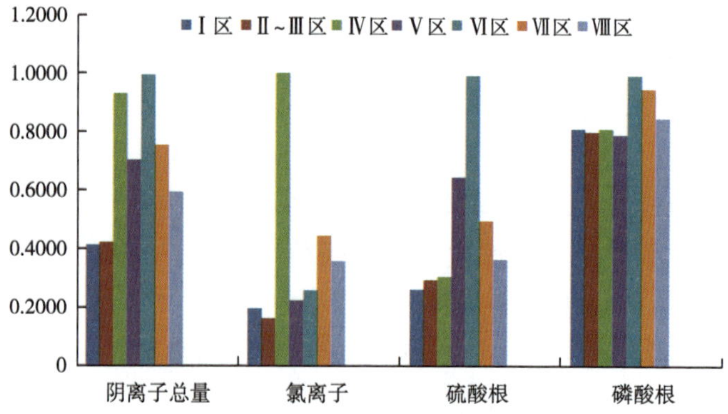

图 8-2　不同生态区阴离子分布特点

3. 阳离子

阳离子在各生态区的分布特点如图 8-3 所示。结果表明Ⅳ区阳离子总量、镁离子和钙离子含量高；Ⅴ区阳离子总量和钾离子含量高；Ⅵ区钾离子含量高，钙离子含量低；Ⅶ区镁离子含量高；Ⅷ区钾离子含量低。

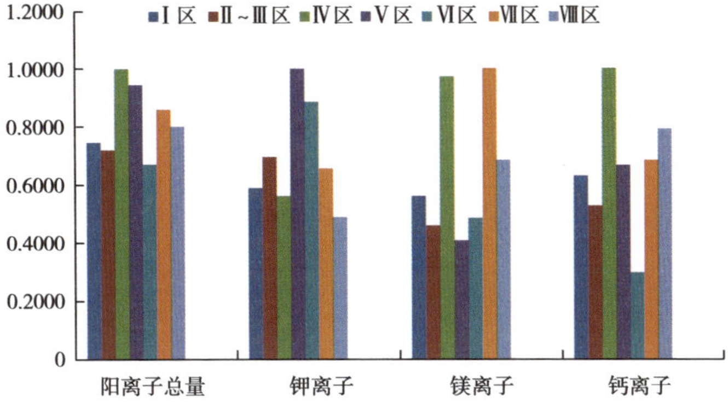

图 8-3 不同生态区阳离子分布特点

4. 多酚

多酚在各生态区的分布特点如图 8-4 所示。结果表明：Ⅰ区多酚总量偏高，芸香苷含量最高，新绿原酸、隐绿原酸含量偏高；Ⅱ~Ⅲ区隐绿原酸含量高；Ⅳ区新绿原酸含量低，绿原酸含量偏高；Ⅴ区多酚总量偏低，绿原酸含量低；Ⅵ区多酚总量高，各多酚含量水平均高；Ⅷ区新绿原酸含量偏低。

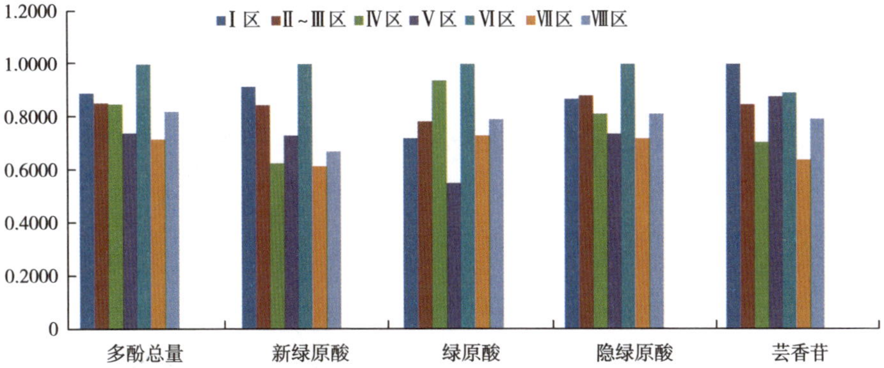

图 8-4 不同生态区多酚分布特点

5. 难挥发酸

难挥发酸在各生态区的分布特点如图 8-5 所示。结果表明Ⅱ~Ⅲ区乙二酸、柠檬酸含量偏低；Ⅳ区难挥发酸总量高，苹果酸和柠檬酸含量高；Ⅴ区乙二酸和丙二酸含量高；Ⅵ区难挥发酸总量低，只有香草酸含量偏高，其他难挥发酸含量水平均低；Ⅶ区丙二酸、柠檬酸含量高；Ⅷ区难挥发酸总量偏高，乙二酸、苹果酸和柠檬酸含量偏高。

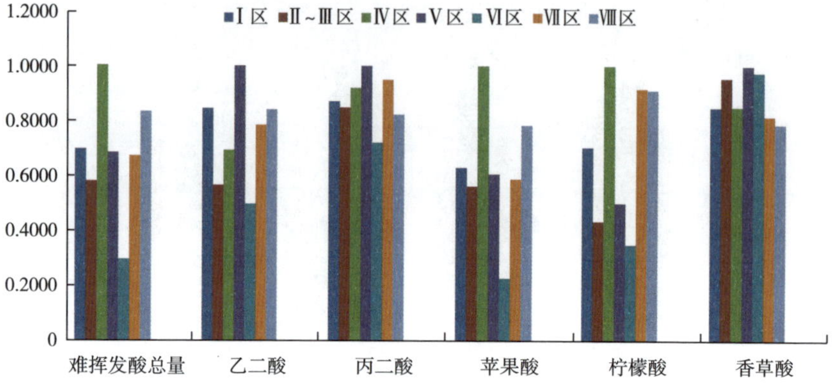

图 8-5 不同生态区难挥发酸分布特点

6. 高级脂肪酸

高级脂肪酸在各生态区的分布特点如图 8-6 所示。结果表明Ⅰ区十四酸含量低；Ⅱ~Ⅲ区二十酸含量低；Ⅳ区高级脂肪酸总量及除十四酸以外的各高级脂肪酸含量均偏低；Ⅴ区十四酸、亚油酸、十八酸和二十酸含量高；Ⅵ区高级脂肪酸总量高，十四酸、亚油酸含量低，其他高级脂肪酸均比较高；Ⅶ区各高级脂肪酸含量均居中水平；Ⅷ区高级脂肪酸总量及各高级脂肪酸含量均偏低。

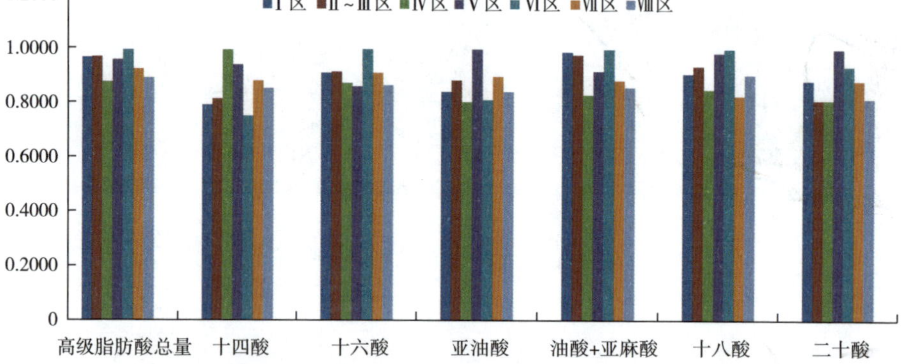

图 8-6 不同生态区高级脂肪酸分布特点

7. 氨基酸

氨基酸在各生态区的分布特点如图 8-7 所示。结果表明上述化学成分生态区分布规律为Ⅰ区天冬氨酸、丝氨酸含量高；Ⅱ～Ⅲ区氨基酸总量偏低，天冬酰胺、丙氨酸、天冬氨酸、谷氨酸、谷酰胺、胱氨酸、苯丙氨酸、4-氨基丁酸、组氨酸和色氨酸含量低；Ⅳ区氨基酸总量最高，缬氨酸含量低、天冬氨酸和丝氨酸含量居中，其他氨基酸含量均高；Ⅴ区天冬氨酸含量偏高，丝氨酸含量最低，其他氨基酸含量均居中水平；Ⅵ区缬氨酸含量偏高，其他氨基酸含量均偏低；Ⅶ区氨基酸总量偏高，各氨基酸含量均偏高；Ⅷ区氨基酸总量及各氨基酸含量均居中水平。

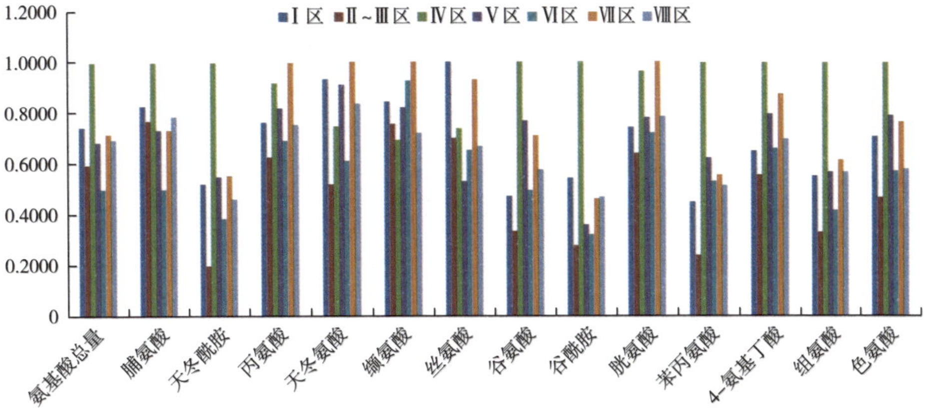

图 8-7　不同生态区氨基酸分布特点

8. Amadori 化合物

Amadori 化合物在各生态区的分布特点如图 8-8 所示。结果表明上述化学成分按生态区分为Ⅰ区 Amadori 化合物总量高，Ⅱ～Ⅲ区 Fru-Pro、Fru-Ala 和 Fru-Asp 含量低；Ⅳ区 Amadori 化合物总量低，Fru-Amb、Fru-Asp、Fru-His、Fru-Val 和 Fru-Tyr 含量偏高，其他 Amadori 化合物含量均比较低；Ⅴ区 Amadori 化合物总量低，Fru-Pro、Fru-Asp、Fru-Phe 和 Fru-Glu 含量偏高，其他 Amadori 化合物均偏低；Ⅵ区 Fru-Asn 和 Fru-Ala 含量高；Ⅶ区 Amadori 化合物总量偏高，只有 Fru-Amb 和 Fru-Gln 含量低，其他 Amadori 化合物含量均偏高；Ⅷ区 Fru-Tyr 含量偏低，其他 Amadori 化合物含量均居中水平。

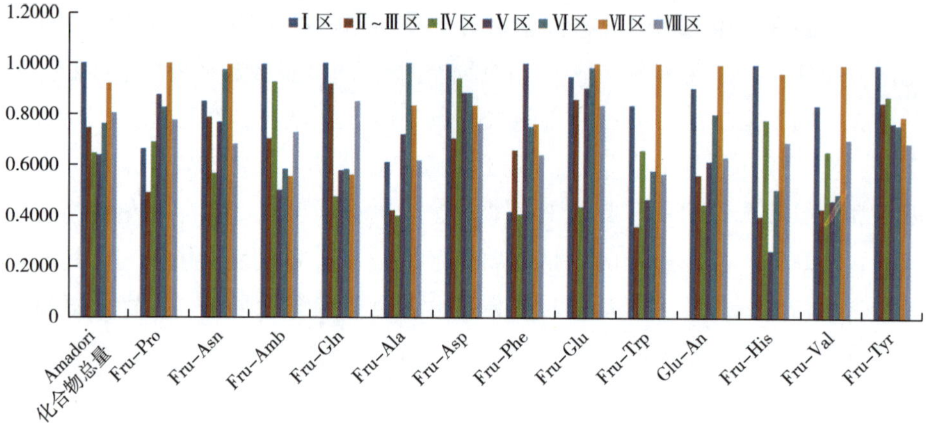

图 8-8　不同生态区 Amadori 化合物分布特点

9. 其他

（1）二氯甲烷提取物、茄尼醇和新植二烯　二氯甲烷提取物、茄尼醇和新植二烯在各生态区的分布特点如图 8-9 所示。结果表明Ⅳ区茄尼醇含量偏高；Ⅴ区二氯甲烷提取物、茄尼醇和新植二烯含量均最高；Ⅵ区新植二烯偏高。

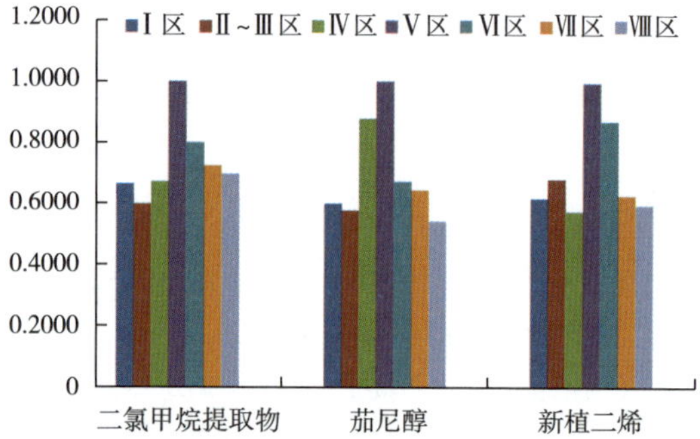

图 8-9　不同生态区二氯甲烷提取物、茄尼醇和新植二烯分布特点

（2）pH　pH 在各生态区的分布特点如图 8-10 所示。结果表明Ⅴ区和Ⅵ区 pH 低于其他生态区。

综上所述，对于近红外系统收集的烟叶，各化学成分在八大生态区的分布特点如表 8-1 所示。

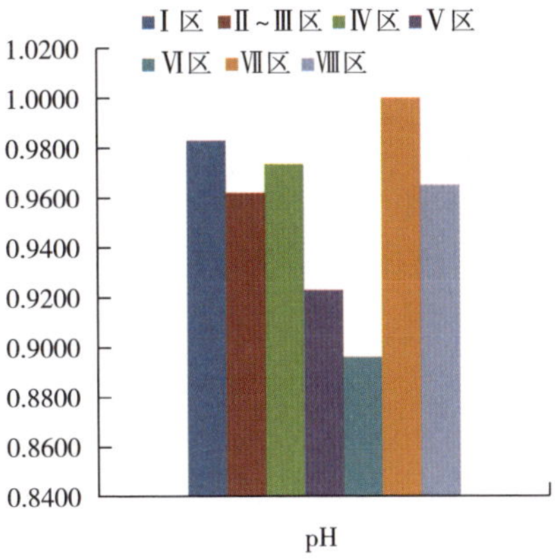

图 8-10　不同生态区 pH 分布特点

表 8-1　　各生态区烟叶化学成分特点

生态区	含量较高指标	含量较低指标
I	常规化学指标：总糖、还原糖 多酚：多酚总量、芸香苷、新绿原酸、隐绿原酸 氨基酸：天冬氨酸、丝氨酸 Amadori 化合物：Amadori 化合物总量	高级脂肪酸：十四酸
II～III	常规化学指标：总糖、还原糖、淀粉 多酚：隐绿原酸	难挥发酸：乙二酸和柠檬酸 高级脂肪酸：二十酸 氨基酸：氨基酸总量、天冬酰胺、丙氨酸、天冬氨酸、谷氨酸、谷酰胺、胱氨酸、苯丙氨酸、4-氨基丁酸、组氨酸和色氨酸 Amadori 化合物：Fru-Pro、Fru-Ala 和 Fru-Asp
IV	阴阳离子：阴离子总量、氯离子、阳离子总量、镁离子、钙离子 多酚：绿原酸 难挥发酸：难挥发酸总量、苹果酸、柠檬酸 氨基酸：氨基酸总量及各氨基酸（除了缬氨酸、天冬氨酸和丝氨酸） Amadori 化合物：Fru-Amb、Fru-Asp、Fru-His、Fru-Val、Fru-Tyr 其他：茄尼醇	常规化学指标：总糖、还原糖 多酚：新绿原酸 高级脂肪酸：高级脂肪酸总量及各高级脂肪酸 Amadori 化合物：Amadori 化合物总量、各 Amadori 化合物（Fru-Amb、Fru-Asp、Fru-His、Fru-Val 和 Fru-Tyr 除外）

续表

生态区	含量较高指标	含量较低指标
Ⅴ	常规化学指标：总植物碱 阳离子：阳离子总量、钾离子 高级脂肪酸：十四酸、亚油酸、十八酸、二十酸 氨基酸：天冬氨酸 Amadori 化合物：Fru－Pro、Fru－Asp、Fru－Phe、Fru－Glu 其他：二氯甲烷、茄尼醇和新植二烯	常规化学指标：总糖、还原糖、糖碱比、淀粉 多酚：多酚总量、绿原酸 Amadori 化合物：Amadori 化合物总量、Amadori 化合物（Fru－Pro、Fru－Asp、Fru－Phe 和 Fru－Glu 除外） 其他：pH
Ⅵ	常规化学指标：总植物碱 阴阳离子：阴离子总量、硫酸根、磷酸根、钾离子 多酚：多酚总量、各个多酚 高级脂肪酸：亚油酸、十四酸 氨基酸：缬氨酸 Amadori 化合物：Fru－Asn、Fru－Ala 其他：新植二烯	阳离子：钙离子 高级脂肪酸：高级脂肪酸总量及各种高级脂肪酸（除了亚油酸、十四酸） 其他：pH
Ⅶ	阳离子：镁离子 难挥发酸：柠檬酸、丙二酸 氨基酸：氨基酸总量及各种氨基酸 Amadori 化合物：Amadori 化合物总量、Amadori 化合物（Fru－Amb 和 Fru－Gln 除外）	Amadori 化合物：Fru－Amb、Fru－Gln
Ⅷ	常规化学指标：还原糖、总糖、糖碱比、氮碱比 难挥发酸：难挥发酸总量、乙二酸、苹果酸、柠檬酸	常规化学指标：总植物碱 阳离子：钾离子 多酚：新绿原酸 高级脂肪酸：高级脂肪酸总量及各种高级脂肪酸 Amadori 化合物：Fru－Tyr

二、不同部位烟叶化学成分特点

近红外系统收集数据按烟叶部位整理有 24446 条，其中上部烟叶样品的数据 3094 条、中部烟叶样品的数据 19991 条、下部烟叶样品的数据 1361 条。对部位数据进行化学成分特点分析，比较研究各部位平均值得出差异规律。

1. 常规化学指标

常规化学指标的部位分布特点如图 8－11 所示。结果表明随着烟叶部位从下到上，总植物碱、总氮和淀粉含量逐渐升高，而糖碱比和氮碱比逐渐降低；对于总糖和还原糖含量，中部烟叶最高，下部烟叶略高于上部烟叶含量。

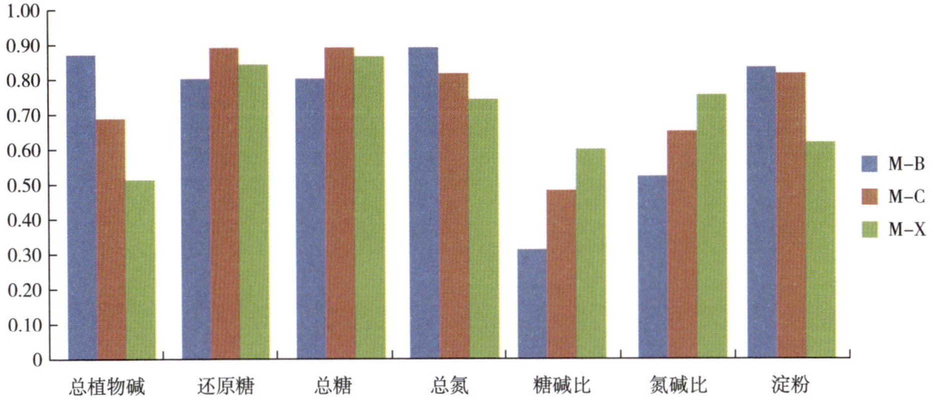

图 8-11　不同部位常规化学指标分布特点

（M-B 为上部烟叶平均值，M-C 为中部烟叶平均值，M-X 为下部烟叶平均值，下同）

2. 阴离子

阴离子总量和硫酸根含量呈现出中部烟叶最高、上部烟叶次之，下部烟叶最低，磷酸根含量则随部位上升而升高。氯离子含量部位之间没有呈现明显区别（图 8-12）。

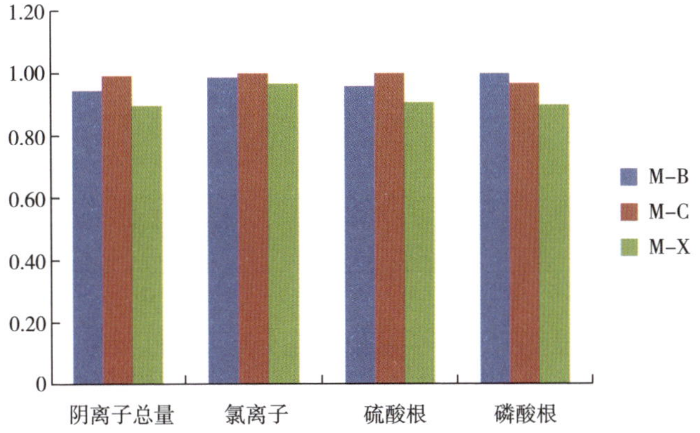

图 8-12　不同部位阴离子分布特点

3. 阳离子

烟叶中的金属元素主要是钾、钙和镁，钾离子含量随部位上升而降低的规律非常明显。钙离子和镁离子含量上部和中部相差不大，下部最高（图 8-13）。

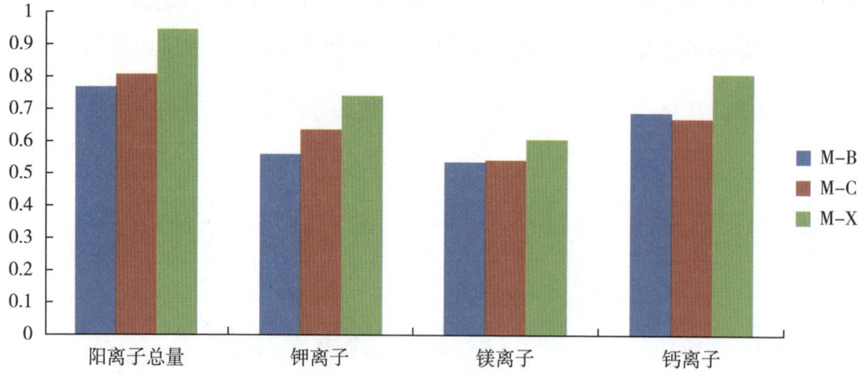

图 8-13　不同部位阳离子分布特点

4. 多酚

烤烟中的多酚主要是芸香苷和绿原酸，其次是莨菪亭、新绿原酸和隐绿原酸（图 8-14）。芸香苷含量随部位上升而规律性升高，绿原酸含量与部位的关系不明显，莨菪亭含量中部最低。新绿原酸和隐绿原酸 2 种低含量多酚与部位呈现很强的规律性，部位越高含量越低。

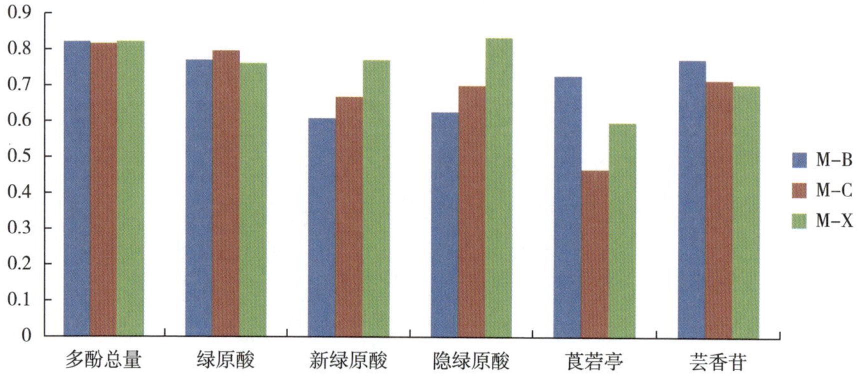

图 8-14　不同部位多酚分布特点

5. 难挥发酸

难挥发酸在烟叶不同部位的分布特点如图 8-15 所示。结果表明下部烟叶难挥发酸总量及丁二酸和苹果酸含量最高，上部和中部相差不大；随烟叶部位从下到上，丙二酸和香草酸含量逐渐升高；烟叶各部位乙二酸和柠檬酸含量相差不大。

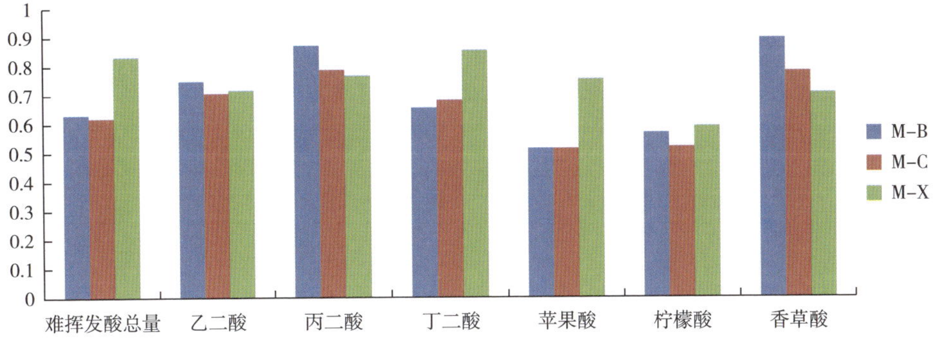

图 8-15 不同部位难挥发酸分布特点

6. 高级脂肪酸

高级脂肪酸在烟叶不同部位的分布特点如图 8-16 所示。结果表明烟叶各部位高级脂肪酸总量和十六酸含量相差不大；随烟叶部位从下到上，十四酸含量逐渐升高，油酸+亚麻酸、十八酸和二十酸含量逐渐降低；亚油酸在上部烟叶含量较高，中部和下部含量相差不大。

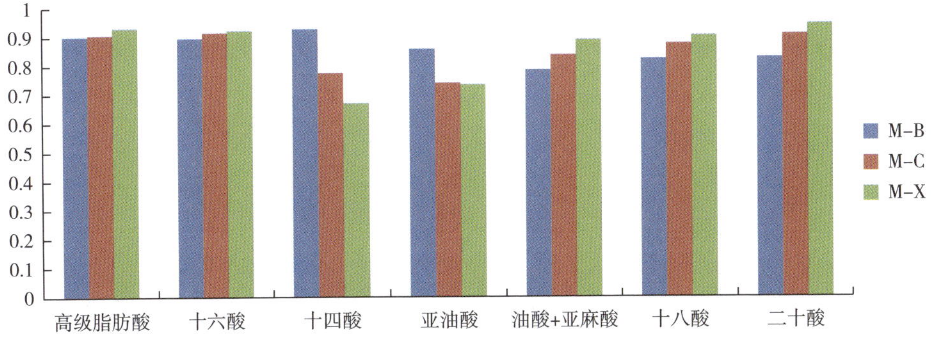

图 8-16 不同部位高级脂肪酸分布特点

7. 氨基酸

烟叶不同部位氨基酸分布特点（图 8-17）表明，氨基酸总量及脯氨酸和胱氨酸含量呈上部>中部>下部；上部烟叶含量高的有精氨酸、甘氨酸、赖氨酸，烟叶上部含量低的有缬氨酸；中部烟叶含量高的有丝氨酸，中部含量低的有组氨酸、天冬酰胺、苏氨酸、谷氨酸、谷酰胺和亮氨酸；下部烟叶含量高的有天冬氨酸、色氨酸和甲硫氨酸；烟叶各部位含量相差不大的有丙氨酸、异亮氨酸、酪氨酸、苯丙氨酸和4-氨基丁酸。

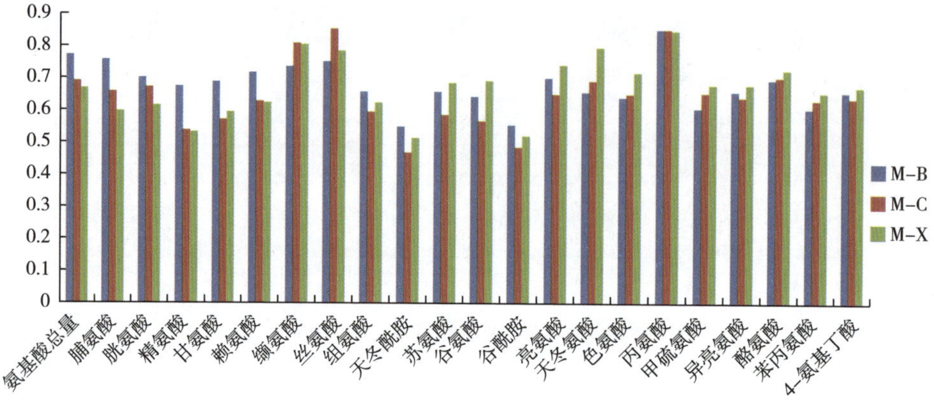

图 8-17　不同部位氨基酸分布特点

8. Amadori 化合物

烟叶不同部位 Amadori 化合物分布特点（图 8-18）表明，Amadori 化合物总量及 Fru-Asn、Fru-Amb、Fru-Gln、Fru-Glu、Fru-Asp、Fru-Ala、Fru-Phe、Fru-Trp 化合物含量呈现中部烟叶高的特点；Fru-Pro 含量呈现上部>中部>下部的特点；Glu-An、Fru-His、Fru-Gly 和 Fru-Tyr 含量在各部位烟叶含量相差不大；Fru-Val、Fru-Thr、Fru-Ile 和 Fru-Leu 含量呈现随烟叶部位从下到上逐渐降低的趋势。

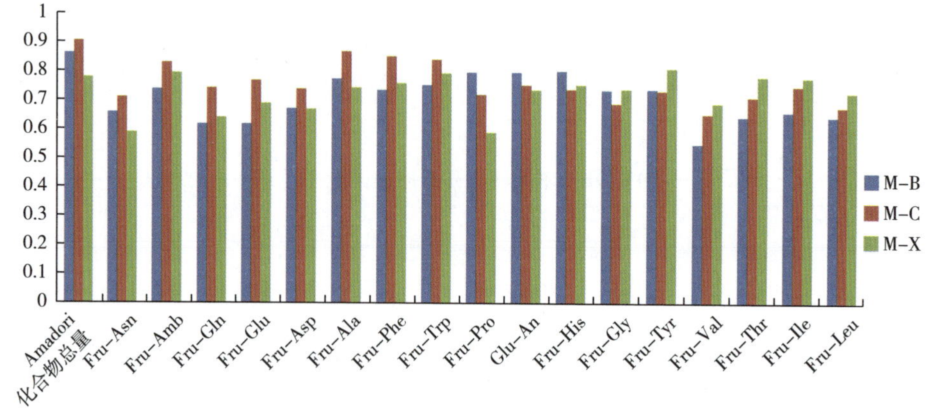

图 8-18　不同部位 Amadori 化合物分布特点

9. 其他

（1）二氯甲烷提取物、茄尼醇和新植二烯　烟叶不同部位的分布特点如图 8-19 所示。结果表明二氯甲烷提取物和茄尼醇含量与烟叶部位呈现良好规律，上部>中部>下部；新植二烯含量与烟叶部位关联性强，上部<中部<下部。

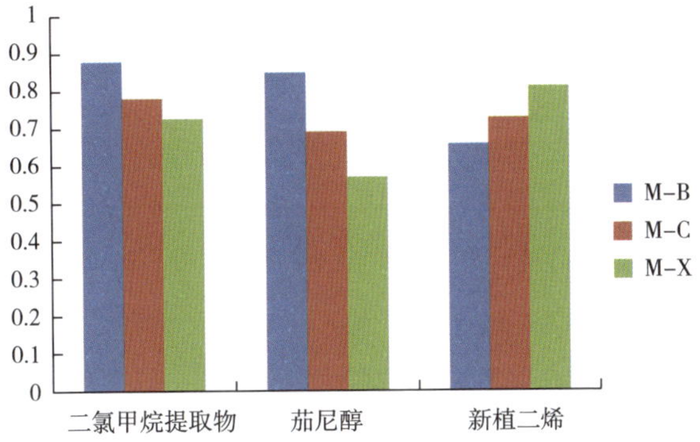

图 8-19　不同部位二氯甲烷提取物、茄尼醇和新植二烯分布特点

（2）pH　在烟叶不同部位分布特点如图 8-20 所示，不同部位 pH 相差不大。

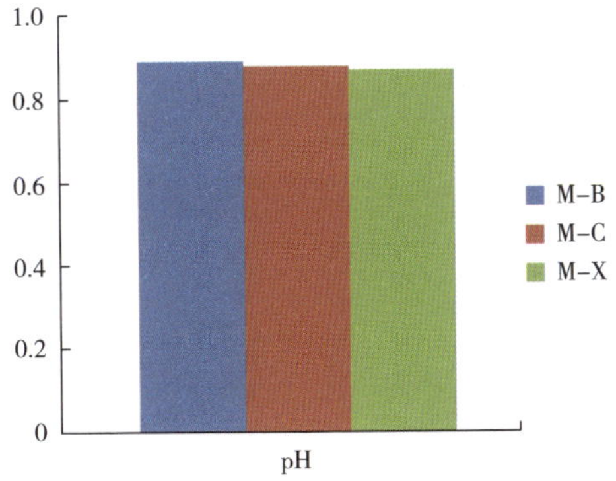

图 8-20　不同部位 pH 分布特点

综上所述，对于近红外系统收集的初烤烟叶，各化学成分含量与烟叶部位的关系如表 8-2 所示。

表 8-2　　各部位烤烟化学成分特点

部位特点	化学成分指标
各部位含量相差不大	多酚：多酚总量、绿原酸 难挥发酸：乙二酸、柠檬酸 高级脂肪酸：高级脂肪酸总量、十六酸 氨基酸：丙氨酸、异亮氨酸、酪氨酸、苯丙氨酸、4-氨基丁酸 Amadori 化合物：Glu-An、Fru-His、Fru-Gly、Fru-Tyr 其他：pH
上部>中部>下部	常规成分：总植物碱、总氮、淀粉 多酚：芳香苷 高级脂肪酸：十四酸 难挥发酸：丙二酸、香草酸 氨基酸：氨基酸总量、脯氨酸、胱氨酸 Amadori 化合物：Fru-Pro 其他：二氯甲烷提取物和茄尼醇
上部<中部<下部	常规成分：糖碱比、氮碱比 多酚：新绿原酸、隐绿原酸 高级脂肪酸：油酸+亚麻酸、十八酸、二十酸 Amadori 化合物：Fru-Val、Fru-Thr、Fru-Ile、Fru-Leu 其他：新植二烯
上部>下部>中部	多酚：莨菪亭
上部高	高级脂肪酸：亚油酸 氨基酸：精氨酸、甘氨酸和赖氨酸
上部低	氨基酸：缬氨酸
中部高	常规成分：总糖、还原糖 氨基酸：丝氨酸 Amadori 化合物：Amadori 化合物总量、Fru-Asn、Fru-Amb、Fru-Gln、Fru-Glu、Fru-Asp、Fru-Ala、Fru-Phe 和 Fru-Trp
中部低	氨基酸：组氨酸、天冬酰胺、苏氨酸、谷氨酸、谷酰胺和亮氨酸
下部高	阳离子：阳离子总量及各阳离子 难挥发酸：难挥发酸总量、丁二酸、苹果酸 氨基酸：天冬氨酸、色氨酸、甲硫氨酸
下部低	阴离子：阴离子总量及各阴离子

第二节　醇化片烟化学成分与醇化时间的关系规律

烟草近红外数据库系统收集了醇化烟叶样品近红外分析结果，产地、等级、品种、醇化时间等信息明确的有 2001 条。扣除部位混打样品后，按样品部位整理后数据为 1597 条，其中中部烟叶数据 917 条。以上节中初烤烟叶的数据为未醇化的数据，对醇化过程中的中部烟叶化学成分变化进行描述统计分析。数据处理方法：统计各部位各指标均值，进行归一化。

一、常规化学成分

由图 8-21 可知，随着醇化时间延长，总植物碱、总氮含量逐渐降低，可能是由于烟叶醇化过程中挥发性生物碱类氧化、挥发损失，一部分含氮化合物的分解产物氨散失。淀粉经过 1 年醇化，含量有较大幅度下降，之后随时间的变化不大。总糖和还原糖经过 1 年醇化，含量有一定幅度的上升，与淀粉的降低相对应，然后随时间的变化不大。

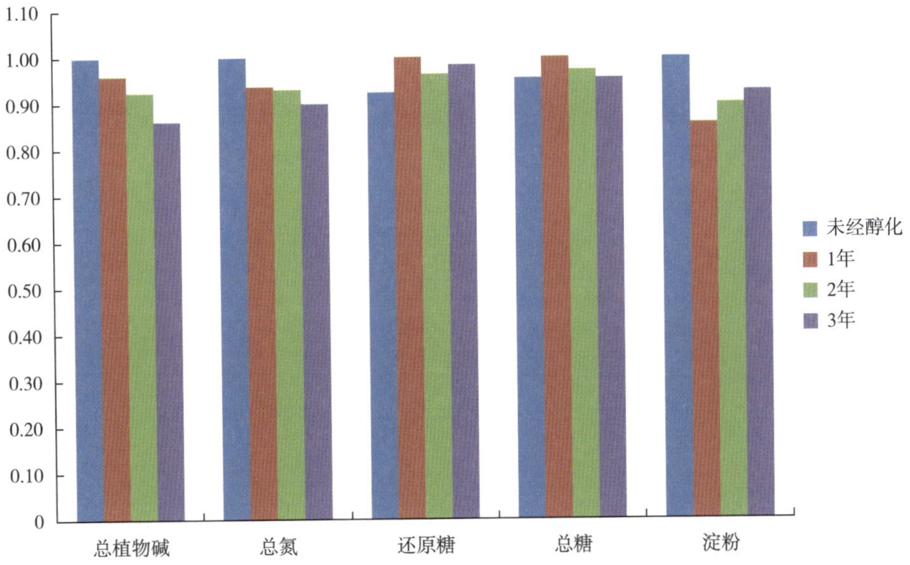

图 8-21　常规成分含量与醇化时间关系

二、多酚

由图 8-22 可知，随着醇化时间的延长，多酚化合物中莨菪亭、新绿原酸和隐绿原酸变化幅度不大；绿原酸和芸香苷含量逐年降低。由于绿原酸和芸香苷这两个指标在多酚中含量最高，相应地多酚总量也是逐年降低，推测可能是醇化过程中绿原酸和芸香苷氧化降解。

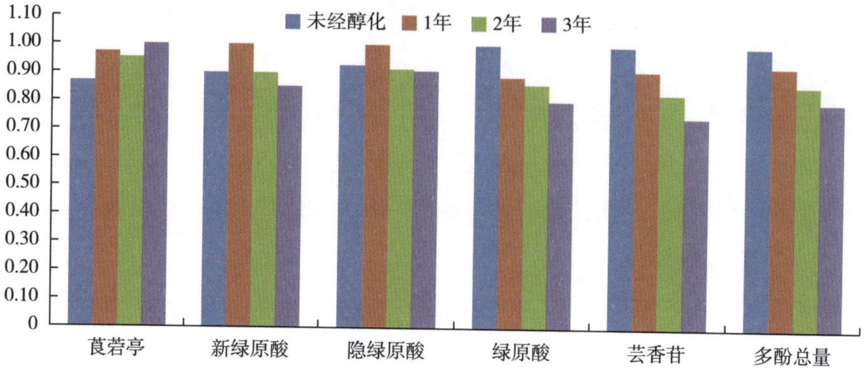

图 8-22　多酚含量与醇化时间关系

三、有机酸

由图 8-23 可知，随着醇化时间的延长，丙二酸含量逐年下降；二十酸、乙二酸、十四酸、油酸+亚麻酸醇化 1 年有较大幅度下降，然后趋于平缓；亚油酸、十六酸、十八酸含量变化幅度不大；丁二酸、香草酸、苹果酸和柠檬酸醇化 1 年有较大幅度上升，然后趋于平缓，由于这几个指标在有机酸总量中占比较高，有机酸总量也呈现同样趋势。

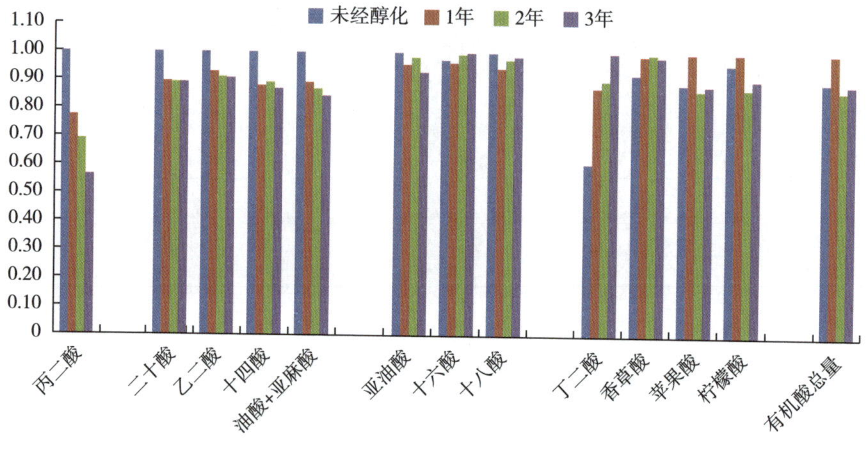

图 8-23　有机酸含量与醇化时间关系

四、氨基酸

甲硫氨酸和异亮氨酸含量随着醇化时间的增加变化不大（图 8-24），除此之外，随着醇化时间的延长，多数氨基酸含量及氨基酸总量下降的幅度比较大，醇化 1 年可降低 10%~40%，醇化 3 年可降 20%~70%，推测可能是醇化过程中氨基酸参与美拉德反应消耗所致。

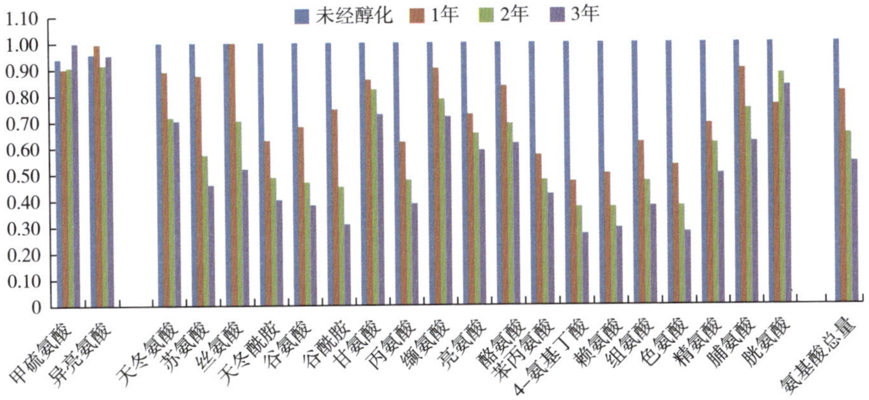

图 8-24 氨基酸含量与醇化时间关系

五、Amadori 化合物

随着醇化时间的延长，Fru-Tyr、Fru-Pro、Fru-Gly、Fru-Asp 含量醇化 1 年有较大幅度上升，然后趋于平缓；Fru-Ile、Fru-Ala、Fru-Leu 含量变化幅度不大；Glu-An、Fru-His、Fru-Thr、Fru-Asn、Fru-Gln、Fru-Glu、Fru-Phe、Fru-Trp、Fru-Amb、Fru-Val 等 Amadori 化合物含量及 Amadori 化合物总量逐年迅速下降，1 年醇化降低 10%~30%，3 年醇化降低 20%~70%；Amadori 化合物总量醇化 3 年后，降低 40%左右。由于 Amadori 化合物是美拉德反应过程中生成的较为稳定的中间产物，在醇化过程中会不断生成和降解，不同 Amadori 化合物生成和降解速率不同，导致不同 Amadori 化合物变化趋势不一致。但总体来说，大多数 Amadori 化合物呈现显著的下降趋势（图 8-25）。

六、其他

由图 8-26 可知，随着醇化时间的延长，pH 逐年稳定下降，这可能是因为醇化过程中酸性成分增加和碱性成分下降有关；二氯甲烷提取物、茄尼醇和新植二烯含量醇化 1 年有较大幅度下降，然后趋于平缓；阴离子和阳离子含量变化幅度不大。

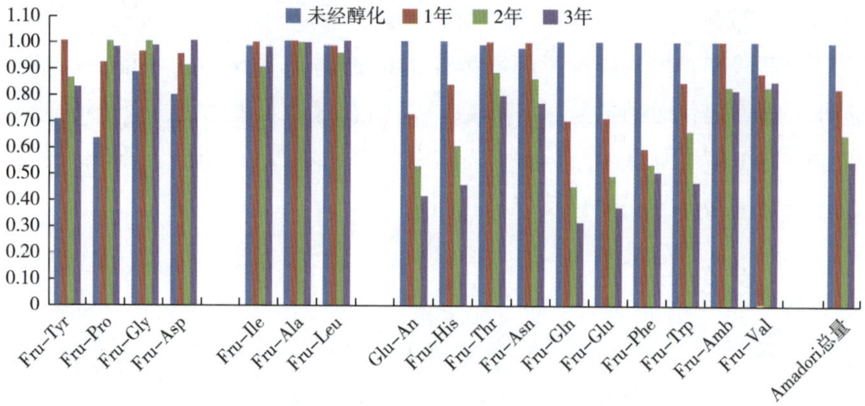

图 8-25　Amadori 化合物含量与醇化时间关系

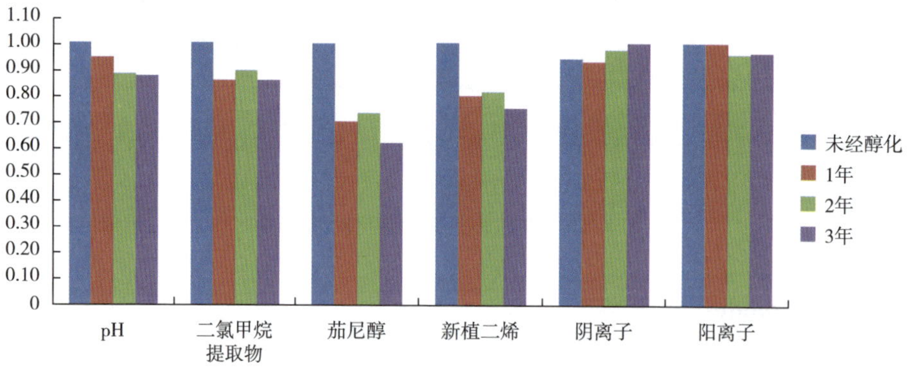

图 8-26　其他指标与醇化时间的关系

综上所述，对于烟草近红外数据库中的醇化烟叶样品，醇化进程中化学成分变化特点（表 8-3）如下。

表 8-3　　化学成分含量随醇化时间的变化规律

化学成分变化趋势	化学成分指标
含量逐渐降低	常规化学成分：总植物碱和总氮 多酚：绿原酸、芸香苷、多酚总量 有机酸：丙二酸 氨基酸：各氨基酸（甲硫氨酸和异亮氨酸除外）及其总量 Amadori 化合物：Glu-An、Fru-His、Fru-Thr、Fru-Asn、Fru-Gln、Fru-Glu、Fru-Phe、Fru-Trp、Fru-Amb 和 Fru-Val 等 Amadori 化合物及其总量 其他：pH

续表

化学成分变化趋势	化学成分指标
含量先下降后趋于平缓	常规化学成分：淀粉 有机酸：乙二酸、二十酸、十四酸、油酸+亚麻酸 其他：二氯甲烷提取物、茄尼醇和新植二烯
含量先上升后趋于平缓	常规化学成分：总糖和还原糖 有机酸：丁二酸、香草酸、苹果酸和柠檬酸等有机酸及其总量 Amadori 化合物：Fru-Tyr、Fru-Pro、Fru-Gly 和 Fru-Asp 等 Amadori 化合物
含量与醇化时间关系不明显	多酚：莨菪亭、新绿原酸和隐绿原酸 氨基酸：甲硫氨酸和异亮氨酸等氨基酸 Amadori 化合物：Fru-Ile、Fru-Ala 和 Fru-Leu 等 Amadori 化合物 阴阳离子

第三节 基于近红外分析的卷烟烟丝质量稳定性表征研究

卷烟产品的质量稳定性，取决于烟叶原料、三丝、工艺加工过程、辅助材料、香精香料的质量稳定性和卷接质量，其中最重要的是烟丝质量稳定性。烟丝质量稳定性包括烟丝化学成分的稳定性和烟丝物理参数的稳定性，其中烟丝化学成分的稳定性至关重要。工业企业质检部门对烟丝化学成分稳定性的监控，主要是总糖、还原糖、总氮、总植物碱、钾和氯 6 种化学成分，常采用连续流动分析仪测定。指标少、效率低、不及时，所以在卷烟工业企业的日常生产中，常常遇到发现了质量波动而难以查明原因的情况，给卷烟产品质量管理造成困扰。

利用该研究建立的近红外数据库系统，可以获取烟丝质量和风格表征性强的 70 种化学成分指标的数据，从而方便地获取每批次投料烟丝的化学成分指标数据。经过数据分析建立烟丝稳定性模型，有望对日常卷烟质量稳定性进行及时有效的监控预警。

为此，收集 2 家工业企业各 2 个规格不同生产批次成品烟丝的近红外化学成分数据，开展卷烟烟丝质量稳定性评价研究。

一、卷烟烟丝质量稳定性指数模型构建

以往研究显示，烟叶常量、半微量化学成分中的总植物碱、总糖/还原糖、总氮、钾等指标与烟叶质量密切相关，总植物碱、总糖/还原糖、二氯甲烷提取物（石油醚提取物）、pH、多酚、氨基酸和 Amadori 化合物等指标与烟气感官质量相关。前期研究显示，烟叶中常规成分、多酚、有机酸、二氯甲烷提取物、氨基酸、Amadori 化合物等常量、半微量指标能够表征烟叶的风格与质量。

根据专家经验，采用德尔菲法（Delphi Method）赋予化学成分指标权重，进行质量稳定性指数模型构建。经过多次优化，最终确定化学成分指标及权重分别为：总植物碱 0.25、还原糖 0.1、总氮 0.05、钾 0.1、氨基酸总量 0.1、二氯甲烷提取物 0.15、多酚总量 0.05、Amadori 化合物总量 0.1、有机酸总量 0.05 和 pH 指标 0.05。

选择感官质量评价符合设计要求的 20 批次成品烟丝，其质量稳定性符合要求。按照近红外光谱采集规范获取化学成分数据，以 20 批次样品测定结果的平均值作为基准值，测定结果乘以权重再除以平均值后加和得到稳定性指数，再计算 20 批次稳定性指数的标准偏差 SD，以 1-2SD~1+2SD 作为质量稳定性控制区间，超出该区间的视为质量异常样品。

烟丝稳定性指数计算如式（8-1）所示：

$$\text{稳定性指数 } C=\text{总植物碱}*0.25/\text{总植物碱平均值}+\text{还原糖}*0.1/\text{还原糖平均值}+\text{总氮}*0.05/\text{总氮平均值}+\text{钾}*0.1/\text{钾平均值}+\text{氨基酸总量}*0.1/\text{氨基酸总量平均值}+\text{二氯甲烷提取物}*0.15/\text{二氯甲烷提取物平均值}+\text{多酚总量}*0.05/\text{多酚总量平均值}+\text{Amadori 化合物总量}*0.1/\text{Amadori 化合物总量平均值}+\text{有机酸总量}*0.05/\text{有机酸总量平均值}+\text{pH}*0.05/\text{pH 平均值} \tag{8-1}$$

二、烟丝质量稳定性指数验证

收集工业企业Ⅰ和工业企业Ⅱ各 2 个规格的不同批次成品烟丝，利用近红外光谱获取化学成分信息，对质量稳定性指数进行验证。

1. 工业企业Ⅰ卷烟 A

工业企业Ⅰ的卷烟 A 成品烟丝共收集 52 个连续批次，计算每批次烟丝的质量稳定性指数，与控制区间（0.9876~1.0124）对照，判断质量稳定性是否符合要求，统计结果如表 8-4 所示。

表 8-4　　卷烟 A 成品烟丝质量稳定性指数和烟气常规指标

批次	稳定性指数	稳定性	焦油/（mg/支）	烟气烟碱/（mg/支）	一氧化碳/（mg/支）	感官验证
1	0.9876	√	7.0	0.66	8.6	√
2	0.9994	√	7.0	0.66	8.6	√
3	0.9922	√	7.0	0.66	8.6	√
4	1.0030	√	7.0	0.66	8.6	√
5	0.9982	√	7.0	0.66	8.6	√
6	0.9967	√	7.0	0.66	8.6	√
7	1.0023	√	6.8	0.65	8.4	√
8	1.0011	√	6.8	0.65	8.4	√
9	1.0085	√	6.8	0.65	8.4	√
10	1.0079	√	6.8	0.65	8.4	√
11	1.0056	√	6.8	0.65	8.4	√
12	1.0110	√	6.8	0.65	8.4	√
13	1.0055	√	6.9	0.66	8.5	√
14	0.9928	√	6.9	0.66	8.5	√
15	1.0025	√	6.9	0.66	8.5	√
16	0.9919	√	6.9	0.66	8.5	√
17	0.9948	√	6.9	0.66	8.5	√
18	1.0035	√	6.9	0.66	8.5	√
19	0.9978	√	6.8	0.65	8.9	√
20	0.9977	√	6.8	0.65	8.9	√
21	1.0053	√	6.8	0.65	8.9	√
22	1.0099	√	6.8	0.65	8.9	√
23	1.0047	√	6.8	0.65	8.9	√
24	0.9930	√	6.8	0.65	8.9	√
25	1.0011	√	6.3	0.56	8.1	√
26	0.9965	√	6.3	0.56	8.1	√

续表

批次	稳定性指数	稳定性	焦油/（mg/支）	烟气烟碱/（mg/支）	一氧化碳/（mg/支）	感官验证
27	0.9910	√	6.3	0.56	8.1	√
28	1.0137	×	6.3	0.56	8.1	√
29	1.0006	√	6.3	0.56	8.1	√
30	1.0035	√	6.3	0.56	8.1	√
31	1.0027	√	8.0	0.71	9.8	√
32	1.0096	√	8.0	0.71	9.8	√
33	0.9936	√	8.0	0.71	9.8	√
34	1.0008	√	8.0	0.71	9.8	√
35	0.9979	√	8.0	0.71	9.8	√
36	1.0051	√	8.0	0.71	9.8	√
37	1.0064	√	6.6	0.6	8.5	√
38	0.9964	√	6.6	0.6	8.5	√
39	1.0001	√	6.6	0.6	8.5	√
40	1.0006	√	6.6	0.6	8.5	√
41	1.0095	√	6.6	0.6	8.5	√
42	1.0164	×	6.6	0.6	8.5	×
43	1.0117	√	6.4	0.57	8.4	√
44	1.0130	×	6.4	0.57	8.4	×
45	1.0175	×	6.4	0.57	8.4	×
46	1.0171	×	6.4	0.57	8.4	×
47	1.0041	√	6.4	0.57	8.4	√
48	1.0053	√	6.4	0.57	8.4	√
49	1.0089	√	6.4	0.64	8.5	√
50	1.0132	×	6.4	0.64	8.5	×
51	1.0094	√	6.4	0.64	8.5	√
52	1.0180	×	6.4	0.64	8.5	×

注：√表示稳定性指数在控制区间内或感官质量与设计要求无差异；×表示稳定性指数超过控制区间或感官质量与设计要求有差异，下同。

从图 8-27 可以看出，有 7 批次成品烟丝质量稳定性指数超出控制区间，按照 GB/T 5606 卷烟系列国家标准要求，其烟气常规指标测定结果符合控制要求，感官质量经过该公司评吸人员评吸，其中 6 批次成品烟丝对应卷烟的感官质量与设计要求存在一定差异。经与该公司产品维护人员核实，42~52 批次的 6 个质量异常批次是为降低库存片烟而调整了叶组配方，且调整后的配方确实与原配方有较大差异；28 批次从烟丝质量稳定性指数判断超出控制区间，但烟气常规指标和感官质量波动符合要求，说明烟丝质量稳定性指数更为灵敏，或控制区间以±2SD 确定可能过于严格，可根据实际情况进行调整。总体来看，提出的产品烟丝质量稳定性指数可以反映批次卷烟产品的质量稳定性。

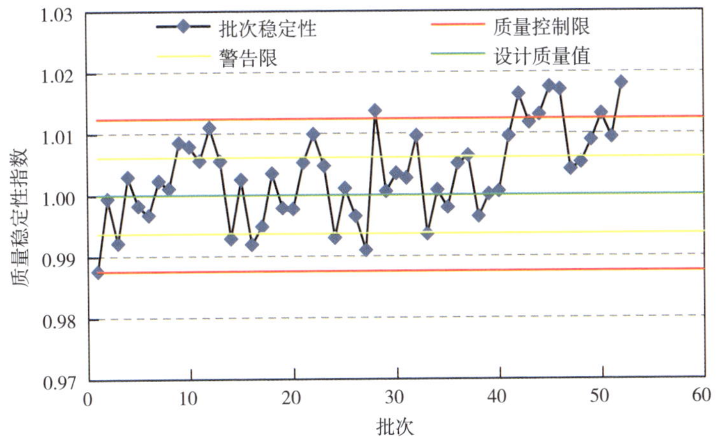

图 8-27 卷烟 A 烟丝质量稳定性控制图

2. 工业企业 I 卷烟 B

抽取工业企业 I 卷烟 B 连续 52 批次成品烟丝，烟丝质量稳定性指数与其控制区间（0.9857~1.0146）对照统计结果如表 8-5 所示。

表 8-5 卷烟 B 成品烟丝质量稳定性指数和烟气常规指标

批次	稳定性指数	稳定性	焦油/（mg/支）	烟碱/（mg/支）	一氧化碳/（mg/支）	感官验证
1	0.9942	√	8.5	0.80	9.60	√
2	1.0107	√	8.5	0.80	9.60	√

续表

批次	稳定性指数	稳定性	焦油/（mg/支）	烟碱/（mg/支）	一氧化碳/（mg/支）	感官验证
3	1.0142	√	8.5	0.80	9.60	√
4	1.0097	√	8.5	0.80	9.60	√
5	1.0146	√	8.5	0.80	9.60	√
6	1.0232	×	8.5	0.80	9.60	×
7	1.0120	√	8.7	0.83	10.0	√
8	1.0072	√	8.7	0.83	10.0	√
9	1.0193	×	8.7	0.83	10.0	×
10	1.0074	√	8.7	0.83	10.0	√
11	0.9905	√	8.7	0.83	10.0	√
12	1.0090	√	8.7	0.83	10.0	√
13	0.9979	√	8.3	0.80	9.60	√
14	1.0053	√	8.3	0.80	9.60	√
15	1.0132	√	8.3	0.80	9.60	√
16	1.0046	√	8.3	0.80	9.60	√
17	1.0043	√	8.3	0.80	9.60	√
18	1.0027	√	8.3	0.80	9.60	√
19	0.9849	×	8.10	0.71	9.60	√
20	1.0099	√	8.10	0.71	9.60	√
21	1.0034	√	8.10	0.71	9.60	√
22	1.0072	√	8.10	0.71	9.60	√
23	0.9958	√	8.10	0.71	9.60	√
24	1.0092	√	8.10	0.71	9.60	√
25	1.0029	√	7.90	0.68	9.70	√
26	1.0046	√	7.90	0.68	9.70	√
27	1.0035	√	7.90	0.68	9.70	√
28	1.0005	√	7.90	0.68	9.70	√
29	0.9897	√	7.90	0.68	9.70	√
30	1.0001	√	7.90	0.68	9.70	√

续表

批次	稳定性指数	稳定性	焦油/(mg/支)	烟碱/(mg/支)	一氧化碳/(mg/支)	感官验证
31	0.9868	√	6.6	0.59	8.60	√
32	0.9978	√	6.6	0.59	8.60	√
33	0.9981	√	6.6	0.59	8.60	√
34	0.9976	√	6.6	0.59	8.60	√
35	0.9963	√	6.6	0.59	8.60	√
36	0.9987	√	6.6	0.59	8.60	√
37	1.0026	√	8.10	0.70	9.50	√
38	1.0193	×	8.10	0.70	9.50	×
39	1.0026	√	8.10	0.70	9.50	√
40	1.0054	√	8.10	0.70	9.50	√
41	1.0106	√	8.10	0.70	9.50	√
42	1.0017	√	8.10	0.70	9.50	√
43	0.9838	×	8.2	0.72	10.0	×
44	0.9864	√	8.2	0.72	10.0	√
45	0.9838	×	8.2	0.72	10.0	×
46	0.9855	×	8.2	0.72	10.0	×
47	0.9893	√	8.2	0.72	10.0	√
48	0.9902	√	8.2	0.72	10.0	√
49	0.9946	√	8.2	0.73	10.3	√
50	1.0017	√	8.2	0.73	10.3	√
51	0.9897	√	8.2	0.73	10.3	√
52	0.9836	×	8.2	0.73	10.3	×

如图 8-28 所示，卷烟 B 有 8 批次成品烟丝质量稳定性指数超出控制区间，感官质量经过该公司评吸人员评吸，其中的 7 个批次的感官质量与设计存在差异，烟气常规指标测定结果符合控制要求。总体情况与卷烟 A 类似。

3. 工业企业Ⅱ卷烟 C 和卷烟 D

从烟草近红外数据库获取工业企业Ⅱ规格卷烟 C 和 D 的 25 批次成品烟丝

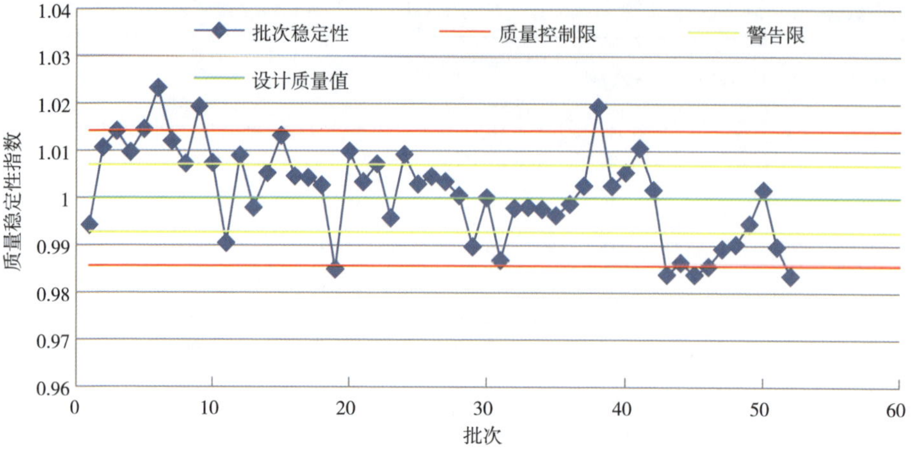

图 8-28　卷烟 B 烟丝质量稳定性控制图

的化学成分指标数据，烟丝质量稳定性指数与其控制区间（0.9683～1.0317 和 0.9641～1.0416）对照统计结果如表 8-6 所示。

表 8-6　卷烟 C 和卷烟 D 成品烟丝质量稳定性指数

卷烟规格	批次	稳定性指数	稳定性	感官验证	卷烟规格	批次	稳定性指数	稳定性	感官验证
C	1	0.9723	√	√	C	15	1.0099	√	√
C	2	1.0169	√	√	C	16	1.0185	√	√
C	3	1.0287	√	√	C	17	0.9643	×	×
C	4	0.9837	√	√	C	18	0.9897	√	√
C	5	0.9984	√	√	C	19	1.0067	√	√
C	6	0.9722	√	√	C	20	1.0173	√	√
C	7	0.9806	√	√	C	21	0.9929	√	√
C	8	0.9889	√	√	C	22	0.9998	√	√
C	9	1.0085	√	√	C	23	0.9866	√	√
C	10	1.0010	√	√	C	24	1.0173	√	√
C	11	0.9931	√	√	C	25	0.9874	√	√
C	12	1.0163	√	√	D	1	1.0150	√	√
C	13	1.0006	√	√	D	2	1.0179	√	√
C	14	1.0036	√	√	D	3	0.9976	√	√

续表

卷烟规格	批次	稳定性指数	稳定性	感官验证	卷烟规格	批次	稳定性指数	稳定性	感官验证
D	4	0.9905	√	√	D	15	0.9648	√	√
D	5	0.9932	√	√	D	16	0.9777	√	√
D	6	1.0147	√	√	D	17	1.0020	√	√
D	7	0.9687	√	√	D	18	0.9949	√	√
D	8	0.9892	√	√	D	19	0.9942	√	√
D	9	0.9826	√	√	D	20	1.0531	×	×
D	10	1.0038	√	√	D	21	1.0131	√	√
D	11	1.0504	×	×	D	22	1.0403	√	√
D	12	1.0217	√	√	D	23	1.0281	√	√
D	13	1.0080	√	√	D	24	1.0361	√	√
D	14	0.9963	√	√	D	25	1.0085	√	√

卷烟 C 的 17 批次和卷烟 D 的 11、20 批次烟丝质量稳定性指数超出控制区间（图 8-29 和图 8-30），感官评吸证实该 3 批卷烟感官质量与设计要求存在差异。

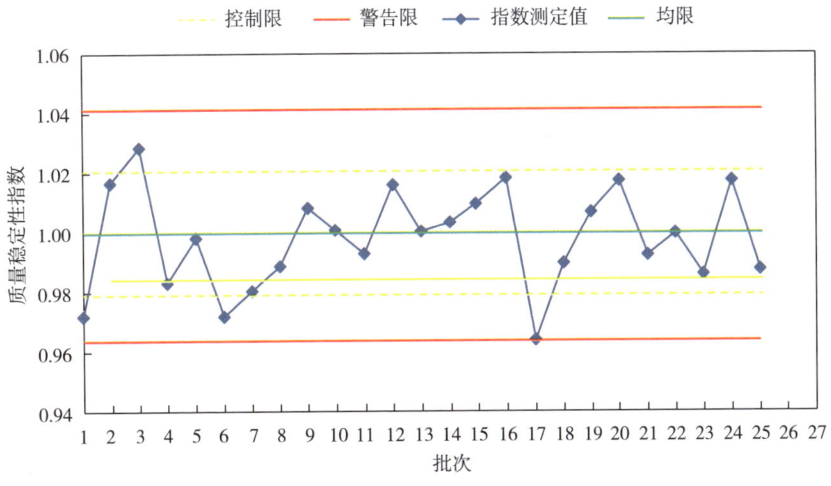

图 8-29 卷烟 C 烟丝质量稳定性控制图

2 家企业 4 个卷烟产品的验证数据表明，采用 10 种烟丝化学成分指标并赋予权重构建卷烟烟丝质量稳定评价指数，较好地实现了卷烟烟丝的质量稳定性评价。

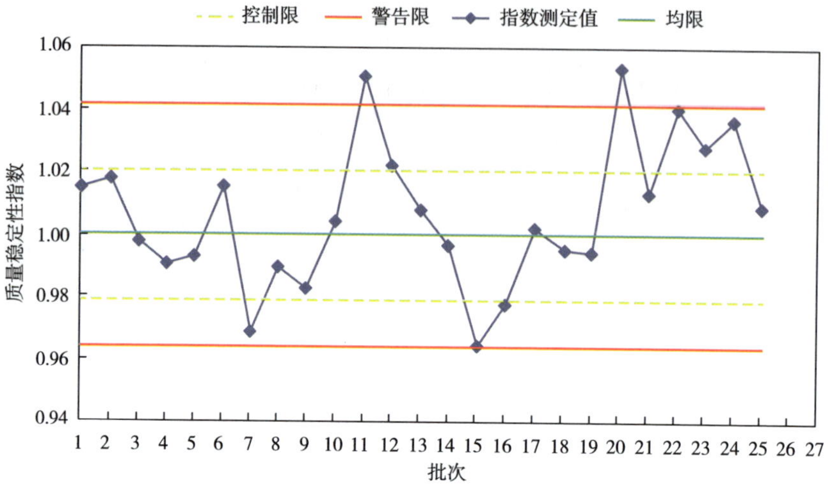

图 8-30　卷烟 D 烟丝质量稳定性控制图

附录

A　建立和完善的分析方法

A.1　烟草及烟草制品钾、钙和镁的测定（电感耦合等离子体质谱法）

一、原理

试样经消解后转移定容，在选定的仪器参数下，在线加入内标，用电感耦合等离子体质谱仪测定；以质荷比强度与元素浓度的定量关系，测定样品溶液中元素浓度，分别计算得出样品中钾、钙和镁的含量。

二、试剂与材料

除特别要求外，均应使用优级纯级试剂。

（1）超纯水　初始比阻抗值≥18.2MΩ · cm，应达到 GB/T 6682—2008《分析实验室用水规格和试验方法》中一级水的要求。

（2）浓硝酸（65%，质量分数）（美国 Merck 公司）

①硝酸溶液：5%，体积比。

②硝酸溶液：20%，体积比。

（3）双氧水　30%，质量分数，低温避光密闭保存（美国 Merck 公司）。

（4）调谐液（10μg/L）　锂、钇、铈、铊、钴（5% 硝酸溶液介质）。采用其他调谐液应验证其适用性。不用时置于4℃的冰箱中保存，有效期一年。

（5）内标液（美国 Agilent 公司）

①内标储备溶液（10mg/L）：锗、铟、铋（5% 硝酸溶液介质）。置于4℃的冰箱中保存，有效期一年。

②内标溶液（1.0mg/L）：取内标储备溶液 5.0mL，用 5%的硝酸稀释定容至 50mL。置于 4℃的冰箱中保存，有效期 3 个月。

（6）标准溶液

①标准空白溶液：5%硝酸。

②钾、钙和镁混合标准储备液（美国 Agilent 公司）：钾、钙和镁浓度 1 000mg/L。不用时置于 4℃的冰箱中保存，有效期 1 年。

③钾、钙和镁混合标准工作溶液：准确移取不同体积的钾、钙和镁混合标准储备液至不同的 50mL 塑料容量瓶中，用 5%的硝酸稀释定容，得到不同浓度的钾、钙和镁标准工作溶液。其浓度范围应覆盖预计试样中检测到的各元素浓度（0，0.1，0.2，0.5，1，2，5，10，20，40，80mg/L）。置于 4℃的冰箱中保存，有效期 1 周。

（7）高纯氩气（纯度≥ 99.999%）。

三、仪器设备

使用的实验室仪器设备如下。

（1）塑料容量瓶　50mL。

（2）分析天平　精度 0.0001g。

（3）密闭微波消解仪　配微波消解罐。

（4）电感耦合等离子体质谱仪。

（5）纯水仪。

四、分析步骤

1. 取样

准确称取预先混合均匀的样品 0.2g（精确至 0.0001g），置于微波消解罐中。

2. 微波消解样品

先加入 5mL 65%浓硝酸和 1mL 双氧水，旋紧密封后置于微波消解仪中。按表 1 设置的微波消解程序对样品进行消解。消解完成后溶液应澄清透明。采用其他程序应验证其适用性。

表 1　　微波消解升温程序

起始温度/℃	升温时间/min	终点温度/℃	保持时间/min
室温	5	100	5
100	5	130	5
130	5	160	5
160	10	190	20

3. 定容

将试样溶液转移至 50mL 塑料容量瓶中，用超纯水冲洗消解罐 3～4 次，清洗液一并转移至容量瓶中，然后用超纯水定容，摇匀后得试样液。

注：消解后的试样应在 24h 内完成测试。

4. 空白实验

按照上述方法，不加样品进行空白实验，得到试样空白溶液。

5. 测定

（1）电感耦合等离子体质谱仪参数　待测元素质量数，对应内标元素及积分时间如表 2 所示。

表 2　　待测元素质量数、内标元素、积分时间

元素	待测元素质量数	内标元素	积分时间/s
镁	24	^{45}Sc	0.3
钾	39	^{45}Sc	0.3
钙	44	^{45}Sc	0.5

采用调谐液，调谐电感耦合等离子体质谱仪至最佳工作状态，且进行 P/A 调谐。仪器参数参照表 3，采用其他条件应验证其适用性。

表 3　　电感耦合等离子体质谱仪测定条件

指标名称	参数
射频功率/W	1300
载气流速/(L/min)	1.20
进样速率/(mL/min)	0.1
获取模式	全定量分析
重复次数	3

（2）标准工作曲线　分别吸取适量标准空白溶液，不同浓度的钾、钙和镁混合标准工作溶液和内标溶液分别注入电感耦合等离子体质谱仪中，在选定的仪器参数下，以待测元素钾、钙和镁含量与对应内标元素含量的比值为横坐标，待测元素钾、钙和镁质荷比强度与对应内标元素质荷比强度的比值

为纵坐标，建立钾、钙和镁的标准工作曲线。对校正数据进行线性回归，求得钾、钙和镁浓度关系的回归方程，相关系数 $r^2 \geq 0.999$。

6. 样品测定

分别吸取试样空白溶液，试样液和内标溶液注入电感耦合等离子体质谱仪中，在选定的仪器参数下，得到待测元素钾、钙和镁质荷比强度与对应内标元素质荷比强度的比值代入回归方程，求得试样空白溶液和试样液中钾、钙和镁浓度。

五、结果计算与表述

1. 计算

试样中的钾、钙和镁含量，按式（1）进行计算：

$$X = \frac{(c - c_0) \times V}{1000 \times m} \tag{1}$$

式中　X——试样中钾、钙和镁的含量，mg/kg；

c——试样中钾、钙和镁的浓度，μg/L；

c_0——试剂空白中钾、钙和镁的浓度，μg/L；

V——试样消化液的总体积，mL；

m——试样质量，g。

2. 结果的表述

以两次平行测定的平均值表示，精确至 0.01mg/kg。两次测定值之间相对偏差应小于 10%。

六、定量限、回收率和精密度

本方法的定量限、回收率和精密度实验研究结果如表 4 所示。

表 4　烟草样品中钾、钙和镁试验数据

化合物	定量限/（mg/g）	回收率/%	日内精密度/（%，n=5）	日间精密度/（%，n=5）
钾	0.006	99.1~101.6	3.18	1.75
钙	0.013	98.7~102.2	2.38	1.23
镁	0.009	98.5~102.5	2.35	1.22

A. 2 烟草及烟草制品难挥发有机酸的测定(气相色谱法)

一、原理

用5%硫酸-甲醇（体积比）溶液回流样品，使其中的难挥发有机酸与甲醇充分反应生成相应的甲酯，然后用二氯甲烷萃取，萃取液经无水硫酸钠干燥后，通过气相色谱-氢火焰离子化检测器（GC-FID）检测其中难挥发有机酸类化合物的含量。

二、试剂与材料

除特别要求以外，均应使用分析纯级试剂，水应为蒸馏水或同等纯度的水。

（1）甲醇　色谱纯。

（2）浓硫酸　分析纯，98%（质量百分比）。

（3）二氯甲烷　色谱纯。

（4）氯化钠　分析纯。

（5）十二水合磷酸氢二钠　分析纯。

（6）无水硫酸钠　分析纯。

（7）内标物　己二酸，纯度≥95%（质量百分比）；十九酸，纯度≥95%（质量百分比）。

（8）难挥发有机酸　乳酸、乙二酸、丙二酸、乙酰丙酸、丁二酸、苹果酸、柠檬酸、香草酸、十四酸、十六酸、亚油酸、油酸、亚麻酸、十八酸、二十酸，纯度≥95 %（质量百分比）。

（9）5%硫酸-甲醇溶液　采用量筒准确量取950mL甲醇至2000mL烧杯中，量取50mL浓硫酸，缓慢加入，且边加入边搅拌。放置20min后，转移至4L带有瓶口分液器的棕色瓶中，常温放置，待用。

注：该操作在通风橱中进行，操作人员需戴口罩、手套，穿白大褂，做好安全防护措施。

（10）内标工作液　称取约1.00g己二酸、0.15g十九酸，精确至0.0001g，至50mL棕色容量瓶中，加入45mL甲醇，超声溶解并放至室温后，采用甲醇定容至50mL。该内标工作液于2~8℃避光保存。

（11）标准溶液

①混合标准储备液：分别称取0.05g乳酸、0.7g乙二酸、0.1g丙二酸、

1.0g 乙酰丙酸、0.02g 丁二酸、1.0g 苹果酸、0.6g 柠檬酸、0.02g 香草酸、0.02g 十四酸、0.1g 十六酸、0.1g 亚油酸、0.15g 油酸、0.035g 十八酸、0.02g 二十酸，精确至 0.0001g，至 50mL 棕色容量瓶中，加入 45mL 甲醇，超声溶解并放至室温后，甲醇定容至 50mL，摇匀。该混合标准储备液于 2~8℃避光保存。

②系列标准工作溶液：分别移取混合标准储备液 125μL、250μL、500μL、1mL、2mL、5mL 至 6 个 50mL 容量瓶中，5%硫酸-甲醇溶液稀释定容至刻度，摇匀，然后转移至 100mL 平底烧瓶中，加入 300μL 内标工作液，按照下文制备甲酯化标准工作溶液。

(12) 饱和盐溶液　分别称取 90g 十二水合磷酸氢二钠和 40g 氯化钠，至 2000mL 烧杯中，加入 1000mL 去离子水，采用 630W 功率的超声仪，边超声边搅拌，至完全溶解，密封常温放置，待用。

三、仪器设备

使用的实验室仪器设备如下。

(1) 分析天平　精度 0.0001g。

(2) 水浴锅　温控精度±1℃。

(3) 烧瓶、冷凝管、分液漏斗、锥形瓶。

(4) 分液漏斗振荡器。

(5) 气相色谱-氢火焰离子化检测器。

四、分析步骤

1. 取样

按 GB/T 5606.1—2004《卷烟 第 1 部分：抽样》和 GB/T 19616—2004《烟草成批原料取样的一般原则》抽取样品。

2. 烟草样品制备

按 YC/T 31—1996《烟草及烟草制品 试样的制备和水分测定 烘箱法》制备试样，测定水分含量。

3. 测定次数

每个样品应平行测定两次。

4. 样品分析

(1) 样品甲酯化　称取 1.00g 烟粉至 100mL 平底烧瓶中，精确至 0.001g，准确加入 300μL 内标工作液和 50mL 5%硫酸-甲醇溶液，将烧瓶与冷凝管紧密连接，在80℃水浴中回流2h，冷却至室温。

（2）样品萃取　取5mL甲酯化溶液至125mL分液漏斗中，采用瓶口分液器分别加入10mL饱和盐溶液和7.5mL二氯甲烷，于分液漏斗振荡器上以220r/min的速度振荡10min。振荡结束后，取下分液漏斗静置10min，然后取下层二氯甲烷溶液至盛有4.0g无水硫酸钠的50mL锥形瓶中。于分液漏斗中继续加入7.5mL二氯甲烷，重复萃取2次，合并萃取液共15mL。摇动烧瓶，使萃取液与无水硫酸钠充分接触，然后机械振荡30min，振荡频率180r/min。萃取液过0.22μm有机相滤膜，进GC-FID分析。

（3）测定条件

①色谱柱：DB-5MS石英毛细管柱（柱长60m，内径0.25mm，膜厚0.25μm）。

②进样模式：恒流模式，分流进样，分流比5∶1。

③进样体积：1μL。

④流速：1.5mL/min。

⑤进样口温度：280℃。

⑥升温程序：以10℃/min，从40℃（3min）升到280℃（30min）。

⑦载气：氦气。

⑧氢气流速：40mL/min。

⑨空气流速：400mL/min。

⑩尾吹气及流速：氦气，40mL/min。

各化合物的内标以及保留时间如表5所示。

表5　各化合物内标及保留时间

序号	化合物	内标	保留时间/min
1	乳酸	己二酸	7.99
2	乙二酸	己二酸	9.83
3	丙二酸	己二酸	11.67
4	乙酰丙酸	己二酸	12.86
5	丁二酸	己二酸	13.62
6	苹果酸	己二酸	15.20

续表

序号	化合物	内标	保留时间/min
7	柠檬酸	十九酸	19.99
8	香草酸	十九酸	20.83
9	十四酸	十九酸	23.15
10	十六酸	十九酸	25.27
11	亚油酸	十九酸	26.94
12	油酸+亚麻酸	十九酸	27.00
13	十八酸	十九酸	27.21
14	二十酸	十九酸	29.21
内标 1	己二酸	—	16.96
内标 2	十九酸	—	28.17

（4）标准工作曲线　对标准工作溶液进行 GC-FID 分析，以各难挥发有机酸响应面积与内标响应面积之比为横坐标，以各难挥发有机酸浓度为纵坐标绘制标准曲线。工作曲线应呈线性，$r^2 \geqslant 0.99$。根据标准工作溶液的浓度及响应峰面积，内标法定量。

五、结果计算与表述

1. 计算

样品中以干基计的各目标化合物含量，按式（2）计算：

$$X = \frac{c \times V}{1000 \times m \times (1 - w)} \tag{2}$$

式中　X——样品中目标物的含量，mg/g；

c——从标准工作曲线上得到的被测组分在甲酯化提取液中的浓度，μg/mL；

V——甲酯化提取液的体积，mL；

m——试样质量，g；

w——试样水分的质量分数。

2. 结果的表述

以两次测定的平均值作为测定结果，结果精确至 0.01mg/g，平行测定结果的极差应小于 10%。

六、定量限、回收率和精密度

本方法的定量限、回收率和精密度实验研究结果如表 6 所示。

表 6　　烟草样品中难挥发有机酸试验数据

测试指标	定量限/（mg/g）	回收率/%	日内精密度/%（$n=5$）	日间精密度/%（$n=5$）
乳酸	0.13	90.6~91.8	3.5	4.5
乙二酸	0.07	96.9~103	0.8	1.3
丙二酸	0.06	93.2~99.9	0.4	1.2
乙酰丙酸	0.03	94.9~98.2	0.7	1.2
丁二酸	0.04	96.8~105	1.2	2.1
苹果酸	0.08	100.5~104	1.3	2.0
柠檬酸	0.05	96.5~103	0.9	1.7
香草酸	0.04	95.2~102	2.5	3.6
十四酸	0.02	93.2~98.4	1.3	3.1
十六酸	0.02	95.0~99.2	0.9	1.8
亚油酸	0.02	97.1~101	0.5	1.7
油酸+亚麻酸	0.02	95.4~98.9	0.6	1.7
十八酸	0.02	94.4~98.1	1.0	2.0
二十酸	0.02	94.2~102	1.7	2.6

A.3　烟草及烟草制品 Amadori 化合物的测定（高效液相色谱-串联质谱法）

一、原理

用甲醇/水混合溶液萃取烟草及烟草制品中 Amadori 化合物，使用高效液相色谱-串联质谱仪（HPLC-MS/MS）进行测定，外标法定量。

二、试剂与材料

除特别要求以外，均应使用色谱纯级试剂，水应符合 GB/T 6682—2008《分析实验室用水规格和试验方法》中一级水的规定。

（1）甲醇。

（2）乙腈　色谱纯。

（3）甲酸　纯度应不小于96%。

（4）邻苯二甲酸　纯度应不小于99%。

（5）30%甲醇水溶液　体积比。

（6）0.12mmol邻苯二甲酸的0.2%甲酸水溶液　移取2mL甲酸至1L去离子水中，再加入19.92mg邻苯二甲酸，混合均匀。

（7）Amadori化合物标准品

葡糖胺（百灵威公司）；

1-脱氧-1-L-丙氨酸-D-果糖（Fru-Ala）（加拿大TRC公司）；

1-脱氧-1-L-脯氨酸-D-果糖（Fru-Pro）（加拿大TRC公司）；

1-脱氧-1-L-苯丙氨酸-D-果糖（Fru-Phe）（加拿大TRC公司）；

1-脱氧-1-L-色氨酸-D-果糖（Fru-Trp）（加拿大TRC公司）；

1-脱氧-1-L-异亮氨酸-D-果糖（Fru-Ile）（加拿大TRC公司）；

1-脱氧-1-L-亮氨酸-D-果糖（Fru-Leu）（加拿大TRC公司）；

1-脱氧-1-L-天冬氨酸-D-果糖（Fru-Asp）（加拿大TRC公司）；

1-脱氧-1-L-谷氨酸-D-果糖（Fru-Glu）（加拿大TRC公司）；

1-脱氧-1-L-缬氨酸-D-果糖（Fru-Val）（加拿大TRC公司）。

（8）标准溶液

①标准溶液储备液：分别称取约10mg Amadori化合物标准品至8个10mL棕色容量瓶中，用甲醇稀释至刻度。该溶液于-20℃避光保存，有效期为3个月。

②一级混合标准溶液：分别移取2mL Fru-Pro标准储备溶液，1mL Fru-Ala、Fru-Asp，0.2mL Fru-Val、Fru-Phe、Fru-Trp、Fru-Glu、葡糖胺，0.1mL Fru-Ile、Fru-Leu标准储备溶液于100mL棕色容量瓶中。用甲醇定容，配制成一级混合标准溶液。该溶液于-20℃避光保存，有效期为3个月。

③系列标准工作溶液：分别移取适量一级混合标准溶液，逐级稀释后转移至100mL棕色容量瓶中，用30%甲醇水溶液稀释至刻度，配制系列标准工作溶液。

三、仪器设备

使用的实验室仪器设备如下。

（1）分析天平　精度0.0001g。

（2）高效液相色谱-串联质谱仪　配备电喷雾离子源（ESI）。

（3）有机相滤膜　0.22μm。

（4）机械振荡器。

四、分析步骤

1. 制样

按 YC/T 31—1996《烟草及烟草制品 试样的制备和水分测定 烘箱法》制备试样，并测定水分含量。

2. 测定次数

每个样品应平行测定两次。平行测定结果的相对偏差应小于 15%。如果超过 15%，需要重新做样品。

3. 样品分析

（1）样品萃取　称取 0.4g 试样于 50mL 具塞锥形瓶中，精确至 0.0001g，准确加入 20mL 30%甲醇水溶液，超声萃取 30min。取上层清液过 0.22μm 滤膜，准确移取 1mL 过滤液转移至 100mL 容量瓶中，加入 30%甲醇水溶液混匀定容，取适量溶液至 2mL 色谱小瓶中，进样分析。

（2）高效液相色谱-串联质谱仪

①液相色谱参考条件

色谱柱：Atlantis T3 色谱柱（2.1mm×250mm，5μm）。

柱温：40℃。

流速：600μL/min。

进样体积：5μL。

流动相 A：0.12mmol 邻苯二甲酸的 0.2%甲酸水溶液。

流动相 B：乙腈。

梯度洗脱条件如表 7 所示。后平衡时间 10min。

表 7　梯度洗脱条件

时间/min	流速/（μL/min）	流动相 A/%	流动相 B/%
0	600	89.5	10.5
0.1	600	78	22
10	600	78	22
12	600	89.5	10.5

②质谱参考条件

离子源：大气压化学电离源（ESI）。

扫描方式：正离子扫描。

检测方式：多反应监测（MRM）。

电喷雾电压：5000V。

气帘气压力：0.124MPa。

辅助气 1 压力：0.379MPa。

辅助气 2 压力：0.345MPa。

离子源温度：500℃。

各化合物的 MRM 参数如表 8 所示。

表 8　质谱检测 MRM 参数*

化合物	定量离子对	DP/V	CE/V	停留时间/ms
Fru-Leu	294.3/276.3	52	13	50
Fru-Trp	367.3/349.2	57	15	50
Fru-Pro	278.4/260.2	41	15	50
Fru-Phe	328.3/310.3	41	13	50
Fru-Val	280.3/262.2	50	14	50
Fru-Lle	294.3/276.3	52	13	50
Fru-Ala	252.3/234.1	41	11	50
Fru-Glu	310.3/292.1	49	14	50
葡糖胺	180.2/162.2	48	11	50
Fru-Asp	278.3/260.2	42	15	50

注：*为保证 MRM 色谱峰获得不少于 15 个数据点，可采用 Schedule MRM 模式采集数据。

（3）测定　用高效液相色谱-串联质谱仪测定 Amadori 系列标准工作溶液，根据系列标准工作溶液的浓度及各目标物组分响应峰面积，外标法定量。

五、结果计算与表述

1. 计算

以干基计的各 Amadori 化合物的含量，按式（3）计算：

$$x = \frac{c \times V}{1000m \times (1 - w)} \tag{3}$$

式中　x——样品中目标物的含量，mg/g；

c——目标物的浓度，μg/mL；

V——样品的萃取体积，mL；

m——试样的质量，g；

w——试样的水分百分含量。

2. 结果的表述

以两次测定的平均值作为测定结果，结果精确至 1μg/g。

六、定量限、回收率和精密度

本方法的定量限、回收率和精密度研究结果如表 9 所示。

表 9　烟草制品中各 Amadori 化合物试验数据

化合物	定量限/(ng/mL)	回收率/%	日内精密度/(%，n=6)	日间精密度/(%，n=6)
Fru-Leu	5.23	104.8~119.5	5.9	14.4
Fru-Asp	8.44	93.6~105.6	5.8	12.6
Fru-Pro	5.32	89.1~97.4	5.8	10.8
Fru-Trp	5.49	84.9~113.9	7.3	10.3
Fru-Phe	4.52	93.2~114.6	5.4	12.4
Fru-Val	5.88	91.6~115.4	6.3	12.5
Fru-Ile	7.05	100.0~119.5	11.1	25.4
Gru-Ala	5.08	99.9~111.0	3.6	10.0
Fru-Glu	6.09	104.6~120.3	5.6	13.1
葡糖胺	6.41	86.1~111.7	3.2	21.8

A.4　烟草及烟草制品二氯甲烷提取物的测定

一、原理

烟末样品经 pH=3.0 的磷酸二氢钠缓冲溶液充分润湿后，用二氯甲烷浸提烟草样品，可将烟草中的芳香油、树脂、色素、脂肪酸、醛酮类等物质提取出来，通过过滤、50℃烘干恒重、称量后，即可得到烟草中二氯甲烷提取物的质量分数。

二、试剂与材料

除特别要求外，均应使用优级纯级试剂。

（1）超纯水　初始比阻抗值≥18.2MΩ·cm，应达到 GB/T 6682—2008《分析实验室用水规格和试验方法》中一级水的要求。

（2）二氯甲烷　分析纯。

（3）磷酸　98%（质量百分比）。

（4）磷酸二氢钠　分析纯。

（5）pH=3.0 磷酸二氢钠缓冲溶液　称取 50g 磷酸二氢钠于 50mL 锥形瓶中，加入 250mL 水使其完全溶解，用磷酸调节溶液 pH 至 3.0。

三、仪器

使用的实验室仪器如下。

（1）涡旋振荡器。

（2）分析天平　精度 0.0001g。

（3）pH 酸度计。

（4）干燥箱。

（5）带有双链球的 G3 砂芯漏斗。

（6）瓶口分液器　25mL。

四、分析步骤

1. 烟草样品制备

按 YC/T 31—1996《烟草及烟草制品 试样的制备和水分测定 烘箱法》制备试样，测定水分含量。

2. 测定次数

每个样品应平行测定两次。两次平行测定结果绝对值之差应≤0.30%。如果超过 0.30%，需要重新做样品。

3. 样品分析测定

称取 2.0g 样品（精确至 0.1mg，记质量为 m）于 50mL 塑料离心管中，加入 2mL pH3.0 磷酸二氢钠缓冲溶液，搅拌均匀，并充分润湿 15min。再准确加入 20mL 二氯甲烷，置于涡旋振荡器上振荡萃取 20min；将样品及提取溶液一并转入 G3 砂芯漏斗中，未完全转移烟末样品可用少量（2~5mL）二氯甲烷溶液清洗，洗涤液和滤液一并收集于 50mL 预先恒重的抽滤瓶（记质量 m_0）中，得到烟草样品的二氯甲烷提取液，然后置于通风橱中过夜。将二氯甲烷提取液于50℃烘至恒重（记质量m_1），通过计算得到烟草中二氯甲烷提取物的质量分数。

五、结果计算与表述

1. 计算

样品中以干基计的二氯甲烷提取物质量分数，按式（4）计算：

$$w = \frac{m_1 - m_0}{m(1 - w_{水})} \times 100 \tag{4}$$

式中　w——二氯甲烷提取物质量分数，%；

m——称取样品质量，g；

m_1——抽滤瓶加二氯甲烷提取物的质量，g；

m_0——空白抽滤瓶的质量，g；

$w_{水}$——烟草样品水分的质量分数，%。

2. 结果的表述

以两次平行测定的平均值表示，精确至0.01%。

六、精密度

本方法的精密度研究结果如表10所示。

表10　烟草制品二氯甲烷提取物精密度

指标	日内精密度/（%，n=5）	日间精密度/（%，n=5）
二氯甲烷提取物	1.34	3.42

A.5　烟草及烟草制品新植二烯的测定(反吹气相色谱法)

一、原理

用二氯甲烷溶液萃取烟草和烟草制品中的新植二烯，萃取液经2μm有机相滤膜过滤后，通过反吹气相色谱（反吹-GC）定量分析检测新植二烯的含量。

二、试剂与材料

（1）去离子水　R>5MΩ。

（2）二氯甲烷　色谱纯，美国Acros Organics公司。

（3）正十七烷　纯度>98%，百灵威公司。

（4）新植二烯　纯度>80.0%，加拿大TRC公司。

（5）内标溶液　在50mL烧杯中称量0.1g正十七烷，准确至0.1mg，加入约 30mL 二氯甲烷，完全溶解后转移至 100mL 容量瓶中，用二氯甲烷稀释至刻度。

（6）新植二烯标准溶液

①标准储备液：在 10mL 容量瓶中称量 10mg 新植二烯，准确至 0.1mg，加入约 5mL 二氯甲烷待完全溶解后，再加二氯甲烷至刻度。

②系列标准工作溶液：分别准确移取 100μL、200μL、500μL、1mL、2mL 标准储备液于 5 个 10mL 容量瓶中，并分别加入 50μL 内标溶液，用二氯甲烷稀释至刻度。

三、仪器

使用的实验室仪器如下。

（1）分析天平　精度 0.0001g。

（2）气相色谱仪（配有氢火焰离子化检测器和气动控制模块）。

（3）有机相滤膜　2μm。

（4）无油式螺杆空压机。

（5）氢气发生器。

（6）鼓风干燥箱。

（7）数显型涡旋混合器。

（8）离心机。

四、分析步骤

1. 取样

按 GB/T 5606.1—2004《卷烟 第 1 部分：抽样》和 GB/T 19616—2004《烟草成批原料取样的一般原则》抽取样品。

2. 烟草样品制备

按 YC/T 31—1996《烟草及烟草制品 试样的制备和水分测定 烘箱法》制备试样，测定水分含量。

3. 测定次数

每个样品应平行测定两次，平行测定结果的极差小于 10%。如果极差超过 10%，需要重新做样品。

4. 样品分析

（1）样品萃取　称取 50mg 样品，准确至 0.1mg，置于 50mL 离心管内，再准确加入 50μL 十七烷内标溶液和 10mL 二氯甲烷，置于数显型涡旋混合器

（2500r/min）涡旋萃取 15min，然后离心机（10000r/min）离心 3min。提取 20min。取适量上清液过 2μm 有机相滤膜。

（2）气相色谱参考条件

①色谱柱 1：DB-5MS（5m×0.25mm，0.25μm）。

②色谱柱 2：DB-5MS（10m×0.25mm，0.25μm）。

③载气：N_2。

④进样口温度：280℃。

⑤进样量：1μL。

⑥分流比：20∶1。

⑦进样口压力：19psi（1psi=6894.76Pa，保持 4.5min），然后以 99psi/min 速率降至 5psi（保持 2.5min）。

⑧PCM 压力：15psi。

⑨升温程序：初温 100℃，然后以 20℃/min 的升温速度升到 200℃，再以 90℃/min 的升温速率升至 290℃，保持 5min。

⑩FID 参数：温度 300℃，氢气流量 40mL/min，空气流量 400mL/min，尾吹流量 25mL/min。

（3）测定　用气相色谱仪测定新植二烯系列标准工作溶液，以新植二烯响应面积与内标响应面积之比为横坐标，以新植二烯浓度为纵坐标绘制标准曲线。工作曲线应呈线性，相关系数 $r^2 \geq 0.9999$。根据系列标准工作溶液的浓度及响应峰面积，内标法定量。

五、结果计算与表述

1. 计算

以干基计的新植二烯的含量，按式（5）计算：

$$p = \frac{c \times 10}{m \times (1 - w)} \tag{5}$$

式中　p——每克试样的新植二烯含量，μg/g；

c——萃取样品中新植二烯的浓度，μg/mL；

10——萃取溶液体积，mL；

m——试样的质量，g；

w——试样的水分质量分数，%。

2. 结果的表述

以两次测定的平均值作为测定结果，结果精确至 0.01μg/g。

六、定量限、回收率和精密度

本方法的定量限、回收率和精密度试验结果如表 11 所示。

表 11　　烟草制品新植二烯试验数据

化合物	定量限/(μg/g)	回收率/%	日内精密度/(%，n=6)	日间精密度/(%，n=6)
新植二烯	16.00	98.0~102.0	1.76	1.81

A.6　烟草及烟草制品无机阴离子的测定（离子色谱法）

一、原理

用水超声萃取样品中氯离子（Cl^-）、硝酸根（NO_3^-）、硫酸根离子（SO_4^{2-}）、磷酸根离子（PO_4^{3-}），萃取液通过阴离子交换分离-电导检测定量分析。

二、试剂与材料

（1）氯化钠　优级纯。

（2）硝酸钠　优级纯。

（3）无水硫酸钠　分析纯。注：使用前在 550℃马弗炉中烘 5h。

（4）磷酸氢二钠（无水）　分析纯。

（5）去离子水　R≥18.2MΩ。

（6）标准溶液

①标准溶液储备液：称取约 0.1648g 氯化钠、0.1371g 硝酸钠、0.1478g 无水硫酸钠、0.1481g 磷酸氢二钠（无水），分别转移至 100mL 容量瓶中，准确记录质量，用去离子水稀释至刻度，Cl^-、NO_3^-、SO_4^{2-}、PO_4^{3-}的浓度各约为 1000μg/mL。溶液于 4℃避光保存，有效期为 1 个月。

②系列标准工作溶液：分别移取 20mL Cl^-、SO_4^{2-}、PO_4^{3-}标准溶液储备液和 2.5mL NO_3^-标准溶液储备液至 100mL 容量瓶中定容，再用去离子水逐级稀释，得到系列标准工作溶液。系列标准工作溶液浓度如表 12 所示。

表 12　　系列标准工作溶液浓度表　　单位：μg /mL

	氯离子	硝酸根	硫酸根	磷酸根
ST1	0.8	0.1	0.8	0.8
ST2	1.6	0.2	1.6	1.6

续表

	氯离子	硝酸根	硫酸根	磷酸根
ST3	4.0	0.5	4.0	4.0
ST4	8.0	1.0	8.0	8.0
ST5	20.0	2.5	20.0	20.0
ST6	40.0	5.0	40.0	40.0
ST7	80.0	10.0	80.0	80.0

三、仪器设备

（1）分析天平　精度0.0001g。

（2）超声仪。

（3）离子色谱仪　配电导检测器。

（4）色谱分析柱、保护柱及抑制器　AS11-HC［4mm（内径）×250mm］阴离子分析柱；AG11-HC［4mm（内径）×50mm］保护柱；自动再生电导抑制器：ASRS（4mm）。

（5）水相滤膜　0.22μm。

四、分析步骤

1. 制样

按YC/T 31—1996《烟草及烟草制品 试样的制备和水分测定 烘箱法》制备试样，并测定其含量水分。

2. 样品萃取

称取0.25g试样于100mL具塞锥形瓶中，精确至0.0001g，准确加入50mL去离子水超声萃取30min，超声功率40%。静置10min，移取上层清液过0.22μm滤膜至2mL色谱小瓶中，进样分析。如果样品溶液的浓度超出标准工作曲线的浓度范围，则进行稀释。

3. 离子色谱参考条件

（1）进样量　25μL。

（2）流速　1.2mL/min。

（3）柱温　30℃。

（4）检测器模式　抑制型电导检测模式。

（5）抑制电流　120mA。

（6）分析参数（梯度洗脱程序） 离子色谱所用分析程序如表 13 所示。

表 13　离子色谱所用分析程序

时间/min	OH^-浓度/mmol
0.0	5
20.0	10
20.1	25
28.0	25
28.1	35
36.0	40
36.1	5
38.0	5

注：柱压保持在 1800~2000psi；背景电导小于 1μS。

4. 标准工作曲线的制作

用系列标准工作溶液制备标准工作曲线。由保留时间定性，根据系列标准工作溶液的浓度及各阴离子组分响应峰面积用外标法定量。

五、结果的计算与表述

1. 结果的计算

各目标物的含量由式（6）计算：

$$x = \frac{c \times V}{1000m(1 - w)} \tag{6}$$

式中　x——样品中目标物的含量，mg/g；

c——目标物的浓度，μg/mL；

V——样品的萃取体积，mL；

m——试样质量，g；

w——试样水分的质量分数。

2. 结果的表述

取两次平行测定结果的平均值为最终测试结果，精确至 0.01mg/g，平行测定结果的相对偏差应小于 10%。

六、定量限、回收率和精密度

本方法的定量限、回收率和精密度试验结果如表 14 所示。

表 14　烟草制品中无机阴离子试验数据

化合物	定量限/(μg/g)	回收率/%	日内精密度/(%, $n=6$)	日间精密度/(%, $n=6$)
氯离子	4.3	96.1	4.4	6.0
硝酸根	26.0	98.4	5.2	7.3
硫酸根	17.8	97.6	3.5	5.4
磷酸根	8.7	93.5	4.3	4.5

A.7　烟草及烟草制品多酚类化合物的测定（高效液相色谱法）

一、原理

用50%甲醇水溶液萃取烟草和烟草制品中的多酚类化合物，萃取液经0.45μm滤膜过滤后，通过高效液相色谱法（HPLC）定量分析检测5种多酚类化合物的含量。

二、试剂与材料

除特别要求以外，均应使用分析纯级试剂，水应为蒸馏水或同等纯度的去离子水（R>5MΩ，使用前经0.45μm滤膜过滤）。

（1）去离子水　R>5MΩ。

（2）甲醇　色谱纯。

（3）乙酸　分析纯。

（4）新绿原酸　5-咖啡酰奎尼酸，纯度>97%。

（5）绿原酸　纯度>97%。

（6）隐绿原酸　4-咖啡酰奎尼酸，纯度>97%。

（7）莨菪亭　纯度>97%。

（8）芸香苷　纯度>97%。

（9）萃取溶液　制备50%的甲醇水溶液。

（10）多酚标准溶液

①一级标准溶液：在50mL烧杯中称量5mg新绿原酸、100mg绿原酸、5mg隐绿原酸、5mg莨菪亭、100mg芸香苷，准确至0.1mg，加入约30mL甲醇完全溶解后，转移到100mL的容量瓶中，加萃取溶液稀释至刻度。

②二级标准溶液：将10mL一级标准溶液移至100mL容量瓶中用萃取溶

液稀释至刻度。

（11）多酚校准溶液　分别准确移取 1mL、2mL、5mL 二级标准溶液，1mL、2mL、5mL 一级标准溶液至 100mL 容量瓶中用萃取溶液稀释至刻度，此 6 个标准溶液以及二级标准溶液为系列标准校准溶液（多酚校准溶液应在使用前配制，不能长时间保存）。

三、仪器设备

使用的实验室仪器设备如下。

（1）分析天平　精度 0.0001g。

（2）高效液相色谱仪　具有柱温箱、梯度洗脱功能、紫外检测器和自动进样器（自动进样器为可选件）。

推荐色谱柱：250mm×4.6mm 色谱柱，固定相 C_{18}填料粒度 5μm。

注：液相色谱柱为 ULTRASPHERE 5 ODS，250mm×4.6mm（HICHROM）。

（3）水相滤膜　0.45μm。

（4）超声波振荡器。

四、分析步骤

1. 取样

按 GB/T 5606.1—2004《卷烟 第 1 部分：抽样》和 GB/T 19616—2004《烟草成批原料取样的一般原则》抽取样品。

2. 烟草样品制备

按 YC/T 31—1996《烟草及烟草制品 试样的制备和水分测定 烘箱法》制备试样，测定水分含量。

3. 测定次数

每个样品应平行测定两次。

注：平行测定结果的极差小于 10%。如果极差超过 10%，需要重新做样品。

4. 样品分析

（1）样品萃取　称取约 100mg 样品，准确至 0.1mg，置于 50mL 锥形瓶内，再准确加入 20mL 50% 甲醇水溶液，置于超声波振荡器超声（频率：40kHz）提取 20min。取约 2mL 萃取液经 0.45μm 的水相滤膜过滤。

（2）高效液相色谱参考条件

流动相 A：水：甲醇：乙酸＝88：10：2（体积分数）

流动相 B：水：甲醇：乙酸＝10：88：2（体积分数）

梯度条件如表15所示：

表15　　高效液相色谱仪梯度条件

保留时间/min	流动相A/%	流动相B/%
0	100	0
16.5	80	20
30	20	80
30.5	100	0
40	100	0

柱温：30℃。

柱流量：1mL/min。

进样体积：10μL。

检测波长：340nm；参比波长：480nm。

分析时间约为40min。

注1：由于流动相中添加了甲酸，为了保证色谱柱的稳定性，每日在样品序列运行完后，采用90%水、10%甲醇冲洗色谱柱60min。

注2：色谱柱长期使用后，如果发现色谱峰拖尾严重，且隐绿原酸测定偏差超过10%，需要更换液相色谱柱。

典型烟草样品色谱图见图1。

5. 测定

用高效液相色谱测定一系列多酚校准溶液，得到5种多酚的积分峰面积，用峰面积作为纵坐标，多酚浓度作为横坐标分别建立5种多酚的校正曲线，对校正数据进行线性回归（r^2>0.99）。然后测定烟草萃取样品，从样品中多酚的峰面积计算每一个烟草萃取样品中5种多酚的浓度（mg/mL）。

五、结果计算与表述

1. 计算

以干基计的5种多酚的含量，按式（7）计算：

$$p = \frac{c \times 20}{m \times (1 - w)} \tag{7}$$

式中　p——每克试样的多酚含量，mg/g；

　　　c——萃取样品中多酚的浓度，mg/mL；

20——萃取溶液体积，mL；

m——试样的质量，g；

w——试样的水分质量分数，%。

2. 结果的表述

以两次测定的平均值作为测定结果，结果精确至0.01mg/g。

六、样品色谱图

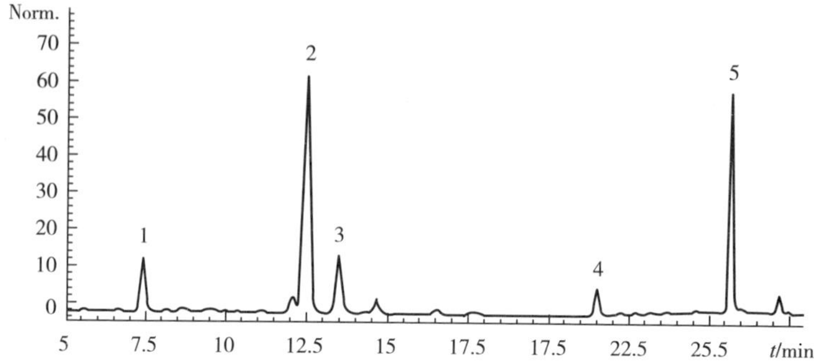

图1　烟草样品色谱图

1—新绿原酸；2—绿原酸；3—隐绿原酸；4—莨菪亭；5—芸香苷

七、定量限、回收率和精密度

本方法的定量限、回收率和精密度研究结果如表16所示。

表16　　烟草样品中多酚类化合物试验数据

测试指标	定量限/（mg/g）	回收率/%	日内精密度/（%，n=5）	日间精密度/（%，n=5）
新绿原酸	0.093	98.6~101	1.0	1.1
绿原酸	0.093	99.2~106	1.8	1.9
隐绿原酸	0.093	99.9~102	1.9	2.0
莨菪亭	0.053	94.1~105	2.0	2.1
芸香苷	0.073	103~109	1.3	1.5

A.8　烟草及烟草制品游离氨基酸的测定(氨基酸分析仪法)

一、原理

用盐酸调节的柠檬酸锂缓冲溶液萃取烟草样品中游离氨基酸，使用氨基酸分析仪进行测定，应用外标法定量。

二、试剂与材料

除特别要求以外，本实验均应使用色谱纯级试剂，水应符合 GB/T 6682—2008《分析实验室用水规格和试验方法》中一级水的规定。

（1）缓冲溶液　pH 分别为 2.20（上样及萃取用缓冲液）、2.85（缓冲液 1）、3.00（缓冲液 2）、3.15（缓冲液 3）、3.50（缓冲液 4）、3.55（缓冲液 5）及 0.2mol/L 氢氧化锂（缓冲液 6，百康公司中国代理大昌洋行上海有限公司）。

（2）氨基酸标准对照品

L-天冬氨酸，纯度 99%，Sigma-Aldrich。

L-苏氨酸，纯度 99%，百灵威科技有限公司。

L-丝氨酸，纯度 99%，百灵威科技有限公司。

L-天冬酰胺，纯度 99%，百灵威科技有限公司。

L-谷氨酸，纯度 99%，百灵威科技有限公司。

L-谷酰胺，纯度 99%，百灵威科技有限公司。

甘氨酸，纯度 98%，百灵威科技有限公司。

L-丙氨酸，纯度 99%，百灵威科技有限公司。

L-缬氨酸，纯度 99%，百灵威科技有限公司。

L-胱氨酸，纯度 99%，百灵威科技有限公司。

L-甲硫氨酸，纯度 99%，百灵威科技有限公司。

L-异亮氨酸，纯度 99%，百灵威科技有限公司。

L-亮氨酸，纯度 99%，百灵威科技有限公司。

L-酪氨酸，纯度 99%，百灵威科技有限公司。

L-苯丙氨酸，纯度 99%，百灵威科技有限公司。

4-氨基丁酸，纯度 99%，百灵威科技有限公司。

L-赖氨酸，纯度 99%，百灵威科技有限公司。

L-组氨酸，纯度 98%，百灵威科技有限公司。

L-色氨酸，纯度 99%，百灵威科技有限公司。

L-精氨酸，纯度 99%，百灵威科技有限公司。

L-脯氨酸，纯度 99%，百灵威科技有限公司。

注：检测时应对所用试剂及系统进行空白试验检测，在空白图谱上应无杂质峰存在。

（3）浓盐酸　37%。

（4）盐酸溶液　6mol/L。称取100g的37%浓盐酸于500mL烧杯中，加入100g去离子水，混合均匀。

（5）样品萃取液　将pH为2.20的缓冲溶液用20mL盐酸溶液调节至pH为1.0±0.05。

（6）饱和氢氧化锂溶液　称取15g的氢氧化锂于250mL烧杯中，加入100g去离子水，搅拌均匀。

（7）标准溶液

①标准储备溶液：称取L-天冬氨酸150mg、L-苏氨酸250mg、L-丝氨酸500mg、L-天冬酰胺1g、L-谷氨酸250mg、L-谷酰胺300mg、L-脯氨酸2.5g、甘氨酸100mg、L-丙氨酸500mg、L-缬氨酸250mg、L-胱氨酸200mg、L-甲硫氨酸50mg、L-异亮氨酸50mg、L-亮氨酸200mg、L-酪氨酸200mg、L-苯丙氨酸300mg、4-氨基丁酸300mg、L-赖氨酸200mg、L-组氨酸250mg、L-色氨酸300mg和L-精氨酸50mg，精确至0.1mg，置于500mL棕色容量瓶中。用pH为2.20的缓冲溶液溶解，配制成标准储备溶液。该标准储备溶液于2~8℃避光保存，有效期为一个月。

②一级混合标准溶液：移取标准储备溶液25mL于50mL棕色容量瓶中。用pH为2.20的缓冲溶液定容，配制成一级混合标准溶液。该溶液于2~8℃避光保存，有效期为半个月。

③系列标准工作溶液：分别移取一级混合标准溶液0.5mL、1mL、2.5mL、5mL、10mL至5个25mL棕色容量瓶中，用pH为2.20的缓冲溶液稀释至刻度。所得5个标准工作溶液和一级混合标准溶液一起，作为系列标准工作溶液。

三、仪器设备

使用的实验室仪器设备如下。

（1）分析天平　精度0.1mg。

（2）氨基酸分析仪　配备带制冷模块的自动进样器（设定进样器温度为4℃）。

（3）水相滤膜　0.22μm。

（4）超声清洗器。

（5）高速离心机。

四、分析步骤

1. 制样

按 YC/T 31—1996《烟草及烟草制品 试样的制备和水分测定 烘箱法》制备试样，测定水分含量。

2. 测定次数

每个样品应平行测定两次。

注：平行测定结果的极差小于 10%。如果极差超过 10%，需要重新做样品。

3. 样品分析

（1）样品萃取 称取 1g 试样于 50mL 具塞锥形瓶中，精确至 0. 1g。用移液管准确加入 20mL 样品萃取液，在超声清洗器上超声萃取 10min 后测试其 pH。必要时用 6mol/L 的盐酸溶液或饱和氢氧化锂溶液调节样品 pH 为 2. 20±0. 1，再超声萃取 20min。取适量萃取液，于高速离心机（10000r/min）上离心 10min，过 0. 22μm 水相滤膜至 2mL 色谱小瓶中，进样分析。

注：大多数烟草样品 pH 为 2. 20±0. 1，少数样品需要加入 1~2 滴酸或碱，极少数需加入 4~5 滴酸或碱。

（2）氨基酸分析仪条件

①氨基酸分析柱：应保证标准样品及试样可实现基线分离，检测用为 H-0941 型。

②柱温及流速：按照分析柱原设定程序设定梯度升温及柱缓冲溶液流速、时间等，以保证实现标准样品及试样的基线分离，详见表 17。

③进样体积：20μL。

④检测条件：同时于 570nm 及 440nm 波长处检测样品吸光度，反应池温度为 135℃，茚三酮流速为 20mL/h。

表 17　氨基酸分析仪运行程序

序号	运行时间段/min	柱温/℃	缓冲液	缓冲液流速/（mL/h）	茚泵状态	记录仪	命令
1	01:00	30	1	25	开	关	—
2	00:00	30	1	25	开	关	重设
3	01:00	30	1	25	开	关	上样

续表

序号	运行时间段/min	柱温/℃	缓冲液	缓冲液流速/(mL/h)	茚泵状态	记录仪	命令
4	02:00	30	1	25	开	开	—
5	00:00	30	1	25	开	开	重设
6	05:30	30	1	25	开	开	—
7	30:15	30	2	25	开	开	—
8	15:00	50	3	25	开	开	—
9	00:30	50	3	25	开	开	—
10	25:15	64	4	25	开	开	—
11	36:00	83	5	25	开	开	—
12	06:00	83	6	25	开	开	—
13	06:00	83	1	25	开	开	—
14	02:00	50	0	关	关	关	—
15	30:00	50	1	31.2	关	关	—
16	03:00	30	1	25	开	关	—
17	03:00	30	1	25	开	关	—

(3) 测定　用氨基酸系列标准工作溶液制备标准工作曲线。根据系列标准工作溶液的浓度及各氨基酸组分响应峰面积，内标法定量。

五、结果计算与表述

1. 计算

以干基计的游离氨基酸含量，按式（8）计算：

$$x = \frac{c \times V \times k}{m \times (1 - w)} \tag{8}$$

式中　x——试样中氨基酸含量，μg/g；

c——试样溶液中仪器测试浓度，μg /mL；

V——萃取溶液体积，mL；

k——稀释倍数；

m——试样的质量，g；

w——试样的水分的质量分数，%。

2. 结果的表述

以两次测定的平均值作为测定结果，精确至 0. 1μg /g。

六、定量限、回收率和精密度

本方法的定量限、回归率和精密度研究结果如表 18 所示。

表 18　　烟草样品中游离氨基酸试验数据

氨基酸	定量限/(μg/mL)	回收率/%	日内精密度/(%, n=5)	日间精密度/(%, n=5)	检出限/(mg/g)
天冬氨酸	0. 83	98. 4~101	1. 34	0. 97	0. 25
苏氨酸	0. 71	90. 1~98. 2	2. 00	1. 44	0. 21
丝氨酸	1. 67	90. 0~98. 0	1. 65	0. 82	0. 50
天冬酰胺	2. 78	97. 6~111	1. 33	0. 88	0. 84
谷氨酸	0. 85	88. 1~98. 6	1. 80	4. 47	0. 26
谷酰胺	3. 04	91. 7~95. 3	2. 18	1. 45	0. 91
甘氨酸	0. 92	86. 6~97. 2	0. 87	2. 29	0. 28
丙氨酸	1. 73	95. 4~99. 6	0. 60	1. 02	0. 52
缬氨酸	1. 65	91. 1~99. 9	2. 19	0. 33	0. 50
胱氨酸	0. 67	91. 0~100	3. 33	2. 71	0. 20
甲硫氨酸	0. 59	98. 6~104	1. 95	3. 24	0. 18
异亮氨酸	0. 40	83. 2~99. 1	7. 96	7. 42	0. 12
亮氨酸	0. 96	85. 8~98. 4	3. 25	1. 47	0. 29
酪氨酸	1. 03	95. 5~101	4. 32	3. 60	0. 31
苯丙氨酸	0. 91	92. 0~96. 3	1. 65	2. 09	0. 27
4-氨基丁酸	1. 12	89. 0~97. 9	2. 71	1. 44	0. 34
赖氨酸	0. 56	91. 0~98. 5	4. 61	7. 03	0. 17
组氨酸	1. 30	87. 1~98. 0	2. 41	0. 96	0. 39
色氨酸	0. 99	85. 3~97. 2	2. 23	3. 94	0. 30
精氨酸	0. 97	85. 3~98. 7	1. 42	4. 72	0. 29
脯氨酸	5. 38	96. 4~104	0. 51	1. 22	1. 62

A.9 烟草及烟草制品游离态茄尼醇的测定(高效液相色谱法)

一、原理

用甲醇振荡萃取样品中游离态茄尼醇，萃取液通过 C_{18} 液相色谱柱分离-紫外检测定量分析。

二、试剂与材料

(1) 甲醇　色谱纯。

(2) 茄尼醇　93%百灵威科技有限公司。

(3) 标准溶液

①标准储备液：称取 0.05g 茄尼醇，精确到 0.0001g，至 50mL 烧杯中，加入约 30mL 甲醇溶解，并用甲醇定容至 100mL，摇匀。

②系列标准工作溶液：分别准确移取 0.1mL、0.2mL、0.5mL、1mL、2mL、5mL 茄尼醇标准储备液于 6 个 50mL 棕色容量瓶中，用甲醇稀释并定容至刻度，得到系列标准工作溶液，现配现用。

三、仪器设备

使用的实验室仪器设备如下。

(1) 分析天平　精度 0.0001g。

(2) 机械振荡器。

(3) 高效液相色谱仪　配紫外检测器。

(4) 有机相滤膜　0.22μm。

四、分析步骤

1. 制样

按 YC/T 31—1996《烟草及烟草制品 试样的制备和水分测定 烘箱法》制备试样，并测定其含量水分。

2. 测定次数

每个样品应平行测定两次。平行测定结果的相对偏差应小于 5%。

3. 样品分析

(1) 样品萃取　称取约 0.2g 烟叶粉末于 100mL 锥形瓶中，精确至 0.0001g，准确加入 50mL 甲醇，于机械振荡器上振荡 90min。取适量上清液经 0.22μm 有机相滤膜过滤后待上机测定。如果样品溶液的浓度超出标准工作曲线的浓度范围，则进行稀释。

（2）液相色谱参考条件

①色谱柱：Xbridge C_{18} 4.6mm×75mm，3.5μm（Waters）。

②流动相：甲醇，流速为1.0mL/min。

③柱温：25℃。

④紫外检测波长：210nm。

⑤进样量：10μL。

（3）标准工作曲线　用系列标准工作溶液制备标准工作曲线。由保留时间定性，根据系列标准工作溶液的浓度及茄尼醇峰面积，外标法定量。

五、结果计算与表述

1. 计算

样品中以干基计的茄尼醇含量，按式（9）计算：

$$x = \frac{c \times V}{1000m(1-w)} \tag{9}$$

式中　x——样品中茄尼醇的含量，mg/g；

c——茄尼醇的浓度，μg/mL；

V——样品的萃取体积，mL；

m——试样质量，g；

w——试样水分的质量分数。

2. 结果的表述

取两次平行测定结果的平均值为最终测试结果，精确至0.01mg/g。

六、定量限、回收率和精密度

本方法的定量限、回收率和精密度研究结果如表19所示。

表19　烟草制品中茄尼醇的试验数据

化合物	定量限/（μg/mL）	回收率/%	日内精密度/（%，n=6）	日间精密度/（%，n=6）
茄尼醇	0.16	98.8~102.6	1.6	2.0

B 规范性文件

B.1 烟草及烟草制品近红外分析编码规则

一、范围

本文件规定了烟草及烟草制品近红外分析样品和近红外预测模型的编码规则。

本文件适用于烟草及烟草制品的近红外分析。

二、规范性引用文件

下列文件对于本文件的应用是必不可少的。凡是注日期的引用文件，仅注日期的版本适用于本文件。凡是不注日期的引用文件，其最新版本（包括所有的修改单）适用于本文件。

GB/T 2260—2007《中华人民共和国行政区划代码（含第1号修改单）》。

YC/T 210—2006《烟叶代码》系列标准。

三、测试样品编码规则

1. 初烤烟叶

初烤烟叶样品按照下述规则编码。

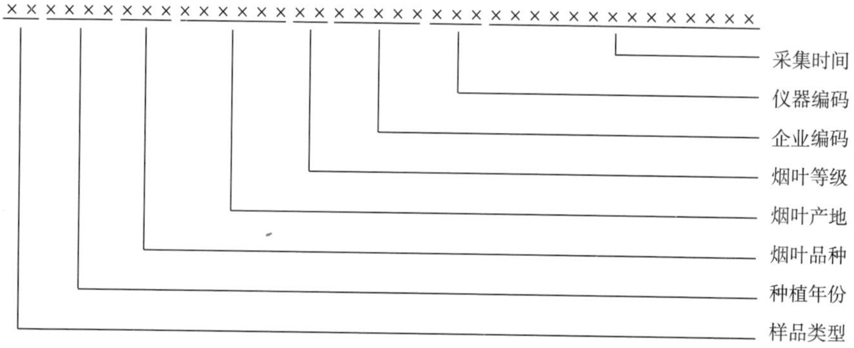

由2位样品类型编码、4位烟叶种植年份编码、3位烟叶品种编码、6位烟叶产地编码、2位烟叶等级编码、5位企业编码、3位仪器编码和14位采集时间编码组合而成，共39位数字。

样品类型：初烤烟叶的样品类型代码，为“10”，参见附件A。

种植年份：烟叶种植年份的4位阿拉伯数字，如：2018年编码为“2018”。

烟叶品种：按照YC/T 210.3—2006《烟叶代码 第3部分：烟草品种代码》进行编码，详见附件B。

烟叶产地：依据GB/T 2260—2007，按照烟叶种植区域代码进行编码，具体到省、市、县。如：河南省平顶山市宝丰县所产烟叶，其编码为“410421”。

烟叶等级：按照YC/T 210.6—2006《烟叶代码 第6部分：烟叶等级代码》进行编码，详见附件C。

企业编码：第1位为烟草工业企业和商业企业识别码，卷烟工业企业代码为“1”，商业企业代码为“2”；后4位依据GB/T 2260—2007，按照企业所处的地（市）级行政区域代码进行编码，如：“红云红河集团有限责任公司”编码为“15300”，“红塔烟草（集团）有限责任公司”编码为“15304”，“贵阳市烟草公司”编码为“25201”，“遵义市烟草公司”编码为“25203”。

仪器编码：每台近红外分析仪的唯一性编码，入网时由烟草近红外数据库系统统一指定。

采集时间：光谱采集时间。如：2018年3月1日09点18分38秒采集近红外光谱，编码为“20180301091838”。

2. 复烤片烟

复烤片烟样品按照下述规则编码。

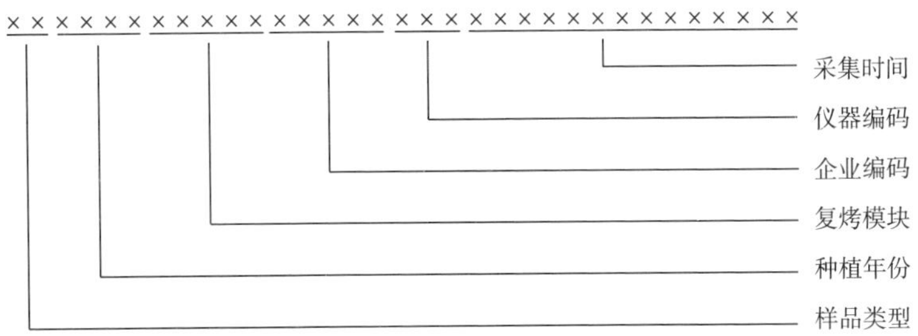

由2位样品类型编码、4位种植年份编码、5位复烤模块编码、5位企业编码、3位仪器编码和14位采集时间编码组合而成，共33位数字。

样品类型：复烤片烟的样品类型代码，为“11”，参见附件A。

种植年份：烟叶种植年份的4位阿拉伯数字，如：2018年编码为

“2018”。

复烤模块：复烤模块编码，由各企业自行制订。

企业名称：第 1 位为卷烟工业企业识别码“1”，后 4 位依据 GB/T 2260—2007，按照企业所处的地（市）级行政区域代码进行编码。

仪器编码：每台近红外分析仪的唯一性编码，入网时由烟草近红外数据库系统统一指定。

采集时间：近红外光谱采集时间。如：2018 年 3 月 1 日 09 点 18 分 38 秒采集近红外光谱，编码为“20180301091838”。

3. 醇化片烟

醇化片烟样品按照下述规则编码。

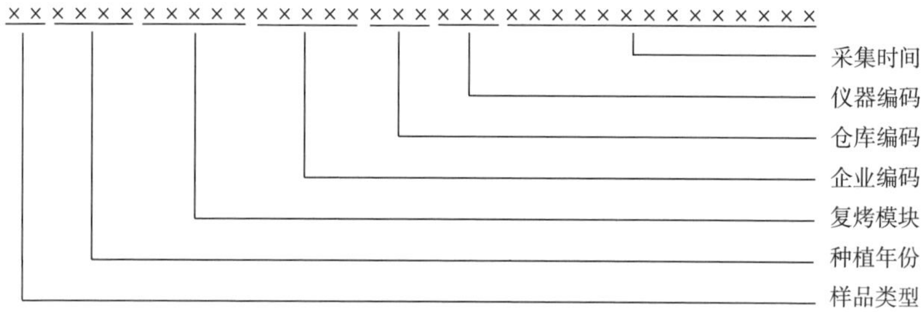

由 2 位样品类型编码、4 位种植年份编码、5 位复烤模块编码、5 位企业编码、3 位仓库编码、3 位仪器编码和 14 位采集时间编码组合而成，共 36 位数字。

样品类型：醇化片烟的样品类型代码，为“12”，参见附件 A。

种植年份：烟叶种植年份的 4 位阿拉伯数字，如：2018 年编码为“2018”。

复烤模块：复烤模块编码由各企业自行制订。

企业编码：第 1 位为卷烟工业企业识别码“1”，后 4 位依据 GB/T 2260—2007，按照企业所处的地（市）级行政区域代码进行编码。

仓库编码：醇化仓库编码由企业自行制订，应包含仓库所在地及楼层（垛位）信息。

仪器编码：每台近红外分析仪的唯一性编码，入网时由烟草近红外数据库系统统一指定。

采集时间：近红外光谱采集时间。如：2018 年 3 月 1 日 09 点 18 分 38 秒采集近红外光谱，编码为“20180301091838”。

4. 卷烟成品烟丝、烘后叶丝和纯叶组配方

卷烟成品烟丝、烘后叶丝和纯叶组配方样品按照下述规则编码。

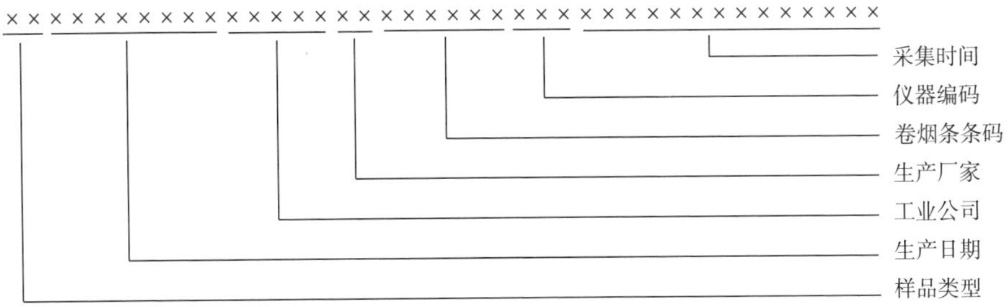

由2位样品类型编码、8位生产日期编码、5位工业公司编码、2位生产厂家编码、6位卷烟条条码编码、3位仪器编码和14位采集时间编码组合而成，共40位数字。

样品类型：样品类型编码，成品烟丝编码为“13”，烘后叶丝编码为“14”，纯叶组配方编码为“15”，参见附件A。

生产日期：生产的年月日。如：2018年5月17日生产的样品编码为“20180517”。

工业公司：生产卷烟的工业公司，第1位为卷烟工业企业识别码“1”，后4位依据GB/T 2260—2007，按照工业公司所处的地（市）级行政区域代码进行编码。

生产厂家：成品烟丝、烘后叶丝和纯叶组配方样品的具体生产厂家，由各工业公司对所属卷烟厂进行2位阿拉伯数字编码。

卷烟条条码：成品烟丝、烘后叶丝和纯叶组配方样品对应的卷烟条条码最后6位阿拉伯数字。

仪器编码：每台近红外分析仪的唯一性编码，入网时由烟草近红外数据库系统统一指定。

采集时间：为光谱采集时间。如：2018年3月1日09点18分38秒采集近红外光谱，编码为“20180301091838”。

5. 再造烟叶烟丝、膨胀烟丝和梗丝

再造烟叶烟丝、膨胀烟丝和梗丝样品按照下述规则编码。

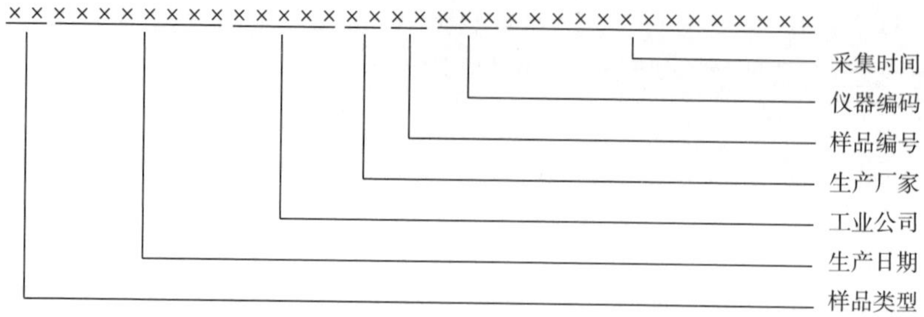

由2位样品类型编码、8位生产日期编码、5位工业公司编码、2位生产厂家编码、2位样品编号、3位仪器编码和14位采集时间编码组合而成，共36位数字。

样品类型：样品类型编码，再造烟叶烟丝编码为“16”，膨胀烟丝编码为“17”，梗丝编码为“18”，参见附件A。

生产日期：制丝生产的年月日。如：2018年5月17日生产的样品编码为“20180517”。

工业公司：样品所属的工业公司，第1位为卷烟工业企业识别码“1”，后4位依据GB/T 2260—2007，按照工业公司所处的地（市）级行政区域进行编码。

生产厂家：制丝的具体厂家，由各工业公司对所属卷烟厂进行2位阿拉伯数字编码。

样品编号：由各工业公司自行制订2位阿拉伯数字编码。

仪器编码：每台近红外分析仪的唯一性编码，入网时由烟草近红外数据库系统统一指定。

采集时间：为光谱采集时间。如：2018年3月1日09点18分38秒采集近红外光谱，编码为“20180301091838”。

6. 科研样品

用于本实验室科研的样品按照下述规则编码。

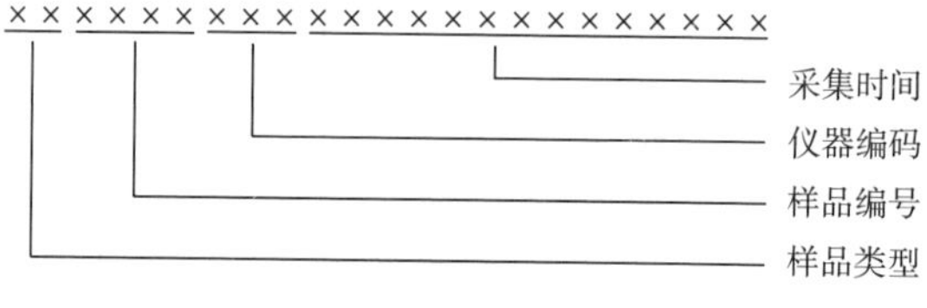

由2位样品类型编码、4位样品编号、3位仪器编码和14位采集时间编

码组合而成，共23位数字。

样品类型：详见附件A。

样品编号：由各实验室自行制订，从“0001”开始顺序编起。

仪器编码：每台近红外分析仪的唯一性编码，入网时由烟草近红外数据库系统统一指定。

采集时间：为光谱采集时间。如：2018年3月1日09点18分38秒采集近红外光谱，编码为“20180301091838”。

四、质量控制样品编码规则

质量控制样品按照下述规则编码。

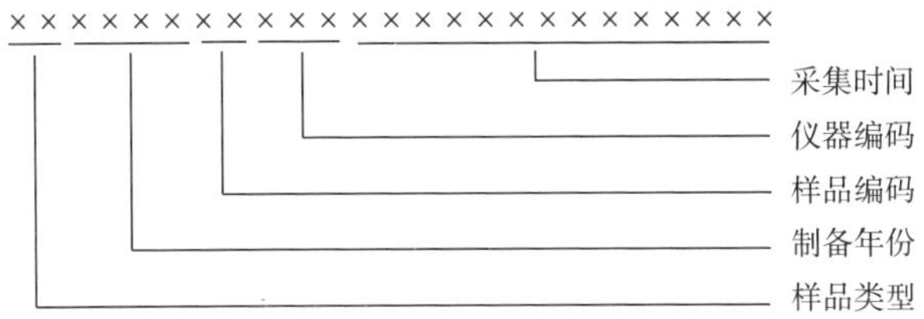

由2位样品类型编码、4位制备年份编码、2位样品编码、3位仪器编码和14位采集时间编码组合而成，共25位数字。

样品类型：详见附件A。

制备年份：质量控制样品制备年份编码，如：质量控制样品制作于2018年，编码为“2018”。

样品编码：由各实验室自行制订，从“01”开始顺序编起。

仪器编码：每台近红外分析仪的唯一性编码，入网时由烟草近红外数据库系统统一指定。

采集时间：为光谱采集时间。如：2018年3月1日09点18分38秒采集近红外光谱，编码为“20180301091838”。

五、校正样品编码规则

校正样品按照下述规则编码。

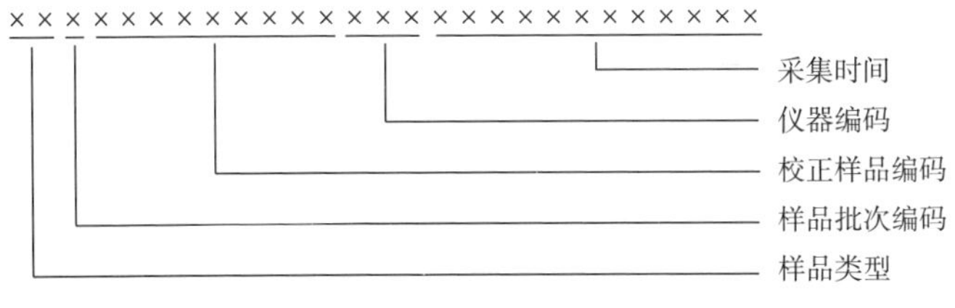

由 2 位样品类型编码、1 位样品批次编码、9 位校正样品编码、3 位仪器编码和 12 位采集时间编码组合而成，共 27 位数字。

样品类型：详见附件 A。

样品批次编码：校正样品的批次号，其编码由项目组统一制订。

校正样品编号：由烟草近红外数据库系统统一制订，前 4 位是年份，后 5 位是校正样品序号。

仪器编码：每台近红外分析仪的唯一性编码，入网时由烟草近红外数据库系统统一指定。

采集时间：为光谱采集时间。如：2018 年 3 月 1 日 09 点 18 分采集近红外光谱，编码为“201803010918”。

六、近红外预测模型编码规则

近红外预测模型按照下述规则编码。

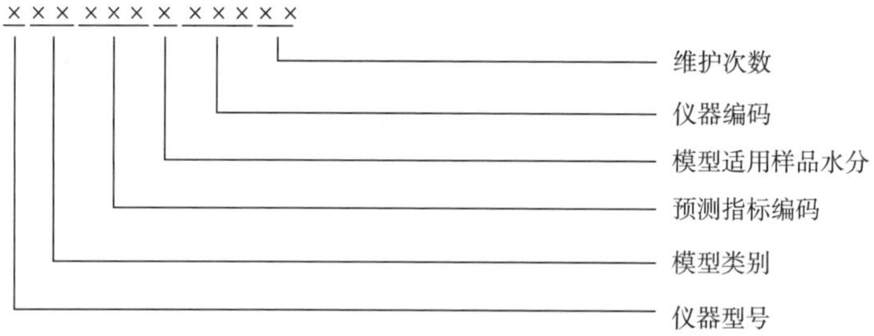

由 1 位仪器型号编码、2 位模型类别编码、3 位预测指标编码、1 位模型适用样品水分编码、3 位仪器编码和 2 位维护次数组合而成，共 12 位数字。

仪器型号：近红外预测模型适用的仪器类型编码，由烟草近红外数据库系统统一指定，如：热电仪器编码为“1”；布鲁克仪器编码为“2”。

模型类别：近红外预测模型类别编码，由烟草近红外数据库系统统一指定，初烤烟叶/复烤片烟预测模型类别编码为“10”，醇化片烟预测模型类别编码为“12”，烟丝预测模型类别编码为“13”，烟气常规预测模型类别编码为“19”。

预测指标编码：化学成分编码，由烟草近红外数据库系统统一指定 3 位阿拉伯数字。

模型适用样品水分：近红外预测模型适用的样品水分编码，适用于样品水分含量为 6%~8%的编码为“1”，适用于样品水分含量为 10%~12%的编码为“2”。

仪器编码：每台近红外分析仪的唯一性编码，入网时由烟草近红外数据库系统统一指定。

维护次数：近红外预测模型维护次数顺序编码，从“01”开始顺序编起。

附件 A　样品类型代码

序号	样品类型代码	用途	样品类型名称
1	10	烟草近红外大数据测试用样品	初烤烟叶
2	11		复烤片烟
3	12		醇化片烟
4	13		成品烟丝
5	14		烘后叶丝
6	15		纯叶组配方
7	16		再造烟叶烟丝
8	17		膨胀烟丝
9	18		梗丝
10	20	科研用样品	初烤烟叶
11	21		复烤片烟
12	22		醇化片烟
13	23		成品烟丝
14	24		烘后叶丝
15	25		纯叶组配方
16	26		再造烟叶烟丝
17	27		膨胀烟丝
18	28		梗丝
19	30	质量控制用样品	初烤烟叶
20	31		复烤片烟
21	32		醇化片烟
22	33		成品烟丝
23	34		烘后叶丝
24	35		纯叶组配方
25	36		再造烟叶烟丝
26	37		膨胀烟丝
27	38		梗丝

续表

序号	样品类型代码	用途	样品类型名称
28	40	校正用样品	初烤烟叶
29	41		复烤片烟
30	42		醇化片烟
31	43		成品烟丝
32	44		烘后叶丝
33	45		纯叶组配方
34	46		再造烟叶烟丝
35	47		膨胀烟丝
36	48		梗丝

附件 B 烟叶品种代码

序号	品种代码	品种名称	序号	品种代码	品种名称	序号	品种代码	品种名称
1	101	红花大金元	28	318	中烟 101	55	355	毕纳 1 号
2	102	中烟 90	29	319	龙江 911	56	356	NC71
3	103	豫烟 2	30	330	中烟 201	57	357	贵烟 202
4	104	云烟 85	31	331	贵烟 4 号	58	358	湘烟 5 号
5	105	云烟 317	32	332	RGH51	59	359	云烟 87
6	106	贵烟 11 号	33	333	云烟 202	60	360	吉烟 9 号
7	107	遵烟 1 号	34	334	PVH09	61	361	湘烟 2 号
8	108	广遵 2 号	35	335	豫烟 3 号	62	362	中烟 202
9	109	广遵 4 号	36	336	龙江 915	63	363	豫烟 6 号
10	111	龙江 851	37	337	金海一号	64	364	云烟 100
11	112	古烟 5 号	38	338	中烟 9203	65	365	秦烟 96
12	113	古烟 7 号	39	339	豫烟 4 号	66	366	豫烟 7 号
13	203	翠碧一号	40	340	秦烟 95	67	367	湘烟 4 号
14	301	NC82	41	341	云烟 201	68	368	粤烟 98
15	302	NC89	42	342	吉烟 9 号	69	369	豫烟 7 号
16	303	G140	43	343	粤烟 97	70	370	龙江 925
17	304	G28	44	344	辽烟 17	71	371	龙江 935
18	305	G80	45	345	安烟 1 号	72	372	龙江 981
19	306	K326	46	346	湘烟 3 号	73	373	闽烟 9 号
20	308	V2	47	347	辽烟 18	74	374	豫烟 10 号
21	309	云烟 87	48	348	云烟 110	75	375	豫烟 11 号
22	311	K346	49	349	安烟 2 号	76	376	南江 3 号
23	313	RG11	50	350	金神农 1 号	77	377	豫烟 8 号
24	314	RG17	51	351	PVH1452	78	378	秦烟 201
25	315	秦烟 1 号	52	352	辽烟 19	79	300	无品种
26	316	中烟 98	53	353	中烟 206			
27	317	中烟 100	54	354	闽烟 12			

附件 C　烟叶等级代码

序号	等级代码	英文代号	等级名称	序号	等级代码	英文代号	等级名称
1	01	C1F	中橘一	23	23	B2R	上红棕二
2	02	C2F	中橘二	24	24	B3R	上红棕三
3	03	C3F	中橘三	25	25	H2F	完熟二
4	04	C1L	中柠一	26	26	X2V	下微青二
5	05	C2L	中柠二	27	27	C3V	中微青三
6	06	B1F	上橘一	28	28	B2V	上微青二
7	07	B2F	上橘二	29	29	B3V	上微青三
8	08	B1L	上柠一	30	30	S1	光滑一
9	09	B1R	上红棕一	31	31	B4L	上柠四
10	10	H1F	完熟一	32	32	X3L	下柠三
11	11	X1F	下橘一	33	33	X4L	下柠四
12	12	C3L	中柠三	34	34	X4F	下橘四
13	13	C4F	中橘四	35	35	S2	光滑二
14	14	C4L	中柠四	36	36	CX1K	中下杂一
15	15	X2F	下橘二	37	37	CX2K	中下杂二
16	16	X3F	下橘三	38	38	B1K	上杂一
17	17	X1L	下柠一	39	39	B2K	上杂二
18	18	X2L	下柠二	40	40	B3K	上杂三
19	19	B3F	上橘三	41	41	GY1	青黄一
20	20	B4F	上橘四	42	42	GY2	青黄二
21	21	B2L	上柠二	43	43	JWY	级外烟
22	22	B3L	上柠三				

B.2　烟草及烟草制品近红外光谱采集规范

一、范围

本规范规定了烟草及烟草制品近红外光谱采集的样品制备、环境与电源、仪器参数和采集参数等要求。

本规范适用于烟草及烟草制品。

二、规范性引用文件

下列文件对于本文件的应用是必不可少的。凡是注日期的引用文件，仅注日期的版本适用于本文件。凡是不注日期的引用文件，其最新版本（包括所有的修改单）适用于本文件。

烟草近红外大数据构建与应用研究——规范性文件 1《烟草及烟草制品近红外分析编码规则》。

烟草近红外大数据构建与应用研究——规范性文件 3《烟草及烟草制品近红外分析质量控制样品要求与应用》。

三、样品制备

1. 抽样

（1）初烤烟叶　同一公司生产/收购的同一产地、同一等级的初烤烟叶为一个抽样单位。从不同位置随机抽取若干份样品组成代表性样品，总量≥200g。

（2）复烤片烟　在复烤生产线的装箱环节，按照适当的烟箱顺序间隔抽取复烤片烟样品，总量≥200g。

（3）醇化片烟　从同一复烤模块、不同存放位置随机抽取若干份样品组成代表性样品，总量≥200g。

（4）卷烟烟丝　按照合适的抽样方法，从储丝柜出料口按照一定的时间间隔抽取若干份样品组成代表性样品，总量≥200g。若是成品卷烟烟支，按近红外分析仪样品杯 1 次装样量的 2~3 倍抽取。

（5）纯叶组配方　按照合适的抽样方法，从已混匀的纯叶组配方中随机抽取若干份样品组成代表性样品，总量≥200g。

（6）烘后叶丝　按照合适的抽样方法，从制备好的烘后叶丝中随机抽取若干份样品组成代表性样品，总量≥200g。

（7）再造烟叶烟丝、膨胀烟丝、梗丝　按照合适的抽样方法，从已制备好的再造烟叶烟丝、膨胀烟丝、梗丝中随机抽取若干份样品组成代表性样品，总量≥200g。

注：若抽取样品量过多，应采用四分法缩减样品量至 200g。

2. 制样

初烤烟叶制样前应清除烟叶表面的尘土，抽去主脉；成品卷烟制样前应去除烟用材料。

醇化片烟制样前应调整水分至 6%~8%，其他样品应根据需要确定是否调整水分。若需对样品进行水分调节，烘箱温度≤40℃，持续烘干直至可用手指碾碎。

采用粉碎机粉碎样品，过0.250mm（60目）筛网，必要时应反复研磨直至样品全部通过筛网。研磨过程中粉碎机应不明显发热，必要时应间歇研磨。

使用混匀机或人工搅拌充分混合粉末，确保样品均匀一致。

将样品装入自封袋/旋盖瓶中，密封，加贴唯一性标识。

注：采用自封袋封装样品时，取一自封袋装样，然后排尽空气、密封，加贴唯一性标识，再取一自封袋，将前述自封袋装入，排尽空气、密封。

3. 样品储存

放置一个月以内的样品，应于0~4℃冷藏储存；放置一个月以上的样品，应冷冻储存。

四、环境与电源

1. 环境要求

（1）近红外光谱仪应远离振动源，如交通繁忙或靠近振动源的地方（通风口、空调、马达等）。

（2）近红外光谱仪应置于15~28℃、相对湿度20%~70%的环境使用，且温度变化≤2℃/h，相对湿度变化≤5%/h。

2. 电源要求

应按近红外光谱仪制造商要求，接入质量合格的电源（零地电压应小于1.0V，无杂波）。

五、近红外光谱仪

应采用傅里叶变换近红外光谱仪。

1. 近红外光谱仪技术要求

（1）波段范围为4000~10000cm^{-1}，波长准确度优于0.5nm，波长重现性优于0.03nm。

（2）配置InGaAs检测器/PbS检测器。

（3）配置化学计量学软件。

（4）配置样品杯和旋转台附件。

2. 仪器参数设置要求

（1）扫描范围为10000~4 000cm^{-1}。

（2）分辨率为8cm^{-1}。

（3）光谱扫描次数≥64 次。

（4）积分球的光斑应落在采样杯中心点 1/2~2/3 半径的范围内。

六、近红外光谱采集

1. 开机准备

开机预热 30min 以上。打开近红外光谱直采软件，进行仪器自检。若自检不通过，应查明原因。

2. 近红外光谱采集

采集背景光谱。样品分析过程中，背景光谱应每 15min 采集一次。

按照《烟草及烟草制品近红外分析编码规则》输入待测样品信息。

用样品勺取出适量烟末样品，装入洁净的采样杯中，平整均匀后用压样器（$20g/cm^2$）轻压样品，样品厚度≥10mm。将样品杯置于旋转台上，采集样品近红外光谱。

将样品杯清理干净，以待后续样品的光谱采集。若待测样品为冷冻/冷藏样品，近红外光谱采集前应回复至室温。

化学成分预测样品，近红外光谱采集 1 次；以近红外光谱进行质量风格预测的样品，近红外光谱应采集 2 次（2 次装样、光谱采集）。若 2 次采集的光谱不能通过一致性检验，应重复装样、采集光谱，直至通过一致性检验。

3. 数据质量控制

按照《烟草及烟草制品近红外分析质量控制样品要求与应用》要求，对近红外光谱采集过程进行质量监控。

按照实验室对数据的精密度要求，以合适频次插入质量控制样品。一般来说，应以质量控制样品开始每天的近红外分析工作。质量控制样品每天应至少插入 1 次。

注：使用过的质量控制样品应直接弃去，不应重复使用。

七、近红外光谱仪维护

（1）按照近红外光谱仪仪器操作说明书，制订并实施近红外光谱仪日常维护方法。

（2）检测器、光源、采样杯维修或更换后，应重新校准近红外光谱仪，且必须采用模型校正样品重新传递模型。

B.3 烟草及烟草制品近红外分析质量控制样品要求与应用

一、范围

本规范规定了烟草及烟草制品近红外分析实验室内部质量控制样品的术语和定义、要求和应用。

本规范适用于烟草及烟草制品近红外分析光谱采集。

二、规范性引用文件

下列文件对于本文件的应用是必不可少的。凡是注日期的引用文件，仅注日期的版本适用于本文件。凡是不注日期的引用文件，其最新版本（包括所有的修改单）适用于本文件。

GB/T 6379.2—2004《测量方法与结果的准确度（正确度与精密度）第2部分：确定标准测量方法重复性与再现性的基本方法》。

GB/T 15000.3—2023《标准样品工作导则 第3部分：标准样品 定值和均匀性与稳定性评估》。

YC/T 159—2019《烟草及烟草制品 水溶性糖的测定 连续流动法》。

YC/T 161—2002《烟草及烟草制品 总氮的测定 连续流动法》。

YC/T 162—2011《烟草及烟草制品 氯的测定 连续流动法》。

YC/T 217—2007《烟草及烟草制品 钾的测定 连续流动法》。

YC/T 468—2021《烟草及烟草制品 总植物碱的测定 连续流动（硫氰酸钾）法》。

CNAS—GL003：2018《能力验证样品均匀性和稳定性评价指南》。

CNAS—GL005：2018《实验室内部研制质量控制样品的指南》。

烟草近红外大数据构建与应用研究——规范性文件2《烟草及烟草制品近红外光谱采集规范》。

三、术语和定义

下列术语和定义适用于本文件。

1. 质量控制样品（Quality Control Material，QCM）

日常用于评估近红外光谱采集过程精密度的标准化样品。

（1）实验室可用质量控制样品来评价测量结果的精密度，不能用于建立测量结果的计量溯源性或正确度评价。

（2）各实验室可以根据自己的需要制备质量控制样品，相应的特性应充分均匀和稳定。

2. 指示值（Indicative Value）

赋予质量控制样品 QCM 的量值，不是由生产者或权威机构确定的标准值，不具有计量溯源性。

注：指示值用于作为建立近红外分析质量控制样品控制图的中位线。

四、要求

1. 质量控制样品的制备

（1）制备要求　选择足够量且与待测样品类型相同的代表性样品制备质量控制样品。质量控制样品制备方法同检测样品。

（2）均匀性检验　依据 GB/T 15000.3—2023《标准样品工作导则 第3部分：标准样品 定值和均匀性与稳定性评估》，制定均匀性检验测试方案。

①对于包含“S”个独立单元的样品，按照式（1）计算均匀性检验需要抽取的样品数量 n，计算结果不为整数的进位取整。

$$n = 3\sqrt[3]{S} \tag{1}$$

注：当样品量比较大的时候，随机抽取 10~30 份质量控制样品，一般应不少于 10 份。

②样品随机排序。

③按照《烟草及烟草制品近红外光谱采集规范》采集样品的近红外光谱，每个样品光谱应至少重复测定两次，采用所建立的近红外定量预测模型预测化学成分。有条件的实验室可同时采用化学分析方法测定。

④按照 CNAS—GL003：2018《能力验证样品均匀性和稳定性评价指南》的要求，采用单因子方差分析（One Way ANOVA）检验样品均匀性。若样品所有指标 F 值小于自由度（f_1，f_2）及给定显著性水平 α（通常 $\alpha=0.05$）的临界值 F_α（f_1，f_2），则表明样品内和样品间无显著性差异，样品通过均匀性检验。若样品 1 个或多个指标的 F 值≥自由度为（f_1，f_2）及给定显著性水平 α（通常 $\alpha=0.05$）的临界值 F_α（f_1，f_2），则表明样品内和样品间存在显著性差异，样品未通过均匀性检验。应将所有分装样品重新混合均匀，分装后再次进行均匀性检验，直至通过均匀性检验。

2. 储存

质量控制样品应冷冻储存。

五、应用

质量控制样品用于监测烟草及烟草制品样品近红外光谱采集过程，评估近红外光谱采集过程是否受控，预测结果是否可以接受。

1. 质量控制样品指示值的确定

（1）操作要求　质量控制样品指示值测定，应由实验室富有经验的近红外光谱仪操作人员负责完成。

质量控制样品指示值测定前，应检查近红外光谱仪、环境条件、电源及相关实验用品是否符合规定。

样品杯装样时，质量控制样品取样后应迅速密封自封袋/旋盖瓶，检测后样品杯中的样品应直接弃去，不应重复使用。

（2）近红外光谱预测结果　按照《烟草及烟草制品近红外光谱采集规范》测定质量控制样品，测定时间应分布在不同工作日、每个工作日的不同时间段。一般来说，5 个工作日、每个工作日 5 个均匀分布的时间段比较合适，测定次数总计 25 次。

（3）指示值和标准偏差计算　对测定的近红外光谱预测数据结果进行离群值检验，剔除超过 3 倍标准偏差（SD）的数据，计算各化学成分的平均值，作为质量控制样品的指示值，计算各化学成分的标准偏差。

2. 质量控制图的使用

（1）质量控制图绘制　绘制每个化学成分的控制图。以指示值为中位线，以指示值±SD 作为警告限（Warning Limit，WL），以指示值±2SD 作为控制限（Control Limit，CL）。

（2）实际样品的检测结果判断　以质量控制样品测定结果作为实际样品测定数据质量的判断依据。

①采集过程失控及处理。若质量控制样品 1 个或多个指标预测值落在控制限之外，则上次质量控制样品获得满意结果至本次使用质量控制样品期间所检测的所有样品的测定数据失控。检查各环节，消除误差源，方可继续检测。上次质量控制样品获得满意结果至本次使用质量控制样品期间所检测的所有样品应重新检测。

②采集过程统计失控及处理。若质量控制样品 1 个或多个指标预测值落在控制限之内，但连续 7 个预测值单调上升或下降，或连续 10 个预测值落在控制限之内并居于中心线的同一侧，则最后一次检测视为异常，该质量控制样品所控制的检测样品失控。检查各环节，消除误差源，方可继续检测。失控样品应重新检测。

③采集过程受控。若质量控制样品所有指标预测值落在控制限之内，且不存在统计失控，则样品采集过程受控。

C 化学成分指标预测模型评价参数

C.1 初烤烟叶/复烤片烟化学成分指标预测模型评价参数

序号	指标名称	决定系数，R^2				相对分析误差，RPD				交叉验证均方根误差，RMSECV				因子数			
		热电		布鲁克		热电		布鲁克		热电		布鲁克		热电		布鲁克	
	样品含水率/%	6~8	10~12	6~8	10~12	6~8	10~12	6~8	10~12	6~8	10~12	6~8	10~12	6~8	10~12	6~8	10~12
1	总植物碱	0. 9794	0. 9869	0. 9813	0. 9734	6. 98	8. 76	7. 32	6. 14	0. 1262	0. 1002	0. 121	0. 1439	10	10	10	10
2	还原糖	0. 9856	0. 9850	0. 9847	0. 9845	8. 34	8. 18	8. 10	8. 05	0. 6239	0. 6368	0. 6361	0. 6461	15	14	14	16
3	总糖	0. 9799	0. 9785	0. 9778	0. 9805	7. 07	6. 83	6. 73	7. 17	0. 8942	0. 931	0. 9427	0. 8834	11	10	10	11
4	总氮	0. 9773	0. 9804	0. 9767	0. 9767	6. 65	7. 15	6. 56	6. 55	0. 05576	0. 05155	0. 05634	0. 05609	10	10	11	11
5	钾	0. 9370	0. 9299	0. 9236	0. 9388	6. 22	5. 43	4. 94	6. 46	0. 1036	0. 1193	0. 131	0. 09965	22	22	22	22
6	氯	0. 9462	0. 9882	0. 9478	0. 9498	8. 03	9. 24	8. 52	9. 33	0. 4198	0. 3415	0. 3843	0. 3708	22	18	22	22
7	pH	0. 8441	0. 8322	0. 8760	0. 8038	2. 77	2. 63	3. 25	2. 38	0. 06754	0. 07216	0. 05763	0. 07673	22	22	22	22
8	淀粉	0. 9363	0. 9412	0. 9458	0. 9426	6. 11	6. 86	7. 90	7. 13	0. 325	0. 2788	0. 2497	0. 282	22	22	22	22
9	二氯甲烷提取物	0. 9524	0. 9590	0. 9556	0. 9560	4. 59	4. 94	4. 75	4. 77	0. 2631	0. 2444	0. 2542	0. 2535	10	10	10	10
10	茄尼醇	0. 9860	0. 9860	0. 9852	0. 9859	8. 48	8. 45	8. 22	8. 43	0. 6798	0. 6805	0. 6973	0. 6818	13	13	13	14

11	硫酸根	0. 9278	0. 9326	0. 9310	0. 9324	5. 25	5. 69	5. 53	5. 66	0. 9552	0. 8676	0. 915	0. 8957	22	22	22	22
12	磷酸根	0. 5487	0. 5501	0. 5684	0. 5564	1. 49	1. 49	1. 52	1. 50	0. 587	0. 5916	0. 572	0. 5842	15	15	15	15
13	镁	0. 9037	0. 9497	0. 9474	0. 9461	3. 97	4. 46	4. 37	4. 31	0. 04076	0. 03522	0. 03648	0. 036	22	16	24	17
14	钙	0. 9370	0. 9534	0. 9382	0. 9420	3. 99	4. 64	4. 03	4. 16	0. 1998	0. 1733	0. 2003	0. 1928	10	10	10	10
15	新绿原酸	0. 8640	0. 8863	0. 8593	0. 8882	3. 04	3. 47	2. 97	3. 51	0. 1577	0. 1397	0. 1628	0. 1367	22	22	22	22
16	绿原酸	0. 9017	0. 8917	0. 9003	0. 8967	3. 90	3. 60	3. 85	3. 74	0. 7508	0. 8145	0. 761	0. 7861	22	22	22	22
17	隐绿原酸	0. 8922	0. 9048	0. 8915	0. 9039	3. 62	4. 01	3. 60	3. 98	0. 1804	0. 165	0. 19	0. 1677	22	22	22	22
18	莨菪亭	0. 8611	0. 8612	0. 8589	0. 9099	2. 99	3. 00	2. 96	3. 34	0. 03724	0. 03752	0. 03767	0. 03366	22	22	22	22
19	芸香苷	0. 8822	0. 8834	0. 8666	0. 8632	3. 38	3. 40	3. 08	3. 03	0. 8656	0. 8561	0. 9441	0. 9494	22	22	22	22
20	乙二酸	0. 8780	0. 8788	0. 8676	0. 8241	2. 87	2. 88	2. 75	2. 39	1. 071	1. 062	1. 113	1. 281	10	10	10	10
21	丙二酸	0. 9362	0. 9331	0. 9327	0. 9335	3. 96	3. 87	3. 86	3. 88	0. 1657	0. 1675	0. 1688	0. 1675	20	18	21	21
22	丁二酸	0. 7680	0. 8078	0. 8040	0. 8098	2. 15	2. 28	2. 26	2. 30	0. 02408	0. 02249	0. 02251	0. 0225	22	24	18	20
23	苹果酸	0. 9814	0. 9800	0. 9814	0. 9812	7. 34	7. 07	7. 35	7. 31	3. 238	3. 333	3. 236	3. 187	11	10	12	12
24	柠檬酸	0. 9094	0. 9143	0. 9147	0. 9085	4. 19	4. 41	4. 43	4. 15	0. 7004	0. 6424	0. 6297	0. 6932	22	22	22	22
25	香草酸	0. 7943	0. 8042	0. 8002	0. 7974	2. 21	2. 26	2. 24	2. 22	0. 01202	0. 01185	0. 01193	0. 01204	14	10	10	11
26	十四酸	0. 9278	0. 9313	0. 9288	0. 9274	3. 73	3. 82	3. 75	3. 72	0. 01074	0. 01049	0. 01067	0. 01079	17	16	17	16

续表

序号	指标名称	决定系数，R^2				相对分析误差，RPD				交叉验证均方根误差，RMSECV				因子数			
		热电		布鲁克		热电		布鲁克		热电		布鲁克		热电		布鲁克	
	样品含水率/%	6~8	10~12	6~8	10~12	6~8	10~12	6~8	10~12	6~8	10~12	6~8	10~12	6~8	10~12	6~8	10~12
27	十六酸	0. 7158	0. 7142	0. 7069	0. 7014	1. 88	1. 87	1. 85	1. 83	0. 1157	0. 1161	0. 1176	0. 1153	10	10	11	10
28	亚油酸	0. 8490	0. 8389	0. 8606	0. 8770	2. 83	2. 71	2. 99	3. 27	0. 1346	0. 1409	0. 1276	0. 1166	22	22	22	22
29	油酸+亚麻酸	0. 8894	0. 9275	0. 8855	0. 9257	3. 54	3. 72	3. 45	3. 67	0. 1693	0. 1597	0. 1732	0. 1618	22	24	22	23
30	十八酸	0. 7198	0. 7299	0. 7063	0. 6910	1. 89	1. 93	1. 85	1. 80	0. 03139	0. 03088	0. 03232	0. 03314	10	10	10	10
31	二十酸	0. 7505	0. 7749	0. 7650	0. 7634	2. 00	2. 11	2. 07	2. 06	0. 008184	0. 008046	0. 008209	0. 008198	10	10	10	10
32	天冬氨酸	0. 8473	0. 8790	0. 8898	0. 8823	2. 81	3. 31	3. 55	3. 38	54. 53	47. 51	44. 58	48. 08	22	22	22	22
33	苏氨酸	0. 8722	0. 8855	0. 8953	0. 9015	3. 18	3. 45	3. 70	3. 89	10. 98	11. 12	10. 23	10. 05	22	22	22	22
34	丝氨酸	0. 8050	0. 8227	0. 8083	0. 8374	2. 39	2. 54	2. 42	2. 69	33. 76	32. 47	34. 72	30. 63	22	22	22	22
35	天冬酰胺	0. 9681	0. 9723	0. 9733	0. 9732	5. 61	6. 01	6. 13	6. 11	195. 1	193	195. 5	189. 2	22	21	22	24
36	谷氨酸	0. 9231	0. 9675	0. 9683	0. 9690	4. 91	5. 56	5. 63	5. 69	32. 46	29. 3	29. 57	29. 01	22	24	23	24
37	谷酰胺	0. 9113	0. 9169	0. 9138	0. 9150	4. 27	4. 54	4. 38	4. 44	124. 6	115. 8	125. 6	123. 1	22	22	22	22
38	甘氨酸	0. 9196	0. 9198	0. 9225	0. 9215	3. 53	3. 54	3. 60	3. 57	3. 65	3. 642	3. 579	3. 608	16	15	15	15
39	丙氨酸	0. 8581	0. 8658	0. 8720	0. 8828	2. 95	3. 07	3. 17	3. 39	45. 76	43. 66	42. 12	39. 77	22	22	22	22
40	缬氨酸	0. 7947	0. 7951	0. 8209	0. 8213	2. 32	2. 32	2. 53	2. 53	33. 2	33. 18	30. 45	30. 33	22	22	22	22

41	胱氨酸	0. 7528	0. 7495	0. 8000	0. 7894	2. 07	2. 05	2. 35	2. 28	10. 2	10. 28	9. 24	9. 355	22	22	22	22
42	甲硫氨酸	0. 2031	0. 1996	0. 2006	0. 2025	1. 12	1. 12	1. 12	1. 12	1. 698	1. 789	1. 77	1. 772	10	10	10	10
43	异亮氨酸	0. 6027	0. 5982	0. 5882	0. 5822	1. 59	1. 58	1. 56	1. 55	2. 151	2. 162	2. 532	2. 227	10	10	10	10
44	亮氨酸	0. 8747	0. 8907	0. 8917	0. 8960	2. 83	3. 03	3. 04	3. 11	2. 97	2. 934	2. 932	2. 87	20	22	18	17
45	酪氨酸	0. 8519	0. 8691	0. 8665	0. 8812	2. 86	3. 12	3. 08	3. 35	8. 475	7. 933	8. 144	7. 414	22	22	22	22
46	苯丙氨酸	0. 9281	0. 9301	0. 9380	0. 9405	3. 73	3. 79	4. 02	4. 10	29. 8	29. 36	29. 67	29. 06	21	20	22	21
47	4-氨基丁酸	0. 8973	0. 9075	0. 9014	0. 9026	3. 76	4. 11	3. 89	3. 93	24. 89	22. 48	24. 24	23. 86	22	22	22	22
48	赖氨酸	0. 9082	0. 9096	0. 9121	0. 9103	4. 14	4. 20	4. 30	4. 22	5. 852	5. 656	5. 563	5. 918	22	22	22	22
49	组氨酸	0. 9275	0. 9320	0. 9321	0. 9330	5. 22	5. 63	5. 64	5. 73	17. 95	15. 07	15. 47	16. 53	22	22	22	22
50	色氨酸	0. 8859	0. 8978	0. 9012	0. 9120	3. 46	3. 78	3. 88	4. 30	30. 27	26. 81	26. 66	24. 84	22	22	22	22
51	精氨酸	0. 8287	0. 8325	0. 8071	0. 8151	2. 42	2. 45	2. 28	2. 33	7. 986	7. 879	8. 24	8. 279	10	10	10	10
52	脯氨酸	0. 9609	0. 9611	0. 9617	0. 9644	5. 06	5. 08	5. 12	5. 31	621. 6	615. 5	623. 2	598. 9	15	14	16	16
53	Glu-An	0. 8521	0. 8758	0. 8885	0. 8919	2. 87	3. 25	3. 52	3. 61	34. 3	30. 72	27. 79	28. 17	22	22	22	22
54	Fru-Amb	0. 5874	0. 5958	0. 5831	0. 5549	1. 56	1. 57	1. 55	1. 50	442. 8	439. 5	447. 6	461. 9	10	10	10	10
55	Fru-His	0. 8848	0. 8806	0. 9018	0. 8877	3. 43	3. 34	3. 90	3. 50	12. 42	12. 93	11. 09	12. 34	22	22	22	22
56	Fru-Pro	0. 8413	0. 8299	0. 8149	0. 8128	2. 51	2. 43	2. 33	2. 31	1260	1290	1358	1352	10	10	10	10

续表

序号	指标名称	决定系数，R^2				相对分析误差，RPD				交叉验证均方根误差，RMSECV				因子数			
		热电		布鲁克		热电		布鲁克		热电		布鲁克		热电		布鲁克	
	样品含水率/%	6~8	10~12	6~8	10~12	6~8	10~12	6~8	10~12	6~8	10~12	6~8	10~12	6~8	10~12	6~8	10~12
57	Fru-Val	0. 6594	0. 6525	0. 6482	0. 6653	1. 72	1. 70	1. 69	1. 73	45. 95	46. 42	46. 3	45. 67	17	16	14	15
58	Fru-Thr	0. 6880	0. 7112	0. 7450	0. 7517	1. 81	1. 89	2. 03	2. 06	3. 197	3. 103	2. 884	2. 84	22	22	22	22
59	Fru-Gly	0. 7261	0. 7206	0. 7237	0. 7210	1. 91	1. 89	1. 90	1. 90	3. 394	3. 358	3. 372	3. 396	11	10	11	11
60	Fru-Ala	0. 7382	0. 7571	0. 7311	0. 7276	1. 96	2. 03	1. 93	1. 92	289. 1	277. 1	288. 4	294. 4	10	10	10	10
61	Fru-Asn	0. 7555	0. 7323	0. 7626	0. 7587	2. 02	1. 94	2. 05	2. 04	650. 4	683. 9	634. 5	657. 9	12	10	13	13
62	Fru-Asp	0. 5546	0. 6059	0. 5706	0. 5885	1. 50	1. 59	1. 53	1. 56	193	183. 9	190. 6	188. 7	10	10	10	10
63	Fru-Gln	0. 8626	0. 8672	0. 8608	0. 8645	2. 70	2. 75	2. 68	2. 72	287. 6	285. 1	290. 4	290. 2	22	23	21	20
64	Fru-Glu	0. 8235	0. 8375	0. 8436	0. 8580	2. 55	2. 69	2. 76	2. 95	99. 8	95. 89	92. 86	87. 77	22	22	22	22
65	Fru-Ile	0. 6055	0. 6498	0. 6423	0. 6626	1. 59	1. 69	1. 67	1. 72	5. 748	5. 741	5. 745	5. 768	13	15	15	15
66	Fru-Leu	0. 5946	0. 5652	0. 5939	0. 5818	1. 57	1. 52	1. 57	1. 55	11. 77	11. 8	11. 74	11. 82	14	11	13	13
67	Fru-Tyr	0. 7122	0. 7170	0. 7687	0. 7755	1. 89	1. 91	2. 15	2. 19	16. 7	17. 04	14. 91	15. 14	22	22	22	22
68	Fru-Phe	0. 7501	0. 7515	0. 7780	0. 7749	2. 06	2. 06	2. 21	2. 19	156. 2	154. 9	143. 4	148. 4	22	22	22	22
69	Fru-Trp	0. 7517	0. 7460	0. 7960	0. 7940	2. 06	2. 04	2. 33	2. 31	80. 08	81. 07	72. 54	72. 85	22	22	22	22
70	新植二烯	0. 8191	0. 8342	0. 8676	0. 8514	2. 51	2. 66	3. 10	2. 86	0. 09352	0. 08811	0. 07544	0. 08207	22	22	22	22

C.2 醇化片烟化学成分指标预测模型评价参数

序号	指标名称	决定系数，R^2				相对分析误差，RPD				交叉验证均方根误差，RMSECV				因子数			
		热电		布鲁克		热电		布鲁克		热电		布鲁克		热电		布鲁克	
	样品含水率/%	6~8	10~12	6~8	10~12	6~8	10~12	6~8	10~12	6~8	10~12	6~8	10~12	6~8	10~12	6~8	10~12
1	总植物碱	0.9811	0.9797	0.9828	0.9822	7.28	7.03	7.65	7.51	0.0936	0.09616	0.08881	0.08952	10	10	10	10
2	还原糖	0.9844	0.9845	0.9870	0.9847	8.02	8.05	8.78	8.09	0.6328	0.6254	0.5761	0.6217	11	11	11	11
3	总糖	0.9858	0.9882	0.9849	0.9874	8.40	9.22	8.16	8.92	0.7034	0.6364	0.7193	0.656	10	10	10	10
4	总氮	0.9766	0.9784	0.9765	0.9811	6.55	6.81	6.53	7.29	0.04605	0.04426	0.04617	0.04136	10	10	10	10
5	钾	0.9028	0.9032	0.9835	0.9837	6.73	6.81	7.80	7.84	0.0892	0.0881	0.07873	0.0782	22	22	22	19
6	氯	0.9939	0.9947	0.9947	0.9941	12.82	13.80	13.82	13.09	0.3415	0.3478	0.3413	0.3474	22	17	20	15
7	pH	0.9470	0.9505	0.9496	0.9479	4.35	4.50	4.46	4.39	0.04139	0.04039	0.04084	0.04208	20	19	21	23
8	淀粉	0.9090	0.9108	0.9111	0.9116	8.42	9.22	9.37	9.67	0.218	0.1984	0.1974	0.1903	22	22	22	22
9	二氯甲烷提取物	0.9331	0.9152	0.9346	0.9271	3.87	3.44	3.91	3.71	0.2512	0.2833	0.2495	0.2636	10	10	10	10
10	茄尼醇	0.9679	0.9713	0.9679	0.9716	5.59	5.91	5.59	5.95	0.692	0.642	0.6831	0.6488	11	10	11	11
11	硫酸根	0.9039	0.9048	0.9843	0.9847	6.97	7.17	7.98	8.11	0.5958	0.5805	0.5298	0.5296	22	22	23	24
12	磷酸根	0.6298	0.5996	0.6440	0.5846	1.65	1.58	1.68	1.55	0.4265	0.4429	0.4263	0.4588	10	10	10	10

续表

序号	指标名称	决定系数，R^2				相对分析误差，RPD				交叉验证均方根误差，RMSECV				因子数			
		热电		布鲁克		热电		布鲁克		热电		布鲁克		热电		布鲁克	
	样品含水率/%	6~8	10~12	6~8	10~12	6~8	10~12	6~8	10~12	6~8	10~12	6~8	10~12	6~8	10~12	6~8	10~12
13	镁	0. 9332	0. 9362	0. 9363	0. 9340	3. 87	3. 97	3. 97	3. 90	0. 03591	0. 03506	0. 03534	0. 03588	20	14	21	14
14	钙	0. 9429	0. 9404	0. 9427	0. 9404	4. 19	4. 10	4. 18	4. 10	0. 1995	0. 2018	0. 1993	0. 2029	14	13	14	13
15	新绿原酸	0. 8516	0. 8424	0. 8360	0. 8715	3. 38	3. 17	3. 05	4. 01	0. 09149	0. 09996	0. 1017	0. 07828	22	22	22	22
16	绿原酸	0. 8739	0. 8783	0. 8626	0. 8806	4. 11	4. 33	3. 69	4. 45	0. 5457	0. 504	0. 5913	0. 5038	22	22	22	22
17	隐绿原酸	0. 8652	0. 8688	0. 8733	0. 8784	3. 77	3. 91	4. 09	4. 33	0. 1099	0. 1055	0. 1029	0. 09572	22	22	22	22
18	莨菪亭	0. 9105	0. 9063	0. 9095	0. 9050	3. 35	3. 27	3. 33	3. 25	0. 03283	0. 03306	0. 03302	0. 03377	24	23	22	21
19	芸香苷	0. 8735	0. 8816	0. 8769	0. 8800	4. 10	4. 51	4. 25	4. 42	0. 5714	0. 5086	0. 549	0. 5389	22	22	22	22
20	乙二酸	0. 9245	0. 9125	0. 9014	0. 9047	3. 64	3. 39	3. 19	3. 24	0. 7559	0. 8004	0. 8598	0. 8351	10	10	10	10
21	丙二酸	0. 9087	0. 9047	0. 9017	0. 9034	3. 32	3. 25	3. 19	3. 22	0. 1614	0. 165	0. 1693	0. 167	12	12	13	11
22	丁二酸	0. 8601	0. 8694	0. 8659	0. 8683	2. 68	2. 77	2. 73	2. 76	0. 02241	0. 02226	0. 02205	0. 02211	10	14	13	13
23	苹果酸	0. 9783	0. 9819	0. 9770	0. 9805	6. 80	7. 45	6. 61	7. 18	3. 013	2. 751	3. 073	2. 847	10	10	10	10
24	柠檬酸	0. 9069	0. 9077	0. 9073	0. 9079	7. 74	7. 97	7. 85	8. 02	0. 3849	0. 3732	0. 3632	0. 3679	22	22	22	22
25	香草酸	0. 7946	0. 8009	0. 8076	0. 8134	2. 21	2. 24	2. 28	2. 32	0. 008195	0. 008061	0. 007977	0. 007813	10	10	10	10

26	十四酸	0.9394	0.9401	0.9393	0.9407	4.07	4.09	4.06	4.11	0.007257	0.007178	0.007243	0.007131	10	10	10	10
27	十六酸	0.8007	0.8242	0.8243	0.8055	2.24	2.39	2.39	2.27	0.07992	0.07509	0.07451	0.07892	10	10	10	10
28	亚油酸	0.8403	0.8579	0.8618	0.8583	3.13	3.55	3.66	3.56	0.08631	0.0765	0.07402	0.07617	22	22	22	22
29	油酸+亚麻酸	0.9159	0.9124	0.9108	0.9094	3.45	3.38	3.35	3.33	0.156	0.1594	0.1612	0.1624	22	19	18	22
30	十八酸	0.8102	0.8529	0.8253	0.8459	2.30	2.61	2.40	2.55	0.02326	0.02019	0.02228	0.02064	10	10	10	10
31	二十酸	0.8293	0.8363	0.8167	0.8345	2.42	2.48	2.34	2.46	0.005896	0.005849	0.006154	0.005909	10	10	10	10
32	天冬氨酸	0.9492	0.9506	0.9515	0.9484	4.44	4.51	4.55	4.41	31.01	30.53	30.21	31.05	21	19	20	16
33	苏氨酸	0.9276	0.9276	0.9280	0.9307	3.72	3.72	3.73	3.80	8.636	8.663	8.654	8.45	15	14	15	16
34	丝氨酸	0.8900	0.8851	0.8869	0.8932	5.10	4.74	4.85	5.40	19.85	21.49	21.15	18.9	22	22	22	22
35	天冬酰胺	0.9608	0.9605	0.9603	0.9598	5.06	5.04	5.03	5.00	194.9	192.8	193.1	194.2	16	15	16	15
36	谷氨酸	0.9288	0.9184	0.9178	0.9193	3.75	3.51	3.49	3.52	27.65	29.56	29.34	29.39	11	10	11	10
37	谷酰胺	0.8890	0.8874	0.8913	0.9704	5.01	4.89	5.22	5.82	80.05	86.24	82.73	73.45	22	22	22	24
38	甘氨酸	0.8748	0.8768	0.8776	0.8747	2.83	2.85	2.86	2.83	3.56	3.609	3.6	3.652	15	14	14	14
39	丙氨酸	0.9465	0.9507	0.9457	0.9458	4.33	4.51	4.30	4.30	26.48	25.5	26.47	26.72	20	18	19	18
40	缬氨酸	0.8505	0.8511	0.8592	0.8469	2.59	2.60	2.67	2.56	26.61	26.76	26.06	26.8	16	16	17	15

续表

序号	指标名称	决定系数，R^2				相对分析误差，RPD				交叉验证均方根误差，RMSECV				因子数			
		热电		布鲁克		热电		布鲁克		热电		布鲁克		热电		布鲁克	
	样品含水率/%	6~8	10~12	6~8	10~12	6~8	10~12	6~8	10~12	6~8	10~12	6~8	10~12	6~8	10~12	6~8	10~12
41	胱氨酸	0. 8056	0. 8233	0. 8051	0. 8104	2. 27	2. 38	2. 27	2. 30	7. 929	7. 548	7. 851	7. 993	18	19	17	16
42	甲硫氨酸	0. 4421	0. 4354	0. 4585	0. 5423	1. 34	1. 33	1. 36	1. 48	3. 393	3. 447	3. 311	3. 051	10	10	10	10
43	异亮氨酸	0. 6062	0. 6355	0. 6264	0. 6842	1. 60	1. 66	1. 64	1. 78	2. 321	2. 281	2. 233	2. 071	10	10	10	10
44	亮氨酸	0. 8361	0. 8629	0. 8356	0. 8545	2. 47	2. 71	2. 47	2. 63	2. 558	2. 325	2. 556	2. 404	10	10	10	10
45	酪氨酸	0. 8689	0. 8599	0. 8725	0. 9494	3. 91	3. 61	4. 06	4. 45	5. 191	5. 623	5. 017	4. 65	22	22	22	23
46	苯丙氨酸	0. 9162	0. 9099	0. 9121	0. 9164	3. 46	3. 34	3. 38	3. 46	23. 29	24. 12	23. 82	23. 24	10	10	10	10
47	4-氨基丁酸	0. 9415	0. 9301	0. 9339	0. 9351	4. 14	3. 79	3. 90	3. 93	13. 6	14. 88	14. 44	14. 31	15	13	15	15
48	赖氨酸	0. 8740	0. 8781	0. 8895	0. 8883	4. 12	4. 31	5. 07	4. 97	4. 234	4. 027	3. 437	3. 502	22	22	22	22
49	组氨酸	0. 8996	0. 9022	0. 9004	0. 9820	6. 18	6. 62	6. 31	7. 46	10. 36	9. 568	10. 13	8. 844	22	22	22	22
50	色氨酸	0. 8824	0. 8811	0. 9617	0. 9616	4. 55	4. 48	5. 12	5. 11	13. 55	13. 57	12. 39	12. 38	22	22	24	23
51	精氨酸	0. 8491	0. 8517	0. 8485	0. 8367	2. 58	2. 60	2. 57	2. 48	6. 378	6. 299	6. 562	6. 822	10	10	10	10
52	脯氨酸	0. 9556	0. 9590	0. 9603	0. 9547	4. 75	4. 95	5. 03	4. 71	607. 3	586. 7	573. 6	614. 9	13	12	14	12
53	Glu-An	0. 8748	0. 9546	0. 9555	0. 9565	4. 16	4. 70	4. 75	4. 80	27. 37	24. 57	24. 69	24. 68	22	22	23	21

54	Fru-Amb	0. 6049	0. 5863	0. 6017	0. 6076	1. 59	1. 56	1. 59	1. 60	308. 7	317. 2	314. 9	314. 4	10	10	10	10
55	Fru-His	0. 9447	0. 9435	0. 9448	0. 9456	4. 26	4. 21	4. 26	4. 29	8. 421	8. 522	8. 359	8. 631	14	13	15	14
56	Fru-Pro	0. 8907	0. 8818	0. 8718	0. 8771	3. 03	2. 91	2. 80	2. 86	918	935. 6	969	957. 4	10	10	10	10
57	Fru-Val	0. 7141	0. 7107	0. 7343	0. 7268	1. 87	1. 86	1. 94	1. 92	31. 05	32. 39	31. 71	30. 44	10	10	10	10
58	Fru-Thr	0. 8292	0. 8256	0. 8556	0. 8334	2. 42	2. 40	2. 64	2. 45	1. 982	1. 984	1. 851	1. 964	12	12	14	12
59	Fru-Gly	0. 6887	0. 6945	0. 6729	0. 7096	1. 80	1. 81	1. 75	1. 86	2. 707	2. 682	2. 772	2. 602	10	10	10	10
60	Fru-Ala	0. 7902	0. 8076	0. 8018	0. 8008	2. 19	2. 28	2. 25	2. 24	212. 4	203. 2	207. 1	206. 5	10	10	10	10
61	Fru-Asn	0. 8255	0. 8322	0. 8256	0. 8413	2. 40	2. 45	2. 40	2. 51	499. 7	494. 2	506. 2	481. 7	10	10	10	10
62	Fru-Asp	0. 6925	0. 7089	0. 7039	0. 7030	1. 81	1. 86	1. 84	1. 84	146. 2	142. 4	145. 3	143. 6	10	10	10	10
63	Fru-Gln	0. 8718	0. 8752	0. 8662	0. 8690	2. 80	2. 84	2. 74	2. 77	282	274. 1	283. 4	281. 1	12	12	12	11
64	Fru-Glu	0. 9187	0. 9173	0. 9232	0. 9202	3. 51	3. 48	3. 61	3. 55	84. 29	84. 06	81. 85	83. 37	14	14	16	14
65	Fru-Ile	0. 6365	0. 6619	0. 6411	0. 6783	1. 66	1. 72	1. 67	1. 77	4. 282	4. 372	4. 527	4. 295	10	10	10	10
66	Fru-Leu	0. 5985	0. 5938	0. 5852	0. 6014	1. 58	1. 57	1. 56	1. 59	9. 092	8. 922	9. 242	8. 824	10	10	10	10
67	Fru-Tyr	0. 7383	0. 7122	0. 7260	0. 7211	1. 96	1. 87	1. 91	1. 90	11. 56	12. 17	11. 88	11. 99	10	10	10	10
68	Fru-Phe	0. 8583	0. 8446	0. 8564	0. 8513	2. 66	2. 54	2. 64	2. 60	77. 34	80. 02	77. 92	79. 42	21	20	19	17
69	Fru-Trp	0. 9045	0. 9182	0. 9020	0. 9139	3. 24	3. 50	3. 20	3. 41	56. 8	52. 24	57. 5	53. 98	10	11	11	11
70	新植二烯	0. 9056	0. 9057	0. 9068	0. 9063	3. 26	3. 26	3. 28	3. 27	0. 0477	0. 04832	0. 04792	0. 04719	21	19	22	16

C.3 卷烟烟丝化学成分指标预测模型评价参数

序号	指标名称	决定系数，R^2				相对分析误差，RPD				交叉验证均方根误差，RMSECV				因子数			
		热电		布鲁克		热电		布鲁克		热电		布鲁克		热电		布鲁克	
1	总植物碱	0.9350	0.9516	0.9499	0.9534	3.93	4.55	4.47	4.64	0.05264	0.04578	0.04628	0.04447	10	10	10	10
2	还原糖	0.9757	0.9740	0.9791	0.9818	6.43	6.21	6.94	7.43	0.4571	0.4723	0.4239	0.3965	10	10	10	10
3	总糖	0.9817	0.9753	0.9804	0.9839	7.40	6.38	7.16	7.88	0.4419	0.5083	0.4556	0.4156	10	10	10	10
4	总氮	0.8849	0.8980	0.9092	0.9071	2.95	3.14	3.32	3.29	0.03739	0.03496	0.03328	0.03367	10	10	10	10
5	钾	0.9478	0.9523	0.9523	0.9553	4.39	4.59	4.59	4.74	0.07929	0.07727	0.07761	0.07508	17	16	14	13
6	氯	0.9635	0.9681	0.9659	0.9711	5.25	5.61	5.42	5.90	0.3487	0.3237	0.3281	0.3119	12	11	12	10
7	pH	0.9226	0.9200	0.9253	0.9244	3.60	3.54	3.66	3.64	0.04075	0.04177	0.04159	0.04235	21	24	19	22
8	淀粉	0.9511	0.9525	0.9541	0.9531	4.53	4.60	4.67	4.63	0.165	0.1627	0.1603	0.162	18	18	14	13
9	二氯甲烷提取物	0.9822	0.8312	0.9817	0.8731	7.52	2.96	7.40	4.08	0.2296	0.5692	0.2316	0.4167	10	22	10	22
10	茄尼醇	0.8839	0.8639	0.8986	0.8839	2.94	2.72	3.15	2.94	0.3413	0.3688	0.3193	0.3413	10	10	10	10
11	硫酸根	0.9075	0.9064	0.9104	0.9101	3.29	3.27	3.35	3.34	0.5084	0.5064	0.5067	0.5076	12	12	14	14
12	磷酸根	0.6317	0.6589	0.6611	0.6995	1.65	1.72	1.72	1.83	0.2439	0.2267	0.2308	0.2333	10	10	10	10

13	镁	0.7563	0.7782	0.8085	0.7911	2.03	2.13	2.29	2.19	0.02158	0.02135	0.01987	0.02125	10	10	10	10
14	钙	0.8762	0.8863	0.9083	0.9235	2.85	2.97	3.31	3.62	0.1084	0.1039	0.093	0.08527	10	10	10	10
15	新绿原酸	0.9329	0.9390	0.9445	0.9373	3.87	4.06	4.25	4.00	0.06103	0.05777	0.05564	0.05906	10	10	10	10
16	绿原酸	0.9466	0.9446	0.9484	0.9491	4.33	4.26	4.41	4.44	0.3619	0.3665	0.3534	0.3524	13	12	13	12
17	隐绿原酸	0.9465	0.9472	0.9465	0.9467	4.33	4.36	4.33	4.34	0.07892	0.07773	0.07852	0.07884	12	11	11	11
18	莨菪亭	0.8038	0.8304	0.8255	0.8421	2.26	2.43	2.40	2.52	0.02206	0.0197	0.02071	0.01975	10	10	10	10
19	芸香苷	0.9702	0.9706	0.9700	0.9698	5.80	5.84	5.78	5.76	0.2419	0.2388	0.2415	0.2437	21	21	18	18
20	乙二酸	0.8090	0.7786	0.8109	0.7971	2.29	2.13	2.30	2.22	0.3226	0.3467	0.3219	0.3342	10	10	10	10
21	丙二酸	0.9364	0.9322	0.9350	0.9388	3.97	3.85	3.93	4.05	0.06724	0.06928	0.06809	0.06755	10	10	10	10
22	丁二酸	0.8110	0.7885	0.8317	0.8202	2.68	2.44	2.97	2.80	0.03138	0.03756	0.03166	0.0338	22	22	22	22
23	苹果酸	0.8983	0.9053	0.9274	0.9127	3.14	3.25	3.72	3.39	1.789	1.741	1.502	1.674	10	10	10	10
24	柠檬酸	0.9764	0.9752	0.9765	0.9760	6.52	6.36	6.54	6.47	0.2668	0.2732	0.2656	0.2723	18	21	17	19
25	香草酸	0.8425	0.8427	0.8502	0.8611	2.52	2.53	2.59	2.69	0.003484	0.003481	0.003403	0.003277	10	10	10	10
26	十四酸	0.8710	0.8828	0.9024	0.9117	2.79	2.93	3.21	3.37	0.003668	0.003446	0.003172	0.003039	10	10	10	10

续表

序号	指标名称	决定系数，R^2				相对分析误差，RPD				交叉验证均方根误差，RMSECV				因子数			
		热电		布鲁克		热电		布鲁克		热电		布鲁克		热电		布鲁克	
27	十六酸	0.9382	0.9456	0.9444	0.9535	4.03	4.29	4.25	4.64	0.04993	0.04663	0.04703	0.04322	10	10	10	10
28	亚油酸	0.8582	0.8731	0.8676	0.8853	2.66	2.81	2.75	2.96	0.04904	0.04604	0.04739	0.04438	10	10	10	10
29	油酸+亚麻酸	0.8653	0.8754	0.8700	0.8860	2.73	2.84	2.78	2.97	0.152	0.1445	0.1474	0.1378	10	10	10	10
30	十八酸	0.8620	0.8770	0.8813	0.8978	2.70	2.86	2.91	3.13	0.01342	0.01268	0.01246	0.01155	10	10	10	10
31	二十酸	0.7668	0.7486	0.7818	0.7774	2.07	2.00	2.14	2.12	0.003161	0.003282	0.002964	0.003088	10	10	10	10
32	天冬氨酸	0.9874	0.9878	0.9869	0.9879	8.93	9.08	8.76	9.10	30.95	29.53	31.5	29.15	19	20	19	16
33	苏氨酸	0.9061	0.8830	0.9125	0.8815	3.27	2.93	3.39	2.91	7.501	8.359	7.221	8.55	10	10	10	14
34	丝氨酸	0.9405	0.9430	0.9432	0.9399	4.11	4.19	4.20	4.09	15.63	15.29	15.23	15.83	11	15	12	16
35	天冬酰胺	0.9124	0.8917	0.9184	0.8977	3.38	3.04	3.51	3.13	101.8	111.3	100.8	113	10	10	10	10
36	谷氨酸	0.9455	0.9463	0.9513	0.9383	4.29	4.32	4.54	4.03	12.35	12.25	11.7	13.16	10	10	10	10
37	谷酰胺	0.8987	0.8756	0.9008	0.8363	3.15	2.84	3.18	2.48	47	52.05	47.22	61.76	10	10	10	10
38	甘氨酸	0.8397	0.7978	0.8289	0.8368	2.50	2.23	2.42	2.48	2.877	3.232	2.966	2.895	10	10	10	10
39	丙氨酸	0.9150	0.9022	0.9391	0.8445	3.44	3.20	4.06	2.54	17.73	18.95	14.93	24.29	10	10	10	10

40	缬氨酸	0. 9204	0. 9062	0. 9214	0. 8920	3. 55	3. 27	3. 57	3. 05	22. 99	24. 61	22. 81	26. 73	10	10	10	13
41	胱氨酸	0. 6755	0. 6899	0. 7654	0. 7708	1. 76	1. 80	2. 07	2. 09	8. 058	7. 877	8. 123	7. 998	11	13	18	17
42	甲硫氨酸	0. 5457	0. 4228	0. 5716	0. 4824	1. 49	1. 32	1. 53	1. 39	3. 258	3. 698	3. 194	3. 581	10	10	10	10
43	异亮氨酸	0. 8619	0. 8381	0. 8734	0. 7863	2. 70	2. 49	2. 82	2. 17	2. 205	2. 358	2. 101	2. 775	10	10	10	10
44	亮氨酸	0. 9170	0. 8941	0. 9147	0. 8484	3. 48	3. 08	3. 43	2. 57	2. 167	2. 433	2. 193	2. 928	10	10	10	10
45	酪氨酸	0. 9350	0. 9371	0. 9350	0. 9418	3. 93	3. 99	3. 93	4. 15	4. 681	4. 563	4. 664	4. 578	15	19	13	21
46	苯丙氨酸	0. 9063	0. 8705	0. 9179	0. 8299	3. 27	2. 78	3. 50	2. 43	11. 87	13. 99	11. 17	16. 28	10	10	10	10
47	4-氨基丁酸	0. 9041	0. 9025	0. 9015	0. 8191	3. 24	3. 21	3. 19	2. 36	10. 54	10. 58	10. 68	14. 69	10	10	10	10
48	赖氨酸	0. 9083	0. 9038	0. 9072	0. 9160	3. 31	3. 23	3. 29	3. 46	2. 997	3. 054	3. 01	2. 866	10	10	10	10
49	组氨酸	0. 8845	0. 8706	0. 9053	0. 8781	2. 95	2. 78	3. 25	2. 87	7. 306	7. 701	6. 608	7. 497	10	10	10	10
50	色氨酸	0. 8079	0. 7733	0. 8176	0. 8032	2. 29	2. 10	2. 35	2. 26	8. 549	9. 271	8. 316	8. 65	10	10	10	10
51	精氨酸	0. 7336	0. 7262	0. 7499	0. 7254	1. 94	1. 91	2. 00	1. 91	5. 217	5. 262	5. 151	5. 397	10	10	10	10
52	脯氨酸	0. 8987	0. 9059	0. 9131	0. 8734	3. 15	3. 27	3. 40	2. 82	321	310. 6	297	358. 8	10	10	10	10
53	Glu-An	0. 9328	0. 9344	0. 9369	0. 9385	3. 86	3. 91	3. 99	4. 04	21. 71	21. 38	20. 9	20. 73	10	10	10	10
54	Fru-Amb	0. 8869	0. 8829	0. 9039	0. 8901	2. 98	2. 93	3. 23	3. 02	191. 9	193. 8	176. 4	188. 6	10	10	10	10
55	Fru-His	0. 9068	0. 8887	0. 8850	0. 8799	3. 28	3. 00	2. 95	2. 89	4. 634	5. 049	5. 132	5. 25	10	10	10	10

续表

序号	指标名称	决定系数，R^2				相对分析误差，RPD				交叉验证均方根误差，RMSECV				因子数			
		热电		布鲁克		热电		布鲁克		热电		布鲁克		热电		布鲁克	
56	Fru-Pro	0.9143	0.9106	0.9306	0.9138	3.42	3.35	3.80	3.41	535.7	543.8	481.3	543.4	10	10	10	10
57	Fru-Val	0.8285	0.8147	0.8514	0.8328	2.42	2.33	2.60	2.45	29.5	30.97	27.71	29.42	10	10	10	10
58	Fru-Thr	0.8970	0.8685	0.9139	0.8857	3.12	2.76	3.42	2.96	1.714	1.97	1.565	1.843	10	10	10	10
59	Fru-Gly	0.8679	0.8656	0.8766	0.8633	2.76	2.73	2.85	2.71	1.956	1.992	1.872	2.017	10	10	10	10
60	Fru-Ala	0.8369	0.8072	0.8642	0.8258	2.48	2.28	2.72	2.40	83.03	90.6	75.85	88.35	10	10	10	10
61	Fru-Asn	0.8718	0.8484	0.8778	0.8498	2.80	2.57	2.87	2.58	192	206.3	187.2	208	10	10	10	10
62	Fru-Asp	0.7293	0.5979	0.7772	0.7539	1.93	1.58	1.82	1.62	77.73	94.95	82.4	94.06	10	10	10	10
63	Fru-Gln	0.8669	0.8371	0.8989	0.8634	2.75	2.48	2.77	2.72	99.9	110.5	96.92	99.89	10	10	10	10
64	Fru-Glu	0.8942	0.8622	0.9242	0.9092	3.08	2.70	3.13	2.99	36.41	41.41	35.83	37.41	10	10	10	10
65	Fru-Ile	0.8955	0.9020	0.9064	0.8850	3.10	3.20	3.16	3.30	5.679	5.484	5.554	5.325	13	15	11	12
66	Fru-Leu	0.9404	0.9391	0.9225	0.9230	4.10	4.06	4.27	4.23	11.55	11.67	11.09	11.2	15	16	13	13
67	Fru-Tyr	0.9036	0.9082	0.9332	0.9151	3.23	3.31	3.58	3.31	12.51	12.53	11.63	12.57	10	13	10	11
68	Fru-Phe	0.8773	0.8752	0.9100	0.8974	2.86	2.84	3.09	2.83	54.99	55.42	50.73	55.45	10	10	10	10
69	Fru-Trp	0.9013	0.8858	0.9101	0.9109	3.19	2.96	3.10	3.03	24.24	25.73	25.13	25.61	10	10	10	10
70	新植二烯	0.8059	0.8098	0.8404	0.8265	2.27	2.30	2.34	2.29	0.03496	0.03458	0.03357	0.03467	10	10	10	10

C.4 卷烟烟气常规指标预测模型评价参数

序号	指标		决定系数，R^2		相对分析误差，RPD		交叉验证均方根误差，RMSECV		因子数	
			热电	布鲁克	热电	布鲁克	热电	布鲁克	热电	布鲁克
1	以每支卷烟计	焦油	0.9233	0.9406	3.57	4.08	0.6040	0.5271	20	17
2	以每支卷烟计	烟碱	0.9567	0.9482	4.78	4.37	0.08931	0.09754	20	14
3	以每支卷烟计	一氧化碳	0.8791	0.7702	2.86	2.06	0.4006	0.5229	20	15
4	以每克烟丝计	焦油	0.9140	0.9016	3.40	3.16	0.7758	0.8365	15	16
5	以每克烟丝计	烟碱	0.9581	0.9565	4.83	4.76	0.1225	0.1243	20	17
6	以每克烟丝计	一氧化碳	0.7313	0.7604	1.91	2.01	0.7695	0.6895	15	17

D 预测模型维护后化学成分指标预测模型评价参数

D.1 维护后初烤烟叶/复烤片烟化学成分指标预测模型评价参数

序号	指标名称	决定系数，R^2				相对分析误差，RPD				交叉验证均方根误差，RMSECV				因子数			
		热电		布鲁克		热电		布鲁克		热电		布鲁克		热电		布鲁克	
	年份	2020	2021	2020	2021	2020	2021	2020	2021	2020	2021	2020	2021	2020	2021	2020	2021
1	总植物碱	0. 9795	0. 9719	0. 9771	0. 9714	7. 00	5. 96	6. 61	5. 91	0. 1191	0. 1377	0. 1258	0. 1389	10	10	10	10
2	还原糖	0. 9840	0. 9842	0. 9841	0. 9834	7. 90	7. 97	7. 93	7. 77	0. 6377	0. 6247	0. 6309	0. 6406	19	20	18	20
3	总糖	0. 9769	0. 9785	0. 9765	0. 9765	6. 59	6. 83	6. 53	6. 53	0. 9405	0. 9037	0. 9429	0. 9475	10	11	10	11
4	总氮	0. 9759	0. 9781	0. 9759	0. 9780	6. 44	6. 75	6. 45	6. 75	0. 05551	0. 0553	0. 05627	0. 0552	11	14	12	16
5	钾	0. 9774	0. 9709	0. 9746	0. 9705	6. 65	5. 87	6. 27	5. 83	0. 102	0. 1129	0. 1083	0. 1141	25	25	25	25
6	氯	0. 9846	0. 9837	0. 9852	0. 9859	8. 06	7. 85	8. 23	8. 43	0. 397	0. 3944	0. 4067	0. 3847	25	25	25	25
7	pH	0. 9170	0. 8532	0. 8491	0. 8970	3. 47	2. 61	2. 58	3. 12	0. 08667	0. 1168	0. 08051	0. 0976	25	25	25	25
8	淀粉	0. 9773	0. 9769	0. 9789	0. 9770	6. 64	6. 58	6. 89	6. 6	0. 2912	0. 28	0. 2787	0. 2793	25	25	25	25
9	二氯甲烷提取物	0. 9429	0. 9333	0. 9396	0. 9312	4. 19	3. 87	4. 07	3. 82	0. 2805	0. 2979	0. 2879	0. 3024	10	10	10	10
10	茄尼醇	0. 9851	0. 9813	0. 9843	0. 9827	8. 19	7. 31	7. 99	7. 6	0. 7003	0. 7377	0. 7067	0. 7068	20	25	16	21

11	硫酸根	0. 9648	0. 9639	0. 9654	0. 9678	5. 33	5. 27	5. 38	5. 58	0. 9948	0. 9902	0. 9883	0. 9348	25	25	25	25
12	磷酸根	0. 5424	0. 5317	0. 5299	0. 5468	1. 48	1. 46	1. 46	1. 49	0. 5877	0. 5918	0. 5999	0. 5846	15	15	15	15
13	镁	0. 9344	0. 9033	0. 9443	0. 9037	3. 91	3. 22	4. 24	3. 22	0. 03873	0. 0466	0. 03575	0. 0463	25	25	25	25
14	钙	0. 9499	0. 9447	0. 9435	0. 9447	4. 47	4. 25	4. 21	4. 25	0. 186	0. 1936	0. 1991	0. 1937	11	11	11	12
15	新绿原酸	0. 8917	0. 8784	0. 8753	0. 8675	3. 04	2. 87	2. 83	2. 75	0. 152	0. 1524	0. 163	0. 1599	25	25	25	25
16	绿原酸	0. 9179	0. 9087	0. 9040	0. 8968	3. 49	3. 31	3. 23	3. 12	0. 7912	0. 7849	0. 853	0. 8532	25	25	25	25
17	隐绿原酸	0. 9198	0. 9133	0. 9129	0. 9125	3. 53	3. 40	3. 39	3. 38	0. 1707	0. 1691	0. 1821	0. 1714	25	25	25	25
18	莨菪亭	0. 8615	0. 8653	0. 8772	0. 8670	2. 69	2. 73	2. 86	2. 74	0. 04016	0. 0381	0. 03765	0. 0378	25	25	25	25
19	芸香苷	0. 8937	0. 8917	0. 8739	0. 8760	3. 07	3. 04	2. 82	2. 84	0. 9255	0. 9235	1. 02	0. 9969	25	25	25	25
20	乙二酸	0. 8953	0. 8945	0. 8629	0. 8756	3. 09	3. 08	2. 70	2. 84	1. 029	1. 029	1. 204	1. 141	10	10	10	10
21	丙二酸	0. 9431	0. 9344	0. 9410	0. 9270	4. 20	3. 91	4. 12	3. 7	0. 1654	0. 1705	0. 1683	0. 1788	21	21	23	25
22	丁二酸	0. 7990	0. 7901	0. 8516	0. 8221	2. 23	2. 18	2. 60	2. 37	0. 02554	0. 0257	0. 02226	0. 0239	25	25	24	25
23	苹果酸	0. 9807	0. 9822	0. 9813	0. 9782	7. 21	7. 51	7. 33	6. 78	3. 292	3. 076	3. 241	3. 376	11	12	12	12
24	柠檬酸	0. 9425	0. 9393	0. 9378	0. 9284	4. 18	4. 06	4. 01	3. 74	0. 688	0. 6841	0. 7098	0. 7409	25	25	25	25
25	香草酸	0. 7723	0. 8015	0. 7752	0. 8066	2. 10	2. 25	2. 11	2. 28	0. 01201	0. 012	0. 01199	0. 012	15	14	14	20
26	十四酸	0. 9244	0. 9134	0. 9265	0. 9138	3. 64	3. 40	3. 69	3. 41	0. 0108	0. 0108	0. 01065	0. 0108	15	15	17	18

续表

序号	指标名称	决定系数，R^2				相对分析误差，RPD				交叉验证均方根误差，RMSECV				因子数			
		热电		布鲁克		热电		布鲁克		热电		布鲁克		热电		布鲁克	
	年份	2020	2021	2020	2021	2020	2021	2020	2021	2020	2021	2020	2021	2020	2021	2020	2021
27	十六酸	0.7166	0.7032	0.7142	0.6937	1.88	1.84	1.87	1.81	0.1189	0.1183	0.1199	0.12	10	10	11	10
28	亚油酸	0.8588	0.8354	0.8657	0.8606	2.66	2.47	2.73	2.68	0.1341	0.1466	0.1309	0.1353	25	25	25	25
29	油酸+亚麻酸	0.9226	0.9166	0.8991	0.9034	3.60	3.46	3.15	3.22	0.1768	0.189	0.2018	0.2039	25	25	25	25
30	十八酸	0.7079	0.7139	0.7018	0.7053	1.85	1.87	1.83	1.84	0.03319	0.0315	0.03362	0.0321	10	10	10	10
31	二十酸	0.7864	0.7942	0.7830	0.7817	2.17	2.21	2.15	2.14	0.00809	0.0079	0.00828	0.0082	10	10	10	10
32	天冬氨酸	0.9121	0.9064	0.9274	0.9168	3.38	3.27	3.71	3.47	44.02	43.04	41.77	41.71	25	25	25	25
33	苏氨酸	0.9125	0.9042	0.9199	0.9031	3.38	3.23	3.54	3.21	10.62	10.8	10.73	11.52	25	25	25	25
34	丝氨酸	0.8479	0.8502	0.8420	0.8477	2.57	2.59	2.52	2.56	34.21	31.35	36.4	34.22	25	25	25	25
35	天冬酰胺	0.9650	0.9593	0.9631	0.9633	5.35	4.96	5.21	5.22	206.4	214.2	222.3	211.9	25	25	25	25
36	谷氨酸	0.9561	0.9512	0.9626	0.9565	4.78	4.53	5.18	4.8	31.12	30.72	30.7	30.47	25	25	25	25
37	谷酰胺	0.9448	0.9358	0.9497	0.9268	4.26	3.95	4.46	3.7	127.8	138.2	120.7	150.2	25	25	25	25
38	甘氨酸	0.9163	0.9192	0.9166	0.9192	3.46	3.52	3.47	3.52	3.642	3.664	3.646	3.664	17	21	16	22
39	丙氨酸	0.9132	0.9069	0.9176	0.9151	3.40	3.28	3.49	3.43	43.55	43.55	42.33	41.49	25	25	25	25

40	缬氨酸	0.8359	0.8266	0.8513	0.8258	2.47	2.40	2.60	2.4	34.18	33.16	32.4	33.12	25	25	25	25
41	胱氨酸	0.7362	0.6272	0.7918	0.6537	1.95	1.64	2.19	1.7	10.62	11.08	9.624	11.01	25	25	25	25
42	甲硫氨酸	0.1675	0.3635	0.1968	0.2460	1.10	1.25	1.12	1.15	1.727	2.071	1.69	2.284	10	10	10	10
43	异亮氨酸	0.5974	0.6138	0.5814	0.4825	1.58	1.61	1.55	1.39	2.933	2.988	3.075	3.527	10	10	10	10
44	亮氨酸	0.8793	0.8197	0.8958	0.8574	2.88	2.36	3.10	2.65	3.102	3.552	2.977	3.26	25	25	24	25
45	酪氨酸	0.8837	0.8681	0.8918	0.8770	2.93	2.76	3.04	2.85	8.438	8.86	8.433	8.66	25	25	25	25
46	苯丙氨酸	0.9189	0.9087	0.9216	0.9139	3.52	3.31	3.58	3.41	30.12	29.66	29.79	30.13	20	18	20	18
47	4-氨基丁酸	0.9435	0.9377	0.9343	0.9296	4.21	4.01	3.90	3.77	22.36	22.56	24.45	24.77	25	25	25	25
48	赖氨酸	0.9353	0.9235	0.9397	0.9234	3.93	3.62	4.08	3.62	5.85	6.3	5.353	6.124	25	25	25	25
49	组氨酸	0.9619	0.9532	0.9645	0.9541	5.12	4.62	5.31	4.67	17.95	18.03	16.43	18.55	25	25	25	25
50	色氨酸	0.9275	0.9116	0.9311	0.9166	3.72	3.37	3.81	3.47	28.18	30.72	27.61	29.52	25	25	25	25
51	精氨酸	0.8132	0.7835	0.7950	0.7712	2.32	2.15	2.21	2.09	8.119	8.577	8.377	8.841	10	10	10	10
52	脯氨酸	0.9668	0.9664	0.9665	0.9685	5.49	5.46	5.47	5.63	607.3	607	616.8	592.1	17	17	18	18
53	Glu-An	0.8911	0.8797	0.9104	0.8975	3.03	2.88	3.34	3.13	32.71	34.72	29.75	31.97	25	25	25	25
54	Fru-Amb	0.5335	0.5276	0.5201	0.5529	1.47	1.46	1.44	1.5	482.7	481.8	490.2	467.7	10	10	10	10
55	Fru-His	0.9130	0.9075	0.9239	0.9204	3.39	3.29	3.63	3.55	14.04	13.96	13.2	12.97	25	25	25	25
56	Fru-Pro	0.8174	0.8172	0.8104	0.8231	2.34	2.34	2.30	2.38	1302	1321	1335	1304	10	10	10	10

续表

序号	指标名称	决定系数，R^2				相对分析误差，RPD				交叉验证均方根误差，RMSECV				因子数			
		热电		布鲁克		热电		布鲁克		热电		布鲁克		热电		布鲁克	
	年份	2020	2021	2020	2021	2020	2021	2020	2021	2020	2021	2020	2021	2020	2021	2020	2021
57	Fru-Val	0. 7428	0. 7138	0. 7469	0. 7121	1. 97	1. 87	1. 99	1. 86	46. 24	46. 31	45. 55	46. 13	17	16	16	15
58	Fru-Thr	0. 7273	0. 7167	0. 7805	0. 7429	1. 92	1. 88	2. 14	1. 97	3. 013	3. 078	2. 71	2. 942	25	25	25	25
59	Fru-Gly	0. 8089	0. 8252	0. 8070	0. 8257	2. 29	2. 39	2. 28	2. 4	3. 397	3. 398	3. 398	3. 367	20	22	16	18
60	Fru-Ala	0. 7463	0. 7583	0. 7386	0. 7313	1. 99	2. 04	1. 96	1. 93	292. 4	275. 9	297. 3	292. 6	10	10	10	10
61	Fru-Asn	0. 7294	0. 7731	0. 7204	0. 7674	1. 92	2. 10	1. 89	2. 07	678. 7	649. 5	679	656. 8	10	13	11	14
62	Fru-Asp	0. 5696	0. 5451	0. 5644	0. 5274	1. 53	1. 48	1. 52	1. 46	196. 6	224. 9	201. 1	229. 9	10	10	10	10
63	Fru-Gln	0. 8714	0. 8666	0. 8842	0. 8758	2. 79	2. 74	2. 94	2. 84	307. 5	300. 6	287. 7	288	25	25	25	25
64	Fru-Glu	0. 8656	0. 8388	0. 8713	0. 8309	2. 73	2. 49	2. 79	2. 43	99. 74	108. 2	98. 88	110. 1	25	25	25	25
65	Fru-Ile	0. 7390	0. 7000	0. 7214	0. 6620	1. 96	1. 83	1. 90	1. 72	5. 723	5. 791	5. 731	5. 774	20	16	18	14
66	Fru-Leu	0. 6918	0. 6655	0. 6981	0. 6639	1. 80	1. 73	1. 82	1. 73	11. 67	11. 64	11. 67	11. 77	13	11	15	12
67	Fru-Tyr	0. 7167	0. 6679	0. 7420	0. 7137	1. 88	1. 74	1. 97	1. 87	16. 8	17. 37	15. 94	16. 17	25	25	25	25
68	Fru-Phe	0. 7511	0. 7246	0. 7628	0. 7253	2. 01	1. 91	2. 05	1. 91	152	147. 1	149. 6	148. 8	25	25	25	25
69	Fru-Trp	0. 8137	0. 8021	0. 8353	0. 8122	2. 32	2. 25	2. 47	2. 31	74. 89	79. 7	71. 29	79. 06	25	25	25	25
70	新植二烯	0. 8358	0. 8246	0. 8638	0. 8275	2. 47	2. 39	2. 71	2. 41	0. 08867	0. 0908	0. 08085	0. 0903	25	25	25	25

D.2 维护后醇化片烟化学成分指标预测模型评价参数

序号	指标名称	决定系数，R^2				相对分析误差，RPD				交叉验证均方根误差，RMSECV				因子数			
		热电		布鲁克		热电		布鲁克		热电		布鲁克		热电		布鲁克	
	年份	2020	2021	2020	2021	2020	2021	2020	2021	2020	2021	2020	2021	2020	2021	2020	2021
1	总植物碱	0. 9761	0. 972	0. 9800	0. 9705	6. 48	5. 98	7. 08	5. 83	0. 1065	0. 1159	0. 09782	0. 1192	10	10	10	10
2	还原糖	0. 9842	0. 984	0. 9856	0. 9839	7. 97	7. 91	8. 34	7. 88	0. 6332	0. 6385	0. 606	0. 6395	14	13	12	11
3	总糖	0. 9766	0. 9796	0. 9828	0. 983	6. 54	7. 01	7. 64	7. 66	0. 9229	0. 8757	0. 791	0. 8012	10	10	10	10
4	总氮	0. 9697	0. 9728	0. 9752	0. 9723	5. 75	6. 06	6. 36	6. 02	0. 05615	0. 05527	0. 05095	0. 05587	10	11	10	11
5	钾	0. 9685	0. 9666	0. 9634	0. 9708	5. 64	5. 47	5. 23	5. 85	0. 119	0. 1204	0. 1267	0. 1136	25	25	25	25
6	氯	0. 9920	0. 9912	0. 9927	0. 9918	11. 17	10. 67	11. 68	11. 06	0. 3705	0. 3616	0. 3548	0. 3428	25	25	21	21
7	pH	0. 9501	0. 9237	0. 9372	0. 9044	4. 48	3. 62	3. 99	3. 24	0. 04154	0. 05037	0. 04654	0. 05699	25	25	25	25
8	淀粉	0. 9823	0. 9812	0. 9840	0. 9824	7. 52	7. 3	7. 90	7. 55	0. 2413	0. 2358	0. 2321	0. 2329	25	25	25	25
9	二氯甲烷提取物	0. 9241	0. 9297	0. 9334	0. 9344	3. 63	3. 77	3. 88	3. 91	0. 2636	0. 2676	0. 2477	0. 2589	10	10	10	10
10	茄尼醇	0. 9657	0. 9727	0. 9667	0. 9729	5. 40	6. 05	5. 48	6. 08	0. 7009	0. 7068	0. 6879	0. 7005	12	19	11	23
11	硫酸根	0. 9792	0. 9758	0. 9774	0. 9733	6. 93	6. 43	6. 66	6. 13	0. 6644	0. 7255	0. 6918	0. 7595	25	25	25	25
12	磷酸根	0. 6485	0. 5931	0. 6037	0. 5933	1. 69	1. 57	1. 59	1. 57	0. 4369	0. 4823	0. 475	0. 4861	10	10	10	10

续表

序号	指标名称	决定系数，R^2				相对分析误差，RPD				交叉验证均方根误差，RMSECV				因子数			
		热电		布鲁克		热电		布鲁克		热电		布鲁克		热电		布鲁克	
	年份	2020	2021	2020	2021	2020	2021	2020	2021	2020	2021	2020	2021	2020	2021	2020	2021
13	镁	0.9306	0.9154	0.9277	0.9056	3.80	3.44	3.72	3.26	0.03637	0.0402	0.0371	0.04152	23	25	23	25
14	钙	0.9456	0.9391	0.9459	0.9446	4.29	4.05	4.30	4.25	0.1954	0.2019	0.196	0.1954	13	13	12	16
15	新绿原酸	0.8970	0.8946	0.8958	0.8893	3.12	3.08	3.10	3.01	0.1202	0.122	0.1202	0.1227	25	25	25	25
16	绿原酸	0.9265	0.9219	0.8922	0.9018	3.69	3.58	3.05	3.19	0.5697	0.6693	0.7028	0.7429	25	25	25	25
17	隐绿原酸	0.9183	0.9164	0.9029	0.9153	3.50	3.46	3.21	3.44	0.1361	0.1463	0.1511	0.1481	25	25	25	25
18	莨菪亭	0.8855	0.8822	0.8727	0.8707	2.96	2.92	2.81	2.78	0.03786	0.04026	0.03849	0.04251	25	25	25	25
19	芸香苷	0.9294	0.9221	0.9099	0.9034	3.77	3.59	3.33	3.22	0.646	0.714	0.7272	0.791	25	25	25	25
20	乙二酸	0.9004	0.9066	0.9138	0.8969	3.17	3.27	3.41	3.12	0.8758	0.8893	0.8044	0.9336	10	10	10	10
21	丙二酸	0.9149	0.9139	0.9129	0.9215	3.43	3.41	3.39	3.57	0.1671	0.1669	0.1673	0.1609	14	15	14	16
22	丁二酸	0.8926	0.8826	0.8910	0.8828	3.05	2.92	3.03	2.92	0.02234	0.02368	0.02278	0.02305	22	25	22	25
23	苹果酸	0.9748	0.9798	0.9774	0.9768	6.30	7.04	6.66	6.57	3.403	3.005	3.228	3.209	11	12	11	11
24	柠檬酸	0.9758	0.9706	0.9724	0.9695	6.43	5.84	6.02	5.73	0.4743	0.5119	0.5083	0.5097	25	25	25	25
25	香草酸	0.7748	0.7832	0.7828	0.7336	2.11	2.15	2.15	1.94	0.009168	0.009721	0.009143	0.01088	10	10	10	10

26	十四酸	0. 9212	0. 9106	0. 9301	0. 9216	3. 57	3. 35	3. 79	3. 57	0. 008257	0. 009131	0. 007825	0. 008629	10	10	10	10
27	十六酸	0. 7765	0. 7449	0. 7904	0. 7596	2. 12	1. 98	2. 19	2. 04	0. 09092	0. 09435	0. 08733	0. 09197	10	10	10	10
28	亚油酸	0. 8942	0. 8751	0. 9045	0. 8899	3. 08	2. 83	3. 24	3. 02	0. 09529	0. 1128	0. 09112	0. 1053	25	25	25	25
29	油酸+亚麻酸	0. 9185	0. 9015	0. 8989	0. 88	3. 51	3. 19	3. 15	2. 89	0. 1712	0. 1817	0. 1884	0. 2013	25	25	25	25
30	十八酸	0. 7715	0. 7376	0. 8076	0. 7846	2. 09	1. 95	2. 28	2. 16	0. 02599	0. 02763	0. 02383	0. 02511	10	10	10	10
31	二十酸	0. 8137	0. 818	0. 8320	0. 831	2. 32	2. 35	2. 44	2. 43	0. 007325	0. 007351	0. 006868	0. 007021	10	10	10	10
32	天冬氨酸	0. 9361	0. 9325	0. 9414	0. 9369	3. 96	3. 85	4. 13	3. 98	36. 8	38. 16	36. 47	37. 06	25	25	25	25
33	苏氨酸	0. 9278	0. 9274	0. 9244	0. 9247	3. 72	3. 71	3. 64	3. 65	8. 603	8. 622	8. 768	8. 674	23	25	19	24
34	丝氨酸	0. 9442	0. 9351	0. 9351	0. 9288	4. 24	3. 93	3. 93	3. 75	24. 61	27. 73	27. 18	28. 77	25	25	25	25
35	天冬酰胺	0. 9627	0. 96	0. 9604	0. 9581	5. 18	5	5. 03	4. 89	192. 9	190. 2	200. 8	194. 3	21	20	19	18
36	谷氨酸	0. 9250	0. 9209	0. 9237	0. 9243	3. 65	3. 56	3. 62	3. 64	29. 41	28. 8	29. 82	28. 87	13	13	13	13
37	谷酰胺	0. 9418	0. 9254	0. 9347	0. 9173	4. 15	3. 66	3. 92	3. 48	99. 74	110. 2	108. 9	119. 4	25	25	25	25
38	甘氨酸	0. 8770	0. 9002	0. 8827	0. 8953	2. 85	3. 17	2. 92	3. 09	3. 664	3. 627	3. 643	3. 688	19	24	18	25
39	丙氨酸	0. 9473	0. 9436	0. 9420	0. 9329	4. 36	4. 21	4. 16	3. 86	27. 64	28. 15	29. 39	30. 84	25	25	25	25
40	缬氨酸	0. 8761	0. 8763	0. 8665	0. 8777	2. 84	2. 84	2. 74	2. 86	26. 35	27. 05	27. 75	26. 9	22	22	22	22
41	胱氨酸	0. 8217	0. 6133	0. 8347	0. 575	2. 37	1. 61	2. 46	1. 53	8. 747	14. 68	8. 341	15. 62	25	25	25	25

续表

序号	指标名称	决定系数，R^2				相对分析误差，RPD				交叉验证均方根误差，RMSECV				因子数			
		热电		布鲁克		热电		布鲁克		热电		布鲁克		热电		布鲁克	
	年份	2020	2021	2020	2021	2020	2021	2020	2021	2020	2021	2020	2021	2020	2021	2020	2021
42	甲硫氨酸	0. 3944	0. 2228	0. 4758	0. 3048	1. 29	1. 13	1. 38	1. 2	3. 151	3. 408	2. 915	3. 247	10	10	10	10
43	异亮氨酸	0. 5214	0. 6406	0. 5727	0. 5457	1. 45	1. 67	1. 53	1. 48	3. 279	3. 423	3. 267	3. 868	10	10	10	10
44	亮氨酸	0. 8336	0. 7841	0. 8204	0. 7826	2. 45	2. 15	2. 36	2. 15	2. 94	2. 933	3. 006	2. 96	11	14	10	14
45	酪氨酸	0. 9089	0. 8906	0. 9162	0. 8768	3. 32	3. 02	3. 46	2. 85	6. 695	7. 177	6. 394	7. 71	25	25	25	25
46	苯丙氨酸	0. 8996	0. 9058	0. 8953	0. 8998	3. 16	3. 26	3. 09	3. 16	27. 91	25. 96	28. 1	26. 36	10	10	10	10
47	4-氨基丁酸	0. 9461	0. 9446	0. 9445	0. 9385	4. 31	4. 25	4. 25	4. 03	14. 97	14. 75	15. 46	16. 03	21	20	22	25
48	赖氨酸	0. 9284	0. 9306	0. 9332	0. 9299	3. 74	3. 8	3. 87	3. 78	4. 696	4. 6	4. 662	4. 667	25	25	25	25
49	组氨酸	0. 9607	0. 9576	0. 9624	0. 956	5. 05	4. 86	5. 16	4. 77	13. 72	14. 11	13. 13	14. 29	25	25	25	25
50	色氨酸	0. 9318	0. 9208	0. 9268	0. 9094	3. 83	3. 55	3. 70	3. 33	16. 88	18. 43	17. 72	19. 6	25	25	25	25
51	精氨酸	0. 8072	0. 8166	0. 7890	0. 8092	2. 28	2. 34	2. 18	2. 29	7. 431	7. 063	7. 799	7. 284	10	10	10	10
52	脯氨酸	0. 9541	0. 9559	0. 9563	0. 956	4. 67	4. 76	4. 79	4. 77	625. 1	599. 7	611. 3	600. 1	15	15	16	16
53	Glu-An	0. 9029	0. 9031	0. 9237	0. 9061	3. 21	3. 22	3. 62	3. 27	36. 1	35. 74	31. 57	35. 16	25	25	25	25
54	Fru-Amb	0. 6442	0. 619	0. 7264	0. 7269	1. 68	1. 62	1. 91	1. 91	360. 6	372. 7	317. 9	312. 9	10	10	10	10

55	Fru-His	0.9277	0.927	0.9281	0.9311	3.72	3.7	3.73	3.81	8.856	8.858	8.859	8.721	17	16	16	17
56	Fru-Pro	0.8727	0.8644	0.8736	0.8591	2.81	2.72	2.81	2.67	1043	1076	1034	1098	10	10	10	10
57	Fru-Val	0.7191	0.7234	0.7517	0.7475	1.89	1.9	2.01	1.99	35.24	34.81	33.87	33.72	10	10	10	10
58	Fru-Thr	0.8425	0.861	0.8368	0.8589	2.52	2.68	2.48	2.66	1.972	1.994	2.028	2.002	19	24	18	22
59	Fru-Gly	0.5951	0.6816	0.6245	0.6873	1.57	1.77	1.63	1.79	3.365	3.372	3.394	3.367	12	15	13	17
60	Fru-Ala	0.7657	0.7496	0.7784	0.7612	2.07	2	2.13	2.05	231.9	239.2	224.3	233.8	10	10	10	10
61	Fru-Asn	0.7953	0.7784	0.7863	0.7866	2.21	2.13	2.16	2.17	527.9	536.2	553.7	529.2	10	10	10	10
62	Fru-Asp	0.6751	0.6602	0.6923	0.6652	1.76	1.72	1.80	1.73	174.4	174.2	171.5	173.1	10	10	10	10
63	Fru-Gln	0.8538	0.8614	0.8680	0.8537	2.62	2.69	2.75	2.62	289.8	281.1	277	289.8	12	13	14	13
64	Fru-Glu	0.9172	0.9144	0.9147	0.9151	3.48	3.42	3.43	3.43	83.16	84.14	84.93	83.93	15	15	16	16
65	Fru-Ile	0.6515	0.627	0.6678	0.6413	1.70	1.64	1.74	1.67	4.968	4.886	4.844	4.662	10	10	10	10
66	Fru-Leu	0.5720	0.5603	0.6077	0.5921	1.53	1.51	1.60	1.57	10.34	10.25	9.853	10.03	10	10	10	10
67	Fru-Tyr	0.6972	0.7411	0.6807	0.7324	1.82	1.97	1.77	1.93	12.77	12.8	13.15	12.99	14	14	13	14
68	Fru-Phe	0.8378	0.831	0.8444	0.8325	2.48	2.43	2.54	2.45	86.77	89.89	85.31	91.46	25	25	25	25
69	Fru-Trp	0.8985	0.9087	0.8976	0.9039	3.14	3.31	3.13	3.23	56.66	54.73	57.38	56.25	11	14	13	14
70	新植二烯	0.8735	0.8479	0.8915	0.8763	2.81	2.57	3.04	2.85	0.06753	0.07292	0.06236	0.06586	25	25	25	25

D.3 维护后卷烟烟丝化学成分指标预测模型评价参数

序号	指标名称	决定系数，R^2				相对分析误差，RPD				交叉验证均方根误差，RMSECV				因子数			
		热电		布鲁克		热电		布鲁克		热电		布鲁克		热电		布鲁克	
	年份	2020	2021	2020	2021	2020	2021	2020	2021	2020	2021	2020	2021	2020	2021	2020	2021
1	总植物碱	0.9038	0.851	0.9169	0.8575	3.23	2.59	3.47	2.65	0.06781	0.08258	0.06226	0.08031	10	10	10	10
2	还原糖	0.9691	0.9686	0.9704	0.9692	5.69	5.64	5.82	5.7	0.4881	0.4905	0.4734	0.4859	10	10	10	10
3	总糖	0.9772	0.9704	0.9798	0.9734	6.63	5.82	7.04	6.13	0.4691	0.5417	0.4531	0.5123	10	10	10	10
4	总氮	0.8563	0.8547	0.8853	0.8621	2.64	2.62	2.95	2.69	0.04256	0.04377	0.03918	0.04255	10	10	10	10
5	钾	0.9437	0.9387	0.9458	0.9418	4.22	4.04	4.30	4.15	0.07976	0.07987	0.07982	0.07759	18	25	15	17
6	氯	0.9644	0.9599	0.9581	0.9618	5.31	4.99	4.89	5.12	0.3183	0.3328	0.3036	0.3245	11	12	10	11
7	pH	0.8962	0.8843	0.9071	0.8839	3.11	2.94	3.28	2.94	0.04577	0.05005	0.04623	0.04956	25	25	25	25
8	淀粉	0.9518	0.9472	0.9531	0.946	4.56	4.36	4.62	4.31	0.1628	0.1614	0.1609	0.1649	19	19	17	20
9	二氯甲烷提取物	0.9235	0.9543	0.9676	0.9457	3.62	4.68	5.56	4.29	0.5015	0.3725	0.5798	0.4057	25	25	22	25
10	茄尼醇	0.8851	0.8685	0.8936	0.8857	2.95	2.76	3.07	2.96	0.3251	0.4419	0.3252	0.4097	10	10	10	10
11	硫酸根	0.9163	0.9007	0.9257	0.9199	3.46	3.17	3.67	3.54	0.4675	0.515	0.4959	0.4657	10	10	10	10
12	磷酸根	0.7393	0.6897	0.7240	0.7079	1.96	1.8	1.91	1.85	0.1977	0.2068	0.2072	0.2003	10	10	10	10

13	镁	0. 7586	0. 6864	0. 7513	0. 7056	2. 04	1. 79	2. 01	1. 84	0. 02332	0. 02513	0. 02356	0. 02465	10	10	10	10
14	钙	0. 8520	0. 8014	0. 8757	0. 8224	2. 60	2. 25	2. 84	2. 37	0. 1042	0. 1183	0. 09936	0. 1118	10	10	10	10
15	新绿原酸	0. 9258	0. 9245	0. 9274	0. 924	3. 67	3. 64	3. 72	3. 63	0. 068	0. 06785	0. 06607	0. 0679	11	13	11	12
16	绿原酸	0. 9444	0. 9412	0. 9479	0. 9414	4. 24	4. 12	4. 39	4. 13	0. 3685	0. 3801	0. 3665	0. 3787	13	14	14	13
17	隐绿原酸	0. 9522	0. 949	0. 9459	0. 9482	4. 58	4. 43	4. 30	4. 4	0. 07572	0. 07785	0. 07618	0. 07837	13	16	11	15
18	莨菪亭	0. 7999	0. 7875	0. 8163	0. 7999	2. 24	2. 17	2. 34	2. 24	0. 02176	0. 02264	0. 02233	0. 02181	10	10	10	10
19	芸香苷	0. 9607	0. 9494	0. 9651	0. 9495	5. 05	4. 45	5. 36	4. 45	0. 2705	0. 3115	0. 2414	0. 3129	25	25	25	25
20	乙二酸	0. 7995	0. 7516	0. 8154	0. 7982	2. 24	2. 01	2. 33	2. 23	0. 3662	0. 4167	0. 3764	0. 3732	10	10	10	10
21	丙二酸	0. 9228	0. 9249	0. 9244	0. 9227	3. 60	3. 65	3. 64	3. 6	0. 07154	0. 07289	0. 0729	0. 07315	10	10	10	10
22	丁二酸	0. 8005	0. 7262	0. 7966	0. 7389	2. 24	1. 91	2. 22	1. 96	0. 0402	0. 0449	0. 04285	0. 04445	25	25	25	25
23	苹果酸	0. 8944	0. 848	0. 9016	0. 8541	3. 08	2. 57	3. 19	2. 62	1. 743	2. 071	1. 807	2. 029	10	10	10	10
24	柠檬酸	0. 9726	0. 9638	0. 9708	0. 9614	6. 05	5. 26	5. 86	5. 1	0. 2648	0. 2667	0. 2722	0. 2976	24	23	22	25
25	香草酸	0. 7966	0. 7423	0. 7990	0. 8156	2. 22	1. 97	2. 23	2. 33	0. 004111	0. 006	0. 003993	0. 005061	10	10	10	10
26	十四酸	0. 8142	0. 7987	0. 8229	0. 8075	2. 32	2. 23	2. 38	2. 28	0. 004179	0. 00421	0. 004001	0. 004131	10	10	10	10
27	十六酸	0. 9364	0. 8997	0. 9380	0. 9176	3. 97	3. 16	4. 02	3. 49	0. 04732	0. 05924	0. 04586	0. 05343	10	10	10	10

续表

序号	指标名称	决定系数，R^2				相对分析误差，RPD				交叉验证均方根误差，RMSECV				因子数			
		热电		布鲁克		热电		布鲁克		热电		布鲁克		热电		布鲁克	
	年份	2020	2021	2020	2021	2020	2021	2020	2021	2020	2021	2020	2021	2020	2021	2020	2021
28	亚油酸	0. 8461	0. 8298	0. 8263	0. 8429	2. 55	2. 43	2. 40	2. 52	0. 04753	0. 05008	0. 0486	0. 04759	10	14	11	14
29	油酸+亚麻酸	0. 8565	0. 8444	0. 8388	0. 8347	2. 64	2. 54	2. 49	2. 46	0. 147	0. 1538	0. 1527	0. 158	10	12	13	13
30	十八酸	0. 8694	0. 818	0. 8665	0. 8514	2. 77	2. 35	2. 74	2. 6	0. 01247	0. 01536	0. 01216	0. 01388	10	10	10	10
31	二十酸	0. 7039	0. 6908	0. 7230	0. 7099	1. 84	1. 8	1. 90	1. 86	0. 003781	0. 003688	0. 003675	0. 003547	10	10	10	10
32	天冬氨酸	0. 9812	0. 9459	0. 9648	0. 9687	7. 30	4. 3	5. 33	5. 66	30. 62	30. 24	30. 95	30. 63	17	21	18	24
33	苏氨酸	0. 8766	0. 848	0. 8952	0. 8492	2. 85	2. 57	3. 09	2. 58	7. 304	8. 667	7. 318	8. 621	10	14	10	12
34	丝氨酸	0. 9275	0. 9205	0. 9376	0. 9255	3. 72	3. 55	4. 01	3. 67	15. 25	15. 67	15. 74	15. 46	14	14	12	13
35	天冬酰胺	0. 9076	0. 926	0. 9458	0. 9183	3. 29	3. 68	4. 30	3. 5	100. 9	88. 27	86. 21	89. 07	10	10	10	10
36	谷氨酸	0. 9365	0. 8858	0. 9408	0. 8825	3. 97	2. 96	4. 12	2. 92	11. 87	16. 73	11. 62	17. 01	10	10	10	10
37	谷酰胺	0. 8703	0. 8047	0. 8814	0. 8183	2. 78	2. 26	2. 91	2. 35	44. 82	59. 76	46. 24	58. 43	10	10	10	10
38	甘氨酸	0. 7701	0. 7688	0. 7913	0. 7748	2. 09	2. 08	2. 19	2. 11	3. 454	3. 619	3. 43	3. 588	10	15	10	13
39	丙氨酸	0. 9210	0. 8476	0. 9279	0. 8156	3. 56	2. 56	3. 73	2. 33	16. 71	32. 19	17. 32	36. 31	10	25	10	25
40	缬氨酸	0. 9160	0. 9071	0. 9282	0. 9025	3. 45	3. 28	3. 74	3. 2	21. 98	23. 04	22. 04	23. 75	10	10	10	10

41	胱氨酸	0.7186	0.6615	0.7253	0.6946	1.89	1.72	1.91	1.81	7.964	9.522	8.124	9.142	24	25	17	25
42	甲硫氨酸	0.4605	0.5705	0.5476	0.5756	1.36	1.53	1.49	1.54	3.389	2.982	3.343	2.979	10	10	10	10
43	异亮氨酸	0.7573	0.7177	0.7819	0.695	2.03	1.88	2.14	1.81	3.236	3.378	3.366	3.552	10	10	10	10
44	亮氨酸	0.8600	0.8365	0.8583	0.8387	2.68	2.47	2.66	2.49	2.884	2.963	2.938	2.948	14	17	10	15
45	酪氨酸	0.9258	0.8487	0.9278	0.867	3.67	2.57	3.72	2.74	5.643	8.526	5.662	7.95	25	25	25	25
46	苯丙氨酸	0.8541	0.8481	0.8983	0.8497	2.62	2.57	3.14	2.58	13.92	15.13	13.57	15.05	10	10	10	10
47	4-氨基丁酸	0.8722	0.8635	0.8883	0.8448	2.80	2.71	2.99	2.54	12.03	13.13	12.4	14.32	10	10	10	10
48	赖氨酸	0.8906	0.8941	0.8906	0.8882	3.03	3.07	3.03	2.99	3.066	3.047	3.025	3.115	12	12	10	12
49	组氨酸	0.8654	0.8677	0.8979	0.8761	2.73	2.75	3.13	2.84	7.422	7.471	7.251	7.304	10	10	10	10
50	色氨酸	0.7424	0.7386	0.7713	0.7437	1.97	1.96	2.09	1.98	9.995	11.01	10.07	10.85	10	10	10	10
51	精氨酸	0.6714	0.6584	0.6960	0.6764	1.75	1.71	1.82	1.76	5.77	6.141	5.834	5.963	10	10	10	10
52	脯氨酸	0.9044	0.865	0.8959	0.8948	3.24	2.72	3.10	3.08	298.4	352.6	312.8	314	10	10	10	10
53	Glu-An	0.9329	0.9101	0.9340	0.9144	3.86	3.34	3.90	3.42	19.45	18.44	20.66	17.99	10	10	10	10
54	Fru-Amb	0.8765	0.8683	0.8863	0.8782	2.85	2.76	2.97	2.87	209.9	222.3	194.2	214.8	10	10	10	10
55	Fru-His	0.8294	0.8317	0.8403	0.8334	2.42	2.44	2.50	2.45	5.813	5.449	5.465	5.465	10	10	10	10
56	Fru-Pro	0.8788	0.8607	0.8694	0.8605	2.88	2.68	2.77	2.68	677.3	728.2	707.8	728.7	10	10	10	10
57	Fru-Val	0.8015	0.7776	0.8332	0.7937	2.25	2.12	2.45	2.2	29.95	31.45	28.48	31.17	10	10	10	10

续表

序号	指标名称	决定系数，R^2				相对分析误差，RPD				交叉验证均方根误差，RMSECV				因子数			
		热电		布鲁克		热电		布鲁克		热电		布鲁克		热电		布鲁克	
	年份	2020	2021	2020	2021	2020	2021	2020	2021	2020	2021	2020	2021	2020	2021	2020	2021
58	Fru-Thr	0. 8535	0. 8304	0. 8631	0. 8408	2. 62	2. 43	2. 71	2. 51	1. 856	1. 999	1. 818	1. 973	10	11	10	11
59	Fru-Gly	0. 7993	0. 7377	0. 8108	0. 7652	2. 23	1. 95	2. 30	2. 06	2. 337	3. 232	2. 313	3. 043	10	10	10	10
60	Fru-Ala	0. 7768	0. 8071	0. 7927	0. 8284	2. 12	2. 28	2. 20	2. 42	101	110. 4	98. 17	104. 5	10	10	10	10
61	Fru-Asn	0. 8204	0. 8328	0. 8351	0. 8384	2. 36	2. 45	2. 47	2. 49	232. 2	223. 2	239. 3	219. 6	10	10	10	10
62	Fru-Asp	0. 6259	0. 6669	0. 6714	0. 6576	1. 64	1. 73	1. 75	1. 71	92. 83	90. 74	94. 76	91. 7	10	10	10	10
63	Fru-Gln	0. 8136	0. 8222	0. 8334	0. 8387	2. 32	2. 37	2. 45	2. 49	107. 9	113. 3	105. 1	108. 9	10	10	10	10
64	Fru-Glu	0. 8479	0. 8513	0. 8546	0. 8614	2. 57	2. 59	2. 63	2. 69	43. 85	46. 32	43. 39	44. 52	10	10	10	10
65	Fru-Ile	0. 8562	0. 8398	0. 8682	0. 852	2. 64	2. 5	2. 76	2. 6	5. 668	5. 691	5. 693	5. 444	10	10	10	10
66	Fru-Leu	0. 9304	0. 9231	0. 9326	0. 9233	3. 79	3. 61	3. 85	3. 61	11. 61	11. 62	11. 7	11. 76	18	16	14	16
67	Fru-Tyr	0. 8949	0. 8799	0. 8942	0. 8821	3. 09	2. 89	3. 08	2. 91	12. 86	12. 79	12. 84	12. 83	14	13	11	13
68	Fru-Phe	0. 8425	0. 8459	0. 8589	0. 8543	2. 52	2. 55	2. 66	2. 62	58. 37	56. 38	56. 49	55. 05	10	10	10	10
69	Fru-Trp	0. 8862	0. 8556	0. 8835	0. 8687	2. 97	2. 63	2. 93	2. 76	24. 39	28. 9	25. 75	27. 51	10	10	10	10
70	新植二烯	0. 7788	0. 7341	0. 7707	0. 7485	2. 13	1. 94	2. 09	2	0. 03595	0. 04279	0. 03685	0. 04166	10	10	10	10

E　系统应急预案

一、目的

为妥善应对和处置系统信息安全突发事件、确保系统的运行安全和数据安全，结合本项目实际情况，特制定本应急预案。本预案主要立足防范和消除以下危害情况的出现：

（1）本系统运行过程中数据库异常，导致数据丢失，系统不能正常运行。

（2）本系统运行过程中，应用服务程序异常，导致系统异常系统不能正常运行。

（3）本系统运行过程中，服务器间网络连接异常，导致系统异常系统不能正常运行。

二、适用范围

本预案适用于郑州烟草研究院烟草近红外大数据系统及近红外光谱采集客户端正在发生或可能发生的系统安全和数据安全突发事件。

三、危险因素分析

本系统是作为应用组件部署在烟草行业骨干网中，系统潜在危险的因素主要包括部署环境的硬件设备故障、部署软件系统故障、网络故障及系统本身的程序错误。

四、危险事件等级定义分类

1. 一般故障

一般故障指系统出现轻微错误或瑕疵，具体包括个别信息内容出现明显错误、个别服务和功能无法正常使用等。

2. 重大故障

重大故障指系统崩溃，应用服务停止，导致大规模用户无法使用系统，出现数据丢失，具体包括系统服务无法启动、数据库无法连接、系统程序异常和数据库文件损坏等。

五、应急响应流程

1. 事件报警与确认

工作人员使用系统过程中发现异常，需及时发出技术维护请求，通知项目技术维护相关人员进行原因的排查和故障的处理，技术维护请求分为一般技术维护请求和紧急维护请求两种。

技术维护人员定期对数据库服务器、应用系统的运行状况以及网络情况进行监测的过程中，发现系统的异常和网络故障，需及时通知站内使用人员和系统管理人员。

2. 对系统进行检查

技术维护人员定期对系统故障原因进行检查确认：

（1）检查网络连接，需要相关网络管理人员配合检查。

（2）检查应用服务器性能指标，检查的内容包括系统进程是否正常、Tomcat/FastDFS 服务是否启动、CPU 使用率、内存使用率等。

（3）检查后台数据库服务器性能指标，检查内容包括数据库进程是否正常、数据库服务是否启动、CPU 使用率、内存使用率等。

（4）检查后台数采服务器性能指标，检查内容包括数采服务是否启动、CPU 使用率、内存使用率等。

3. 安全审计及事故分析

技术服务人员通过系统日志、网络设备日志、数据库访问日志等，对事件进行审计，对损失进行评估，追查事件的发生原因。

4. 消除隐患、恢复正常运行

技术人员根据检查及审计结果，制定处置措施，排除系统隐患，恢复系统正常运行。

5. 重新启动系统

启动数据库服务器、启动应用服务器。

6. 安全报告、归档

提供故障分析报告，分析故障原因，修正预案处理流程并归档。

六、应急处理措施

1. 一般故障处理措施

相关使用人员提出一般请求后，技术服务人员第一时间迅速准确判断事件原因，经技术服务经理批准后进行处置。

2. 重大故障处理措施

相关使用人员向技术服务人员发出紧急请求，技术服务人员按规定及时响应并启动现场处理措施，并及时向实验室主管领导报告。报告内容主要包括故障范围、影响范围、事件性质、事件发展趋势和采取的措施、进度等。

重大故障包括以下情况。

（1）系统无法登录　系统无法正常登录一般由于应用服务器与数据库服务器之间网络连接异常或数据库服务未启动导致，现场处理措施如下。

①检查应用服务器与数据库服务器之间网络连接是否正常，若应用服务器与数据库服务器之间网络连接异常，协调信息中心恢复应用服务器与数据库服务器网络连接解决，重新启动系统。

②检查应用程序后台服务是否运行正常。

③检查数据库服务器数据库服务是否运行正常，如数据库服务器服务未启动则启动数据库服务器数据库服务，重新启动系统。

④若以上方案均无法解决系统无法登录问题，抓取并保存系统出错信息及日志文件，简单判断异常部位，通知系统维护相关人员，保留现场，分析查找原因。

（2）系统应用连接数据库超时　数据库连接超时，一种情况是应用服务器与数据库服务器网络连接异常；另一种情况是系统数据源出错，现场处理措施如下：

①应用服务器与数据库服务器网络连接异常，排除网络连接异常故障，重启数据库服务器和应用服务器。

②系统数据源出错，重新配置系统数据源。

③以上方案无法解决系统故障时，应停止系统后台服务，防止不知情用户继续传输数据。抓取并保存系统出错信息及日志文件，简单判断异常部位，通知系统维护相关人员，保留现场，分析查找原因。

（3）系统应用服务启动正常，却无法访问系统　现场处理措施如下：

①系统应用程序工程文件出现故障，需重新使用备份的系统应用程序工程文件进行部署。

②Web 应用服务程序等出错（Tomcat、JDK），需重新配置 Web 应用程序。

（4）数据库出错导致系统无法使用　数据库出现故障，系统数据文件损坏，以系统管理员用户登录在应用服务器（数据库服务器 ip 地址）上的数据库客户端，创建新的空数据库实例，导入最近一个时间点的系统数据库备份文件到新建的数据库实例中。配置系统应用工程文件连接到新的数据库实例中。重新启动 Web 服务（Tomcat）。操作过程中，应停止系统后台服务，防止不知情用户继续传输数据。

（5）操作系统故障　应用服务器或数据库服务器系统故障，导致系统无法正常运行，需重新安装操作系统。现场处理措施如下：

①应用服务器操作系统故障，重新安装操作系统，重新部署系统，部署完毕启动数据库服务和应用服务。

②数据库服务器操作系统故障，重新安装操作系统，以系统管理员用户登录，在应用服务器创建新的数据库实例，导入最近一个时间点的系统数据库备份文件到新建的数据库实例里，重新添加部署系统数据源，进行恢复操作。

（6）系统功能异常　系统功能异常一般由于网络连接故障、数据库异常或系统程序导致，现场处理措施如下：

①检查应用服务器与数据库服务器之间网络连接是否正常，若应用服务器与数据库服务器之间网络连接异常，恢复应用服务器与数据库服务器网络解决，重新启动系统。

②检查应用程序后台服务是否运行正常。

③检查数据库服务是否运行正常，如数据库服务未启动则启动数据库服务，重新启动系统。

若以上方案均无法解决系统故障，应停止系统后台服务，防止不知情用户继续传输数据。抓取并保存系统出错信息及日志文件，简单判断异常部位，通知系统维护相关人员，保留现场，分析查找原因。

参考文献

[1] 严衍禄，陈斌，朱大洲．近红外光谱分析的原理、技术与应用［M］．北京：中国轻工业出版社，2013.

[2] 张忠锋．烟草近红外光谱分析技术［M］．北京：中国农业科学技术出版社，2016.

[3] NORRIS K H. Early history of near infrared for agricultural applications［J］. NIR news，1992，3（1）：12-13.

[4] 杰尔·沃克曼，洛伊斯·文依．近红外光谱解析实用指南［M］．褚小立，许育鹏，田高友，译．北京：化学工业出版社，2009.

[5] 毛建江．化学计量学方法在分子光谱分析中的研究与应用［D］．长春：中国科学院长春应用化学研究所，2005.

[6] 陆婉珍．现代近红外光谱分析技术［M］．北京：中国石化出版社，2010.

[7] 褚小立．近红外光谱分析技术实用手册［M］．北京：机械工业出版社，2016.

[8] GROOT P J，POSTMA G J，MELSSEN W J，et al. Application of principal component analysis to detect outliers and spectral deviations in near-field surface-enhanced Raman spectra［J］. Analytica chimica acta，2001，446：71-83.

[9] XUE C X，ZHANG R S，LIU M C，et al. Study of the quantitative structure—mobility relationship of carboxylic acids in capillary electrophoresis based on support vector machines［J］. Journal of chemical information and computer sciences，2004，44（3）：950-957.

[10] BALABIN R M，LOMAKINA E I. Support vector machine regression（SVR/LS-SVM）—an alternative to neural networks（ANN）for analytical chemistry? Comparison of nonlinear methods on near infrared（NIR）spectroscopy data［J］. Analyst，2011，136（8）：1703-1712.

[11] REZSIE K，AMALINK M S，GEREIE A. Using extended Monte Carlo simultion method for the improvement of risk management：consideration of reletionships between uncertainties［J］. Applied mathematics and compution，2007，190（2）：1492-1501.

[12] LU Y J，QU Y L，ZI F. Research on the method of choosing optimum wavelengths combination by using multiple scattering correction technique［J］. Spectroscopy and spectral analysis，2007，27（1）：58-61.

[13] ARAÚJO M C U，SALDANHA T C B，GALVÃO R K H，et al. The successive projections algorithm for variable selection in spectroscopic multicomponent analysis［J］. Chemometrics and intelligent laboratory systems，2001，57（2）：65-73.

[14] JENSEN P S，BAK J. Near-infrared transmission spectroscopy of aqueous solutions：

Influence of optical pathlength on sighal-to-noise ratio [J]. Applied spectroscopy, 2002, 56 (12): 1600-1606.

[15] 路皓翔，张静，李灵巧，等. 最小角回归结合竞争性自适应重加权采样的近红外光谱波长选择 [J]. 光谱学与光谱分析，2021，41 (6): 1782-1788.

[16] ARAAJO M C U, SALDANHA T C B, GALVAO R K H, et al. Successive projections algorithm for variable selection in spectroscopic muhicomponent analysis [J]. Chemometrics and intelligent labo ratory systems, 2001, 57 (2): 65-73.

[17] GHEMAWAT S, GOBIOFF H, LEUNG S T. The google file system [J]. Operat Syst Rev, 2003, 37: 29-43.

[18] SJOBLOM J, SVENSSON O, JOSEFSON M, et al. An evaluation of orthogonal signal correction applied to calibration transfer of near infrared spectra [J]. Chemometrics and inteuigent labo ratory systems, 1998, 44: 229-244.

[19] 郝勇，孙旭东，潘园媛，等. 蒙特卡罗无信息变量消除方法用于近红外光谱预测果品硬度和表面色泽的研究 [J]. 光谱学与光谱分析，2011，31 (5): 1226-1229.

[20] BROUCKAERT D, UYTTERSPROT JS, BROECKX W, et al. Calibration transfer of a Raman spectroscopic quantification method for the assessment of liquid detergent compositions from at-line laboratory to in-line industrial scale [J]. Talanta. 2017, 179: 386-392.

[21] SHENK J S, WESTERHAUS M O. New standardization and calibration procedures for NIRS analytical systems [J]. Crop Science, 1991, 31: 1694-1696.

[22] WANG Y D, LYSAGHT M J, KOWALSKI B R. Improvement of multivariate calibration through instrument standardization [J]. Analytical chemistry, 1992, 64: 562-564.

[23] TOMAS I, BRUCE K. Piece-wise multiplicative scatter correction applied to near-infrared difuse transmitance data from meat products [J]. Applied spectroscopy , 1993, 47 (6): 702-709.

[24] WOLD S, ANTTI H, LINDGREN F, et al. Orthogonal signal correction of near-infrared spectra [J]. Chemometrics and inteuigent labo ratory systems, 1998, 44: 175-185.

[25] DU W, CHEN Z P, ZHONG L J, et al. Holden maintaining the predictive abilities of multivariate calibration models by spectral space transformation [J]. Analytica chimica acta, 2011, 690: 64-70.

[26] 马若群，张奉苏，朱庆丽，等. 近红外光谱双模型法快速判别雷公藤去皮减毒工艺的水平 [J]. 药学研究，2018，26 (6): 427-430.

[27] BOUVERESSE E, MASSART D L. Standardisation of near - infrared spectrometric instruments: A review [J]. Vibrational spectroscopy, 1996, 11 (1): 3-15.

[28] 梁逸曾，吴海龙，沈国励，等. 分析化学计量学的若干新进展 [J]. 中国科学 B-化学，2006，36 (2): 93-100.

[29] SHAO X G, KANG J, CAI W S. Quantitative determination by temperature dependent near-infrared spectra [J]. Talanta, 2010, 82: 1017-1021.

[30] GRRIGUES J M, PEREZ-PONCE A, GARRIGUES S, et al. Fourier-transform infrared determination of nicotine in tobacco samples by transmittance measurements after leaching with $CHCl_3$ [J]. Analytica chimica acta, 1998, 373 (1): 63-71.

[31] 蒋锦锋, 赵明月. 近红外光谱法快速测定烟草中的总挥发酸与总挥发碱 [J]. 烟草科技, 2006, 3: 33-37.

[32] 吴玉萍, 邵岩, 秦西云, 等. 近红外光谱法快速检测烟草中的苹果酸、柠檬酸和石油醚提取物 [J]. 烟草农业科学, 2006, 2 (1): 13-16.

[33] 周静. 近红外光谱法测定烟草中非挥发性有机酸的含量 [D]. 贵阳: 贵州大学, 2010.

[34] 荆磊磊, 申钦鹏, 张涛, 等. FT-NIR 光谱法快速预测烟草中的游离氨基酸 [J]. 烟草科技, 2016, 52 (1): 54-59.

[35] SHAO X G, ZHUANG Y D. Determination of chlorogenic acid in plant samples by using near-infrared spectrum with wavelet transform preprocessing [J]. Analytical Sciences, 2004, 20 (3): 451-454.

[36] 周文忠, 张峻松, 邹悦, 等. 应用近红外光谱法结合波长筛选快速测定烟草绿原酸, 莨菪亭和芸香苷含量 [J]. 江西农业学报, 2019, 31 (12): 66-71.

[37] 武士杰, 侯英, 李伟, 等. 基于 OSC-WT-PLS 近红外光谱法测定烟草中芸香苷 [J]. 化学分析计量, 2016, 25 (2): 44-48.

[38] 杨盼盼, 周文忠, 李佛琳, 等. 近红外快速测定初烤烟叶中的新植二烯 [J]. 云南农业大学学报 (自然科学), 2019, 34 (6): 994-999.

[39] 于洁, 熊骏威, 沙云菲, 等. 近红外光谱法快速定量检测青烟叶及烤烟叶中的生物碱 [J]. 济南大学学报 (自然科学版), 2019, 33 (2): 50-56.

[40] MA Y J, BAI R S, DU G R, et al. Rapid determination of four tobacco specific nitrosamines in burley tobacco by near-infrared spectroscopy [J]. Analytical methods, 2012, 4 (5): 1371-1376.

[41] CHEN D, SHAO X G, HU B, et al. A background and noise elimination method for quantitative calibration of near infrared spectra [J]. Analytica chimica acta, 2004, 511 (1): 37-45.

[42] SHAO X G, WANG W, HOU Z Y, et al. A new regression method based on independent component analysis [J]. Talanta, 2006, 69 (3): 676-680.

[43] LI Y K, SHAO X G, CAI W S. A consensus least squares support vector regression (LS-SVR) for analysis of near-infrared spectra of plant samples [J]. Talanta, 2007, 72 (1): 217-222.

[44] CAI W S, LI Y K, SHAO X G. A variable selection method based on uninformative variable

elimination for multivariate calibration of near-infrared spectra [J]. Chemometrics and intelligent laboratory systems, 2008, 90 (2): 188-194.

[45] JING M, CAI W S, SHAO X G. Multiblock partial least squares regression based on wavelet transform for quantitative analysis of near infrared spectra [J]. Chemometrics and intelligent laboratory systems, 2010, 100 (1): 22-27.

[46] SHAO X G, BIAN X H, LIU Z C, et al. An improved boosting partial least squares for near-infrared spectroscopic quantitative analysis [J]. Analytica chimica acta, 2010, 666 (1-2): 32-37.

[47] SHAO X G, BIAN X H, LIU J J, et al. Multivariate calibration methods in near infrared spectroscopic analysis [J]. Analytical methods, 2010, 2: 1662-1666.

[48] DI LUZIO C, MORZILLI S, CARDINALE E. Rapid near irlfraredrenectance analysis (NIRA) of mainstream smoke collected on Cambridge 61ter pads [J]. Beitr tabakforsch, 1995, 16: 171-184.

[49] 王家俊. 偏最小二乘法结合傅里叶变换近红外光谱同时测定卷烟焦油、烟碱和一氧化碳的释放量 [C]. 昆明：云南省烟草学会 2004 年学术年会, 2004.

[50] 王志国, 钱晓春, 杜文, 等. 基于捕集了烟气粒相物的剑桥滤片的傅立叶变换近红外光谱的烟气化学组分预测方法 [J]. 理化检验-化学分册, 2008, 44 (增刊): 134-138.

[51] 任建新, 王志国, 刘巍, 等. 基于剑桥滤片的傅立叶变换近红外光谱测定卷烟主流烟气有害成分释放量 [M]. 北京：中国烟草学会学术年会, 2016.

[52] 黄媛婧. 近红外光谱结合剑桥滤片用于烟气有害成分的定量检测 [D]. 长沙：湖南大学, 2015.

[53] 王国东, 束茹欣, 张建平, 等. 不同产地国产烤烟近红外光谱的特征分析及其模式识别 [J]. 烟草科技, 2006, 5: 36-40.

[54] 束茹欣, 王国东, 张建平, 等. 国产烤烟烟叶的 NIRS 模式识别 [J]. 烟草科技, 2006, 8: 12-15, 20.

[55] 谢娟, 罗建群, 姚鹤鸣, 等. 基于 NIR 和化学指标的国产烤烟烟叶产地、部位模式识别 [J]. 烟草科技, 2008, 7: 42-47.

[56] 于春霞, 马翔, 张哗晖, 等. 基于近红外光谱和 SIMCA 算法的烟叶部位相似性分析 [J]. 光谱学与光谱分析, 2011, 31 (4): 924-927.

[57] 施丰成, 李东亮, 冯广林, 等. 基于近红外光谱的 PLS-DA 算法判别烤烟烟叶产地 [J]. 烟草科技, 2013, 4: 56-59.

[58] 唐果, 田旷达, 李祖红. 近红外光谱结合 PLS-DA 划分烟叶等级 [J]. 烟草科技, 2013, 4: 60-62.

[59] WANG, Y MA X, WEN Y D, et al. Discrimination of plant samples using near-infrared spectroscopy with a principal component accumulation method [J]. Analytical methods,

2012, 4 (9): 2893-2899.

[60] 束茹欣. 蔡嘉月, 杨征宇, 等. 应用近红外光谱投影模型法分析烟叶的产区与风格特征 [J]. 光谱学与光谱分析, 2014, 10: 2764-2768.

[61] 宋楠. 基于改进 LLE 算法的山东烟叶香型风格分析研究 [J]. 中国烟草学报, 2015, 21 (5): 16-20.

[62] 栾丽丽, 王宇恒, 胡文雁, 等. 应用近红外光谱和多算法融合方法分析烤烟的香型风格特征 [J]. 光谱学与光谱分析, 2017, 37 (7): 2046-2049.

[63] 吴海云, 杨征宇, 杨凯, 等. 应用近红外在线检测及 RMEB 法调控卷烟制丝均匀性 [J]. 计算机与应用化学, 2015, 32 (4): 493-495.

[64] 王军, 纪朋. 在线混丝均匀性监控方法研究 [J]. 安徽农学通报, 2016, 22 (16): 113-114.

[65] 李瑞丽, 刘玉叶, 李文伟, 等. 利用近红外光谱技术快速检测配方烟丝掺配均匀性 [J]. 食品与机械, 2019, 35 (5), 83-87.

[66] 王毅, 马翔, 温亚东, 等. 近红外光谱与多元统计方法用于生产过程实时分析 [J]. 光谱学与光谱分析, 2013, 33 (5): 1226-1229.

[67] 张灵帅, 王卫东, 谷运红, 等. 近红外光谱的主成分分析-马氏距离聚类判别用于卷烟的真伪鉴别 [J]. 光谱与光谱学, 2011, 31 (5): 1254-1257.

[68] 段焰青, 李青青, 者为, 等. 近红外光谱相似度匹配分析方法鉴别烟支真伪 [J]. 云南大学学报 (自然科学版), 2010, 32 (4): 453-459.

[69] 邵惠芳. 基于化学成分的烤烟感官质量评价模型构建及工业应用 [D]. 河南: 河南农业大学, 2012.

[70] 李章海, 王能如, 王东胜, 等. 烤烟香型的重要影响因子及香型指数模型的构建初探 [J]. 安徽农业科学, 2009, 37 (5): 2055-2057.